THE BEAUTY MAKE-UP

더 뷰티 메이크업

박소정(Park So Jeong)

현)
신한대학교 대학원 부원장
신한대학교 디자인예술대학 K-뷰티학과 교수
신한대학교 폴리마테스대학원 뷰티패션콘텐츠학과 주임 교수
신한대학교 경기북부개발연구원 뷰티향장융합연구소 소장
대한미용학회 상임이사
사)한국일러스트레이션학회 이사

전)
월드프렌즈 KOICA 뷰티 직종 메이크업 직무교육 강사
미스인터콘티넨탈 수도권선발대회 심사위원
세계프로페셔널 슈퍼모델콘테스트 참가자 메이크업 교육
서울특별시 기능경기대회 뷰티 직종 기술위원
Taiwan Beauty International Competition 심사위원

이이나(Lee Ee Na)

현)
신한대학교 폴리마테스대학원 뷰티패션콘텐츠학과 겸임 교수
국립한밭대학교 생활디자인학과 외래교수
유니스타일 뷰티 콘텐츠 숍 대표
사)한국미용문화사연구협회 이사

전)
BETV미용방송국 메이크업 강의 연재
한국산업인력관리공단 메이크업 실기시험 감독관
국제미용기능경기대회 국제 심사위원
INBODY 광고촬영 뷰티전담 아티스트
토니모리 광고촬영 뷰티전담 아티스트
GS홈쇼핑 분장실 근무

더 뷰티 메이크업

초 판 인 쇄 | 2025년 09월 20일
초 판 발 행 | 2025년 09월 30일

저 자 | 박소정 · 이이나
발 행 인 | 조규백
발 행 처 | 도서출판 구민사

전 화 | (02) 701-7421
팩 스 | (02) 3273-9642
홈 페 이 지 | www.kuhminsa.co.kr

신 고 번 호 | 제2012-000055호(1980년 2월 4일)
I S B N | 979-11-6875-513-0 (93590)

정 가 | 35,000원

머 리 말
PROLOGUE

오랜 역사를 통해 메이크업은 개인의 아름다움을 표현하고 개성을 연출하는 중요한 표현 수단으로 여겨지고 있으며, 인간의 기본 욕구인 미(美)에 대한 추구는 꾸준한 관심으로 자리 잡고 있다. 최근 K팝 아이돌의 선풍적인 인기와 OTT 플랫폼을 통한 K드라마와 영화 등의 문화 콘텐츠가 전 세계적으로 그 위상을 떨치고 있으며 한류 문화의 파급력은 날로 커지고 있다. 이에 따라 K뷰티의 세계적인 인기와 더불어 메이크업에 대한 관심이 증폭되면서 개인의 메이크업 이미지 제고와 메이크업 전문가에 대한 호기심도 날로 늘어가고 있다.

개인의 이미지 개선과 메이크업 전문가가 되기 위한 목적으로 처음으로 접하는 학생들에게는 메이크업 기초와 뷰티 메이크업에 대한 이해가 가장 중요한 관문이라 할 수 있다. 이에 메이크업 이론과 실기의 기초와 뷰티 메이크업 테크닉을 체계적으로 정리한 입문서를 출간하게 되었다.

이 책은 메이크업 기초와 뷰티 메이크업에 대해 총망라하여 연구되었으며, 크게 3부분으로 분류하였다. Part1은 '메이크업 기초의 이해', Part2는 '메이크업 테크닉의 이해', Part3은 '테마별 메이크업'으로 나누어 체계적인 이해를 도울 수 있도록 구성하였다.

Part1에서는 메이크업 기초의 이해, 메이크업의 역사, 해부·심리학적 이해, 색채와 조명의 이해, 디자인의 요소 등을 정리하였다. Part2에서는 실기 테크닉의 기초적인 이해를 돕기 위하여 메이크업 제품과 기초 메이크업, 포인트 메이크업, 기초 메이크업의 수행순서를 자세하게 정리하였다. Part3에서는 테마별 뷰티 메이크업 실무에 실질적으로 적용할 수 있도록 각 테마별 뷰티 메이크업의 특징과 테크닉에 대해 체계적으로 정리하였다.

본 교재는 최대한의 사진과 일러스트, 실기 작품을 수록하여 뷰티 메이크업의 전반적인 내용을 통찰하고 자세하고 쉽게 기술하려고 노력하였으나 미흡한 부분이 있을 것이다. 이러한 부분은 앞으로도 꾸준히 연구하여 수정 보완해 나가고자 한다.

본 교재를 통해 메이크업 전문가를 지향하는 뷰티계열 학생들과 종사자들, 개인의 이미지 개발을 위해 연구하는 이들에게 실질적인 도움을 줄 수 있기를 기대한다. 끝으로 이 책의 출간을 위해 많은 관심과 도움을 주신 도서출판 구민사 조규백 대표님과 임직원들에게 깊은 감사를 드린다.

저자 일동

PART 1

메이크업 기초의 이해

PART

2

메이크업 테크닉의 이해

PART 3

테마별 메이크업

PART

3

테마별 메이크업

PART

01

메이크업 기초의 이해

CHAPTER 01

메이크업의 개 요

1 메이크업의 기원

2021년 이집트 관광 유물부는 이집트 나일강 삼각주 지역에서 연대가 서로 다른 100기 이상의 선사시대 무덤들이 발굴하였다.

2021년 이집트 관광 유물부는 이집트 나일강 삼각주 지역에서 연대가 서로 다른 100기 이상의 선사시대 무덤들이 발굴하였다.[1)]

인간에게는 다른 동물에게 존재하지 않는 '미적인 본능'이 있다. 누구나 아름다움에 대한 동경과 미(美)를 추구하는 것이 인간의 미적 본능이라 할 수 있다.

메이크업은 인류의 유구한 역사와 함께 하며 시대와 지역, 성별과 지위 등에 따라 각기 다른 의미를 지녀왔다. 정확한 기원을 알 수는 없지만, 원시시대의 화장은 신분과 계급, 종족, 성별 등을 구분하는 중요한 수단으로 사용되었다. 원시인들이 화장 또는 문신을 하던 풍습은 오늘날 일부 미개발국가의 부족들에서 그 흔적을 찾을 수 있다.

문명의 상징으로서 메이크업은 약 4만년 전 구석기 시대의 것으로 보이는 알타미라 동굴벽화나 회화의 역사보다도 더 이전인 인류 문명이 시작되면서부터라고 볼 수 있다.

메이크업의 기원에 대한 견해는 다양하며 보호설, 장식설, 이성유인설, 종교설, 신분표시설 등이 대표적이다.

---

1) 출처 : https://www.hankyung.com/international/article/202104283939Y

1) 보호설

고대 이집트 네페르티티 왕비의 코올 메이크업[2)]

고대 이집트 벽화에서의 향료사용[3)]

보호설은 인간이 본능적으로 자기 자신을 주변의 초자연적인 기후, 동물, 곤충, 적 등위험으로부터 보호하기 위하여 위장 혹은 은폐를 목적으로 치장을 했던 것이 미화 수단으로 발전했다는 주장이다.

원시시대에는 새의 깃털이나 짐승의 뿔, 나뭇잎 혹은 식물의 색소 등을 이용하여 얼굴이나 신체에 발라 자연환경에 맞게 적절히 치장함으로써 자신을 은폐하는 수단이나 전투에서 적을 위협하는 용맹성과 우월감을 과시하고자 하였다.

고대 이집트 여인들이 코울(kohl)을 사용하여 눈을 짙게 화장한 것은 태양으로부터 눈을 보호하기 위한 것이며, 향료의 사용은 곤충들로부터 피부를 보호하기 위해서였다. 또한 악마나 재앙으로부터 심리적 보호를 받고 싶은 부적의 의미로 신체에 문신을 하였다.

2) 출처 : https://nownews.seoul.co.kr/news/newsView.php?id=20220926601008&wlog_tag3=naver

3) 출처 : https://www.pinterest.co.kr/pin/82612974407327654/

2) 장식설

카로 족(Karo tribe)의 천연장식[4]

장식설은 인간이 얼굴과 신체의 장식을 통해 미적인 감각을 표현하여 아름답게 보이고자 하는 본능적인 욕망에서 메이크업이 시작됨을 의미한다.

원시시대부터 자연의 꽃이나 동물문양 등을 회화, 조각, 문신 등의 형태로 피부에 남기거나 다채로운 색채의 진흙을 재료로 사용하여 얼굴과 신체에 발라 자신의 아름다움을 표현하고자 하였다. 점차 의복문화가 발전되면서 얼굴을 중심으로 한 메이크업을 통해 미적 욕구를 실현하게 되고, 시대별로 다양한 메이크업 활동이 이루어지게 되었다.

4) 출처 : https://blog.naver.com/serenbip/221321417706

3) 이성유인설

고대 이집트의 네페르티티의 딸들의 에로틱한 모습[5]

기원전 3,000년경 이집트인의 화장과 몸치장.[6]

이성유인설은 이성에게 성적 매력을 과시하기 위해서 신체를 장식하거나 메이크업이 시작됨을 의미한다. 남녀 간 사랑의 감정은 시대를 초월하는 본능적인 욕구이며, 시대적인 미적 기준은 달랐지만 이성에게 아름답고 사랑스럽게 보이기 위하여 얼굴이나 신체를 채색하고 장신구를 사용하여 치장하였다. 인간의 본능적 욕구 중의 하나가 자신의 신체 일부분을 아름답게 돋보이고 일부의 약점을 커버하거나 수정하여 이성을 유인하는 하나의 수단으로 사용되기도 하였다.

5) 출처 : https://blog.naver.com/kshwoo0619/221548406279

6) 출처 : http://hc4u.org/board_view.html?code=2314&num=20&page=5

4) 종교설

인디언의 종교적 채색

고대 이집트 벽화의 신의 숭배 모습[7)]

종교설은 초자연적 위험이나 질병, 악마, 재앙 등에 대한 불안함에서 벗어나기 위하여 일종의 주술적, 종교적 행위로서 신체에 채색을 하거나 향을 이용하여 병이나 재액을 물리치고 복을 비는 원시 종교적 행위로부터 메이크업이 시작됨을 의미한다.

원시인들이 화장 또는 문신을 하던 풍습은 오늘날 일부 미개발국가의 부족들에서 그 흔적을 찾을 수 있다. 이들은 사악한 기운을 물리치기 위한 주술적 행위의 하나로 얼굴에 색을 칠하였으며, 연기를 쐼으로써 더러움을 씻고 재난을 막을 수 있다고 믿었다.

신을 숭배하거나 악령을 퇴치하기 위해 피의 색인 붉은색과 순수한 의미의 흰색을 이용하여 주로 채색하였으며, 고대 이집트에서는 신의 제단에 가기 위한 청결의식으로 얼굴에 채색을 하고 향수를 뿌린 것으로 알려져 있다. 세계 여러 유적지에서 발견된 메이크업의 흔적을 통해 신성한 종교의식으로서 주로 사용되었음을 보여준다.

7) 출처 : https://www.pinterest.co.kr/pin/826129744073276541/

5) 신분표시설

이집트 왕비 안케세나문이 투탄카문 왕에게 향유를 발라주는 모습[8]

인디언 체로키 부족의 신분 표시[9]

신분표시설은 초기의 신체 장식이 개인의 신분, 계급, 종족, 성별, 민족성 등을 표시하기 위해 시작됨을 의미한다, 역사의 초기 지배자들은 그들 나름대로의 아름다움과 위엄을 갖추거나 여러 의식이나 행사에서 민중과의 구별을 위하여 대부분 요란한 치장을 하였다. 성별이나 미혼과 기혼을 구분하는 헤어스타일이 있으며, 기혼과 미혼을 구분해주는 표시로서 지금도 인도 여성들 사이에 행해지는 미간의 붉은 점은 기혼임을 표시하는 것으로 사용되고 있다.

아프리카 부족들 사이에 행해지는 채색, 문신, 여러 장신구 등도 족장의 신분을 표시하거나 각 종족 간의 구분을 위한 목적으로 사용되기도 하였다.

8) 출처 : https://blog.naver.com/lovelyek82/221624967076

9) 출처 : https://blog.naver.com/kshwoo0619/221548406279

HAIR
HEALTHY
STRONG
EYE LASHES
EYEBROW
MAKEUP
CHEEKS NOSE
BEAUTY
LIPS ROSE
FRESH
AMAZING
CARE
AGE
CONCEPT
PLASTIC SURGERY
WOMAN

2 메이크업의 정의 및 목적

화장은 사회문화를 반영하는 거울로서, 문화적으로 규정된 미의 변천에 따라 다양한 사회문화를 반영하는 헤어스타일이나 복식의 발전과 밀접한 관계를 유지하며, 피부 보호와 심리적 · 장식적 기능을 수행하고 있다. 각 문화권에서 오랜 세월 동안 발달해온 화장문화는 그 시대의 가치관과 각 민족 특유의 피부색에 따라 차이가 있었기에 민족과 시대에 따라 그 양상이 달랐다.

그러나 20세기 들어 교육, 기술, 통신이 발달하면서 각 문화권의 교류로 아름다움의 기준이 보편화되었고, 오늘날은 세계 여러 곳에서 유사한 화장문화와 화장기법이 보편화되었으며, 다국적 화장품 산업의 발달로 화장과 화장 욕구까지 비슷해지고 있다.

'메이크업(make-up)'이라는 말은 미국 할리우드 전성시대에 영화배우들이 했던 두꺼운 무대화장에서 유래했다고 알려졌지만, 실은 17세기 초에 영국 시인 리처드 크래쇼(Richard Crashaw)가 처음으로 사용하였다.

1) 메이크업의 정의

메이크업(make-up)의 사전적 의미는 '보완하다', '완성시키다'라는 뜻으로 결점을 보완하고 장점을 더욱 아름답게 보이도록 꾸미고 매만지는 행위를 말한다. 우리말로는 화장(化粧)을 의미하며 '분, 연지를 바르고 매만져 얼굴을 곱게 꾸밈' 또는 '머리나 옷의 매무새를 매만져 맵시를 냄'으로 정의되고 있다.

우리나라에서 화장이란 말은 신체의 아름다운 부분은 돋보이도록 하고, 약점이나 추한 부분은 수정하거나 위장하는 수단이다. 개화기 이후부터 널리 사용된 외래어로서 가화(假化)·가식(假飾)·꾸밈 등의 뜻을 지닌다. 화장에 해당하는 순수한 한국어는 장식(粧飾/裝飾)·단장(端粧/丹粧)·야용(冶容)이고, 화장품은 장식품(粧飾品)·장렴(粧)·장구(粧具)였다.

이처럼 다양한 표현이 있는 것은 가리키는 의미가 약간씩 다르기 때문이다. 얼굴화장만을 가리킬 때는 야용(冶容), 몸단장에까지 이르면 단장(端粧/丹粧), 일반적인 화장일 때는 장식(粧飾)이었고, 장신구까지 치장한 경우에는 장식(裝飾)이었다. 특히 옷차림마저 화사하게 하였을 때는 성장(盛裝)이라고도 표현하였다.

화장의 농도에 따라서도 다르게 표현했는데, 엷은 화장인 경우는 담장(淡粧)이라 하였고, 짙은 색조화장인 경우는 농장(濃粧)·단장(丹粧) 또는 성장(盛粧)이라고 구분하였다. 이는 한국의 옛 화장 개념이 현대적 개념과 달리 가화·가식 등의 미화 개념으로만 해석되었던 탓도 있겠지만, 입체화장이나 수정화장을 하지 않고 평면화장에 치중했던 이유에서 비롯된 것이기도 하다. 여염집 여성들은 평상시의 화장과 나들이 화장을 구분하였고, 그들 자신의 화장과 기생(妓生)·무녀(舞女)·악공(樂工) 등의 직업적인 의식화장(儀式化粧)을 애써 구별하려 했던 관습에 기인하기도 한다.

17세기 초 영국의 시인 리처드 크래쇼(Richard Crashaw)는 '메이크업이란 여성의 매력을 높여주는 행위'라 하여 최초로 메이크업이란 용어를 사용하였다. 그 후 20세기 헐리우드 전성기에 맥스팩터(Max Factor)라는 분장사에 의해 메이크업이라는 용어가 일반인에게까지 대중화되어 현재에도 화장의 의미로 넓게 사용되고 있다.

현대적인 의미의 메이크업은 단순히 얼굴 위주의 화장개념에서 벗어나 자신의 개성을 표현하는 수단으로 사용되고 있으며, 역할이나 목적에 맞게 얼굴뿐만 아니라 전체적인 이미지를 변화시켜 내적 정신과 외적 감각을 재창출해내는 전문 분야로 인식되고 있다.

화장 관련 용어와 의미

화장 용어	용어 의미
미용(美用)	얼굴 치장 행위
담장(淡粧)	피부를 희고 깨끗하게 표현하는 엷은 화장
농장(濃粧) · 단장(丹粧)	담장보다 다소 진한 색조화장
성장(盛粧)	화려하고 진한 색조화장
염장(艶粧)	짙은 색조화장으로 기생이 주로 했던 분대 화장
응장(凝粧)	농장과 유사하나 신부화장 같은 의례 차림의 화장
야용(冶容)	억지로 젊어 보이게 가식적으로 꾸미는 분장

과학의 진보와 함께 현대의 '화장'은 고대의 종교적, 주술적 의미가 퇴색한 대신 신체를 청결히 하는 것, 인간의 본능적 욕망으로서 메이크업 등에 의해 자신을 아름답고 매력적으로 표현하고 마음을 풍요롭게 하는 것, 자외선이나 건조 등으로부터 피부나 모발을 보호해 노화를 방지하는 것, 아름답게 나이를 먹으면서 쾌적한 생활을 즐기는 것 등의 의미가 중요해졌다.

메이크업(Make-up)의 어원과 의미

make-up	내 용
어원	'make(만들다)'와 'up(상승시키다)'의 합성어로 만들어서 상승효과를 주는 것
사전적 의미	'보완하다' 또는 '완성시키다'
일반적 의미	외모를 아름답게 보이기 위해 얼굴에 화장을 하는 것
광의적 의미	외모의 장점은 부각시키고 단점을 보완하여 아름다운 이미지로 개선해 나가는 과정

2) 메이크업의 기능과 목적

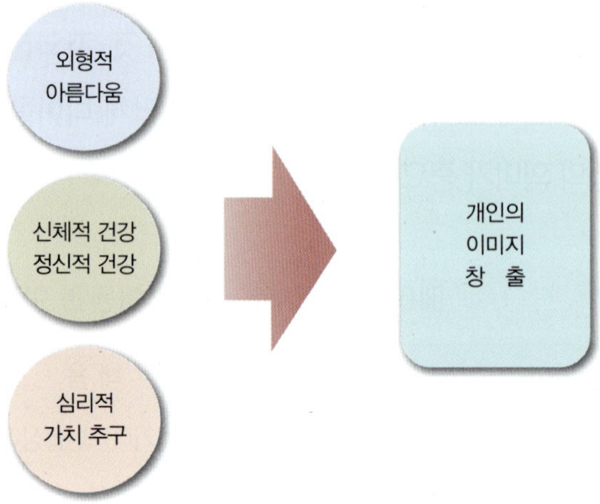

메이크업의 현대적 의미

메이크업의 목적은 외부의 먼지나 자외선, 대기오염 및 온도 변화로부터 피부를 보호하고, 아름다워지고 싶어 하는 기본적인 물리적 미화의 목적을 위해 이용되며, 생활의 편의를 도모하고 종족 보존에도 영향을 미치며, 궁극적으로는 얼굴의 단점을 보완하고 장점을 부각시키는 것에 있다. 현대인에게 메이크업은 사회관습 및 예의적인 표현이며, 무언의 의사전달은 긍정적인 효과로 증대시키는 사회적 기능과 개인의 성격, 기회추구 방향, 사교 방식 등을 표현한는 심리적 가치추구 기능이 있다.

메이크업의 기능과 목적

메이크업의 기능	메이크업의 목적
피부보호 기능	외부의 먼지, 오염물, 자외선 등으로부터 피부를 보호
물리적 미화 기능	인간의 본능적인 미적 욕구에 의해 외모의 결점은 보완하고 장점을 부각
사회적 기능	사회적 관습 및 예의적인 표현, 무언의 의사전달로 긍정적인 효과를 증대
심리적 가치추구 기능	외모에 자신감을 부여하고 개인의 성격, 가치추구 방향, 사고방식 등을 표현

3 메이크업의 분류

1) 메이크업 이미지 표현의 조건

현대인의 메이크업은 사회적인 기능으로 무언의 의사전달과 개인의 사고 방식 등을 표현한다. 이러한 이미지를 표현하기 위하여 시간(Time), 장소(Place), 상황(Occasion) 또는 목적(Objection)에 맞는 주제를 잘 파악하고 표현해야 하며, 통일감이 있고, 조화로우며, 대비와 대칭이 잘 맞았을 때 안정감과 효용감을 느끼게 된다.

메이크업 이미지 표현을 하기 위해서는 다음 사항들을 고려하여야 한다,

메이크업 이미지 표현 조건과 의미

메이크업 조건	의미
T·P·O	T(time : 시간)·P(place : 장소)·O(objection or occasion : 주제 또는 상황)에 맞도록 표현한다.
일관성 (Consistency)	일관된 이미지를 연출하고 통일감 있게 표현한다.
조화 (Harmony)	의상, 헤어, 분위기 등과 전체적인 이미지의 조화를 고려하여 표현한다.
대비 (Contrast)	색상, 명도, 채도를 이용하여 색의 대비효과를 표현한다.
변화 (Change)	메이크업의 선이나 면에 입체감이나 강조로 변화하여 표현한다.
대칭 (Symmetry)	얼굴형, 눈썹, 눈매 등의 좌우 균형을 맞추어 표현한다.
그러데이션 (Gradation)	색감과 톤을 단계적으로 명암을 주어 고르게 펴지도록 표현한다.

2) 메이크업의 분류

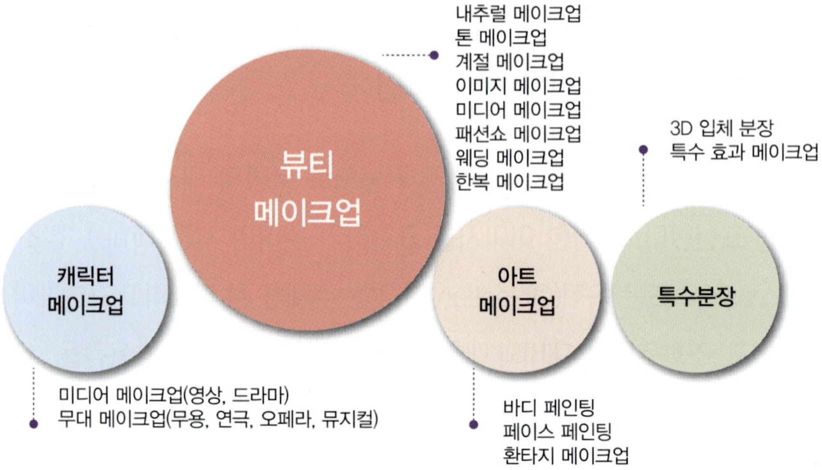

메이크업의 분류

메이크업은 크게 뷰티 메이크업(beauty make-up), 캐릭터 메이크업(character make-up), 아트 메이크업(art make-up), 특수 분장(special make-up)으로 분류할 수 있다.

(1) 뷰티 메이크업(Beauty make-up)

일상생활에서 주로 표현되고 있는 일반 대중들의 메이크업으로 내추럴 메이크업, 계절 메이크업, 한복 메이크업, 웨딩 메이크업 등이 대표적이다.

① 내추럴 메이크업(Natural make-up)

Natural이란 '천연의, 자연 그대로의, 타고난, 가공하지 않은'을 의미하는 것으로 모델 본연의 특색을 살리고 아이보리, 베이지, 브라운 계열 등의 컬러를 사용하여 인위적이지 않은 자연스러운 메이크업이다.

② 톤 메이크업(Tone make-up)

퍼스널 컬러(personal color)는 개인이 타고날 때부터 가지고 있는 신체색을 의미한다. 신체색이란 보통 피부와 머리카락, 눈동자색을 나타낸다. 개인마다 가지고 있는 고유의 색이 다르기 때문에 개인에게 어울리는 배색을 하여 메이크업에 적용하여 연출한다. 크게 웜톤과 쿨톤으로 나뉘며 웜톤은 옐로우시 계열을 사용하고, 쿨톤은 페일 계열이나 비비드 계열을 사용하여 연출하는 메이크업이다.

③ 계절 메이크업(Four seasons make-up)

계절에 따라 톤의 흐름이 달라지며 메이크업의 형태, 질감, 색상, 메이크업 제품, 이미지를 다르게 표현할 수 있으며, 봄, 여름, 가을, 겨울 메이크업으로 나뉜다.

봄(Spring)

여름(Summer)

가을(Autumn)

겨울(Winter)

④ 트렌드 메이크업(Trend make-up)

사회·문화적인 배경을 바탕으로 제시되는 유행 컬러와 패턴, 테크닉의 경향이 일정 기간 지속되고 대중에게 인기 있는 패턴으로 받아들여지는 메이크업을 말하며, 전문가들은 미리 예측 트렌드를 제안하기도 한다.

⑤ 미디어 메이크업(Media make-up)

미디어의 발전으로 광고, 사진, 드라마, 영상이 다양해졌으며 메이크업도 미디어 환경에 맞춰 다양하게 전달 효과가 요구되며, 유명인사, 연예인들의 이미지에 맞게 조명이나 배경을 고려하여 효과적으로 전달하는 메이크업이다.

⑥ 이미지 메이크업(Image make-up)

다양한 이미지를 표현하는 방식으로 헤어, 의상, 액세서리, 네일아트 등과 조화를 이루는 토털 코디네이션의 범주에 속하는 메이크업이다.

⑦ 패션쇼 메이크업(Fashion show make-up)

패션쇼의 콘셉트와 목적, 의상의 퍼포먼스를 위해 쇼의 메시지를 전달하는 메이크업이다.

⑧ 웨딩 메이크업(Wedding make-up)

결혼식을 위한 신랑, 신부의 고귀하고 화사한 이미지를 연출하고 드레스에 어울리면서 안면분석이 요구되는 메이크업으로 예식장소, 시간, 드레스 스타일 등을 고려하여 지속력 있는 테크닉이 요구되는 메이크업이다.

⑨ 한복 메이크업(Hanbok make-up)

결혼식이나 행사로 한복을 입는 경우 한복의 화려한 색감에 묻힐 수 있는 피부톤을 화사하게 연출하고, 밝고 소프트한 중채도 계열의 컬러를 사용하여 밸런스를 맞춰주고 나이드신 분들의 경우 진하지 않게 메이크업이 되도록 유의한다.

뷰티 메이크업의 종류와 개념

뷰티 메이크업	뷰티 메이크업 개념
내추럴 메이크업 (Natural make-up)	Natural이란 '천연의, 자연 그대로의, 타고난, 가공하지 않은'을 의미하는 것으로 모델 본연의 특색을 살리고 아이보리, 베이지, 브라운 계열의 뉴트럴 컬러를 사용하여 인위적이지 않은 자연스러운 메이크업이다.
톤 메이크업 (Tone make-up)	퍼스널 컬러(personal color)는 개인이 타고날 때부터 가지고 있는 신체색을 의미한다. 신체색이란 보통 피부와 머리카락, 눈동자색을 나타낸다. 개인마다 가지고 있는 고유의 색이 다르기 때문에 개인에게 어울리는 배색을 하여 메이크업에 적용하여 연출한다. 크게 웜톤과 쿨톤으로 나뉘며 웜톤은 페일 계열이나 비비드한 계열을 사용하고, 쿨톤은 청량감 있는 컬러나 그레이시 계열을 사용하여 연출하는 메이크업이다.
계절 메이크업 (Season make-up)	계절에 따라 톤의 흐름이 달라지며 메이크업의 형태, 질감, 색상, 메이크업 제품, 이미지를 다르게 표현할 수 있으며 봄, 여름, 가을, 겨울 메이크업으로 나뉜다.
트렌드 메이크업 (Trend make-up)	사회 · 문화적인 배경을 바탕으로 제시되는 유행 컬러와 패턴, 테크닉의 경향이 일정 기간 지속되고 대중에게 인기있는 패턴으로 받아들여지는 메이크업을 말하며, 전문가들은 미리 예측 트렌드를 제안하기도 한다.
미디어 메이크업 (Media make-up)	미디어의 발전으로 광고, 사진, 드라마, 영상이 다양해졌으며 메이크업도 미디어 환경에 맞춰 다양하게 전달효과가 요구되며, 유명인사, 연예인들의 이미지에 맞게 조명이나 배경을 고려하여 효과적으로 전달하는 메이크업이다.
이미지 메이크업 (Image make-up)	다양한 이미지를 표현하는 방식으로 헤어, 의상, 액세서리, 네일아트 등과 조화를 이루는 토털 코디네이션의 범주에 속하는 메이크업이다.
패션쇼 메이크업 (Fashion make-up)	패션쇼의 콘셉트와 목적, 의상의 퍼포먼스를 위해 쇼의 메시지를 전달하는 메이크업이다.
웨딩 메이크업 (Wedding make-up)	결혼식을 위한 신랑, 신부의 고귀하고 화사한 이미지를 연출하고 드레스에 어울리면서 안면 분석이 요구되는 메이크업으로, 예식장소, 시간, 드레스 스타일 등을 고려하여 지속력 있는 테크닉이 요구되는 메이크업이다.
한복 메이크업 (Hanbok make-up)	결혼식이나 행사로 한복을 입는 경우 한복의 화려한 색감에 묻힐 수 있는 피부톤을 화사하게 연출하고, 밝고 소프트한 중채도 계열의 컬러를 사용하여 밸런스를 맞춰주고 나이 드신 분들의 경우 진하지 않게 메이크업이 되도록 유의한다.
기 타 (Other)	• 데이 메이크업 : 낮에 활동 시에 자외선을 보호하고 땀에도 강한 픽서나 워터프루프 제품을 사용하고 자연스럽고 가벼운 메이크업이 적당하다. • 나이트 메이크업 : 인공조명을 고려하여 색감보다 선이 강조되는 메이크업이 적당하다. • 남자 메이크업 : 얼굴형 보완과 피부톤 정리, 잡티 정리에 중점을 두고 과한 피부표현은 주의한다.

(2) 캐릭터 메이크업(Character make-up)

캐릭터는 배우가 극중 인물의 외적인 면을 관객에게 전달시키는 중요한 극적 요소이자 배우의 가장 필수적인 의사전달 수단이다. 따라서 관객들에게 배우의 모습을 배역에 맞게 인물화하도록 창조하여 배역의 성격을 이해하고, 각 매체별 작품 속에서 '등장인물'의 특성, 성격, 특질, 성질, 기질, 품성, 인격 등과 극중 배역의 사회적 지위와 자격을 포함한 각본 속의 인물을 묘사한다.

캐릭터 메이크업은 크게 미디어 메이크업과 무대 메이크업으로 나뉘며, 미디어 메이크업은 등장인물의 캐릭터가 리얼리티(reality)를 기본요소로 자연스럽게 연출하며, 무대 메이크업은 다양한 분장 및 스타일링을 활용하여 효과적인 시각전달을 표현한다.

① 영화 메이크업(Movie make-up)

영화 메이크업은 색에 민감한 카메라 렌즈에 보여지는 이미지이므로 훨씬 사실적이고 섬세하게 이루어져야 하고 화면에 비추어진 모습이 자연스러워야 한다. 세트나 배경색을 고려하고 영화 주제에 맞는 캐릭터를 설정하여 메이크업을 디자인한다. 카메라 노출에 따라 피부톤과 섀도 컬러는 반사광에 예민하지 않은 소프트톤의 컬러로 세심하게 표현하는 메이크업이다.

② TV·드라마 메이크업(TV·Drama make-up)

TV·드라마 메이크업은 출연하는 연기자 및 출연자들이 극본이나 대본이 요구하는 성격을 관객이나 시청자들에게 구체적으로 표현하고 전달하기 위하여 피부톤과 조명 반사 방지, 결점보완 등을 신경써야 한다. HD TV 해상도를 고려하여 자연스럽고 깨끗한 피부 표현에 신경쓴다. 타이트샷(tight shot)과 풀샷(full shot)을 번갈아 사용하므로 음영을 넣어주고 베이지와 브라운 계열의 컬러를 사용하여 부드럽고 또렷한 이미지를 표현하는 메이크업이다.

③ 무용 메이크업(Dance make-up)

무용 메이크업은 무대에서 이루어지는 공연 메이크업의 일종으로 서양 발레 메이크업과 우리나라에서는 한국무용 메이크업이 있다. 발레 메이크업은 인위적인 아이홀에 아쿠아블루와 핑크, 퍼플을 사용하여 화려한 느낌을 연출하고, 한국무용 메이크업은 전통적인 오방색이나 붉은색 계열의 컬러를 사용하여 동양적인 이미지를 표현하는 메이크업이다.

④ 연극 메이크업(Theatrical make-up)

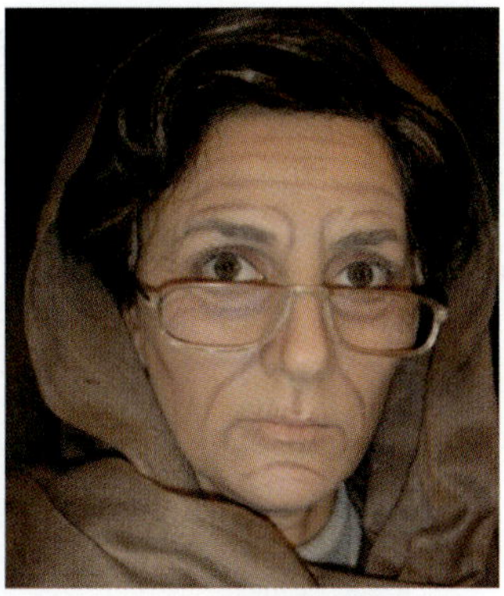

음영법(명암법)이란 파운데이션의 어두운색과 밝은색을 이용하여 얼굴의 골격을 돌출되어 보이게 하거나 축소되어 보이게 하는 화장기법을 말한다.

일반적인 연극 메이크업은 분장 명암법이 사용되며, 노인 분장이나 특수한 캐릭터 분장을 표현하기에 적합한 무대이다. 배우의 얼굴이 잘 보이는지 연출 의도가 잘 반영되었는지 등을 리허설 공연에서 확인하며 메이크업을 표현한다.

⑤ 오페라 메이크업(Opera make-up)

오페라 메이크업은 무대의 대본을 기초로 하여 무대 공연을 조성하는 요소인 배우의 연기, 무대 장치, 세트, 조명, 음악 등을 종합하여 무대 공연의 복합적 요소를 파악하고, 무대를 통하여 말하고자 하는 바를 관객에게 효과적으로 전달하기 위해 그 이야기를 무대 위에서 배우를 통해 구체화하여 메이크업을 표현한다.

⑥ 뮤지컬 메이크업(Musical make-up)

뮤지컬 메이크업은 배우가 연기와 노래, 춤을 동시에 연출하는 경우가 많으므로 지속력 있는 메이크업과 다양한 작품과 시나리오(대본) 작품에 따라 캐릭터를 분석하고 등장인물에 맞는 메이크업을 표현한다. 무대 크기가 커지면 의상과 소품도 커지고 메이크업도 강해진다.

캐릭터 메이크업(Character make-up)의 종류와 개념

캐릭터 메이크업		캐릭터 메이크업 개념
미디어 메이크업 (Media make-up)	영화 메이크업 (Movie make-up)	영화 메이크업은 색에 민감한 카메라 렌즈에 보여지는 이미지이므로 훨씬 사실적이고 섬세하게 이루어져야 하고, 화면에 비추어진 모습이 자연스러워야 한다. 세트나 배경색을 고려하고 영화 주제에 맞는 캐릭터를 설정하여 메이크업을 디자인한다. 카메라 노출에 따라 피부톤과 섀도 컬러는 반사광에 예민하지 않은 소프트톤의 컬러로 세심하게 표현하는 메이크업이다.
	TV·드라마 메이크업 (TV, Drama make-up)	TV·드라마 메이크업은 출연하는 연기자 및 출연자들이 극본이나 대본이 요구하는 성격을 관객이나 시청자들에게 구체적으로 표현하고 전달하기 위하여 피부톤과 조명 반사 방지, 결점보완 등을 신경 써야 한다. HD TV 해상도를 고려하여 자연스럽고 깨끗한 피부표현에 신경 쓴다. 타이트샷(tight shot)과 풀샷(full shot)을 번갈아 사용하므로 음영을 넣어주고 베이지와 브라운 계열의 컬러를 사용하여 부드럽고 또렷한 이미지를 표현하는 메이크업이다.
무대 메이크업 (Stage make-up)	무용 메이크업 (Dance make-up)	무용 메이크업은 무대에서 이루어지는 공연 메이크업의 일종으로 서양에서는 발레 메이크업과 우리나라에서는 한국무용의 메이크업이 있다. 발레 메이크업은 인위적인 아이홀에 아쿠아블루와 핑크, 퍼플을 사용하여 화려한 느낌을 연출하고, 한국무용 메이크업은 전통적인 오방색이나 붉은 계열의 컬러를 사용하여 동양적인 이미지를 표현하는 메이크업이다.
	연극 메이크업 (Theater make-up)	일반적인 연극 메이크업은 분장 명암법이 사용되며, 노인 분장이나 특수한 캐릭터 분장을 표현하기에 적합한 무대이다. 배우의 얼굴이 잘 보이는지 연출 의도가 잘 반영되었는지 등을 리허설 공연에서 확인하며 메이크업을 표현한다.
	오페라 메이크업 (Opera make-up)	오페라 메이크업은 무대의 대본을 기초로 하여 무대 공연을 조성하는 요소인 배우의 연기, 무대 장치, 세트, 조명, 음악 등을 종합하여 무대 공연의 복합적 요소를 파악하고 무대를 통하여 말하고자 하는 바를 관객에게 효과적으로 전달하기 위해 그 이야기를 무대 위에서 배우를 통해 구체화하여 메이크업을 표현한다.
	뮤지컬 메이크업 (Musical make-up)	무대 크기가 커지면 의상과 소품도 커지고 메이크업도 강해진다. 뮤지컬 메이크업은 배우가 연기와 노래, 춤을 동시에 연출하는 경우가 많으므로 지속력 있는 메이크업과 다양한 작품과 시나리오(대본) 작품에 따라 캐릭터를 분석하고 등장인물에 맞는 메이크업을 표현한다.

(3) 아트 메이크업(Art make-up)

판타지 메이크업, 페이스 페인팅, 바디 페인팅 등과 같이 예술적인 측면을 조합하여 표현하는 메이크업이다.

① 판타지 메이크업(Fantasy make-up)

판타지 메이크업(fatasy make-up)은 주로 동화적인, 고전적인 신화, 과학소설 등에서 영감을 받아 판타지적인 요소를 활용하여 단순히 화장품을 사용하여 얼굴을 꾸미는 것 이상으로 다양한 색상과 재료를 사용한다. 헤어, 의상, 액세서리, 오브제 등을 종합적으로 연출하여 메이크업의 분위기와 일치하는 총체적인 룩을 완성하며 메탈릭 색상이나 원색 계열을 사용한 강렬한 느낌을 연출하는 메이크업이다. 판타지 메이크업은 비대칭적인 디자인, 특별한 효과를 강조하며, 피부 표현과 눈, 입, 코 등의 기능을 왜곡하여 색상, 크기 및 형태를 변형시키는 것이 특징이다. 특정 이벤트나 축제, 코스프레, 영화 및 주체 등의 공연 예술에 사용된다.

② 페이스 페인팅(Face painting)

페이스 페인팅(face painting)이란 '얼굴'(face)에 '그리다'(painting)를 합쳐놓은 말로 피부에 사용할 수 있는 물감을 이용해 얼굴에 그림을 그리는 작업을 일컫는다. 얼굴 전용 물감이나 펄, 기타 부재료 등을 활용하여 얼굴에 그림을 그려 특정한 메시지나 흥미를 유발하고 메세징 효과를 연출하는 메이크업이다. 주로 선명한 컬러를 사용한다.

③ 바디 페인팅(Body painting)

바디 페인팅(body painting)이란 사람의 몸에 물감을 칠하는 예술 행위의 일종으로 예술적인 무늬나 그림을 인체에 그리는 현대적 예술의 문화 콘텐츠이다. 패션쇼, 연극, 퍼포먼스 등 다양한 예술 분야에서 활용되고 있으며 스펀지, 브러시, 에어브러시가 색을 칠하는 주요 도구이고, 아쿠아컬러(aqua color)인 수성이나 슈프라 컬러(supra color)인 유성 물감을 통해 채색한다. 선명하고 다양한 색채를 사용하여 연출한다.

아트 메이크업의 종류와 개념

아트 메이크업	아트 메이크업 개념
판타지 메이크업 (Fantasy make-up)	판타지 메이크업은 주로 동화적인, 고전 신화, 과학소설 등에서 영감을 받아 판타지적인 요소를 활용하여 단순히 화장품을 사용하여 얼굴을 꾸미는 것 이상으로 다양한 색상과 재료를 사용한다. 헤어, 의상, 액세서리, 오브제 등을 종합적으로 연출하여 메이크업의 분위기와 일치하는 총체적인 룩을 완성하며, 메탈릭 색상이나 원색 계열을 사용한 강렬한 느낌을 연출하는 메이크업이다. 판타지 메이크업은 비대칭적인 디자인, 특별한 효과를 강조하며, 피부 표현과 눈, 입, 코 등의 기능을 왜곡하여 색상, 크기 및 형태를 변형시키는 것이 특징이며, 특정 이벤트나 축제, 코스프레, 영화 및 주제 등의 공연 예술에 사용된다.
페이스 페인팅 (Face painting)	페이스 페인팅이란 '얼굴'(face)에 '그리다'(painting)를 합쳐놓은 말로 피부에 사용할 수 있는 물감을 이용해 얼굴에 그림을 그리는 작업을 일컫는다. 얼굴 전용 물감이나 펄, 기타 부재료 등을 활용하여 얼굴에 그림을 그려 특정한 메시지나 흥미를 유발하고 메시징 효과를 연출하는 메이크업이다. 주로 선명한 컬러를 사용한다.
바디 페인팅 (Body painting)	바디 페인팅이란 사람의 몸에 물감을 칠하는 예술 행위의 일종으로, 예술적인 무늬나 그림을 인체에 그리는 현대적 예술의 문화 콘텐츠이다. 패션쇼, 연극, 퍼포먼스 등 다양한 예술 분야에서 활용되고 있으며 스펀지, 브러시, 에어브러시가 색을 칠하는 주요 도구이고, 아쿠아컬러(aqua color)인 수성이나 슈프라컬러(supra color)인 유성 물감으로 채색한다. 선명하고 다양한 색채를 사용하여 연출한다.

(4) 특수 분장(Special make-up)

얼굴이나 신체의 전체 및 부분 분장과 각종 전시용 형상 제작, 상처, 화상 분장 등의 특수효과 메이크업과 3차원의 입체분장을 포함한다.

① 특수효과 메이크업(Special Effect make-up)

특수효과(Special Effects, FX)는 주로 영화, TV, 광고 등에서 사용되는 메이크업 기술 중 하나이다. 특수효과 메이크업이란 변형을 통한 입체적 분장으로 인체나 동물 모형의 '더미', 움직이는 기계 '애니 메트로닉스', 특수 소품도 특수 분장 영역이다. 작품의 다양화에 따라 프로테제(protege)는 주름, 상처, 화상 등을 표현하고, 프로스테틱스(prosthetics)는 실제로 인체와 비슷한 외형으로 배치하여 '좀비'나 '살찐 모습' 등의 인체의 인터페이스를 추가하거나 교체하여 새로운 형태나 모양을 만들어 낸다. 메이크업 FX는 '몬스터', '가위손'처럼 화장을 사용하여 구성의 형태나 색상 등을 조작하고 특별한 효과를 구현한다.

② 3D 입체분장(Three-Dimensional make-up)

3D 입체분장은 실리콘을 이용하여 자신이 아닌 타인을 연출하기 위한 목적으로 인체 모형, 더미 등을 제작하여 영화, 드라마, 광고 등에서 활용되며, 특히 실리콘 얼굴 마스크는 실제 사람처럼 디테일한 얼굴의 연출이 가능하고, 바이오 인식 분야나 보안 프로그램 연구 분야에서도 활용되고 있다. 컴퓨터그래픽(CG)과 3D 프린터를 이용한 3D는 입체분장의 완성도를 높이고 있다. 다만 대체재가 아닌 보완재이다.

특수 분장의 종류와 개념

특수 분장	특수 분장 개념
특수효과 메이크업 (Special effect make-up)	특수효과 메이크업은 주로 영화, TV, 광고 등에서 사용되는 메이크업 기술 중 하나이다. 특수효과 메이크업이란 변형을 통한 입체적 분장으로 인체나 동물 모형의 '더미', 움직이는 기계 '애니 메트로닉스', 특수 소품도 특수 분장 영역이다. 작품의 다양화에 따라 프로테제(protege)는 주름, 상처, 화상 등을 표현하고 프로스테틱스(prosthetics)는 실제로 인체와 비슷한 외형으로 배치하여 '좀비'나 '살찐 모습' 등의 인체의 인터페이스를 추가하거나 교체하여 새로운 형태나 모양을 만들어내고 Make-up FX는 '몬스터', '가위손'처럼 화장을 사용하여 구성의 형태나 색상 등을 조작하고 특별한 효과를 구현한다.
3D 입체분장 (3D make-up)	3D 입체분장은 실리콘을 이용하여 자신이 아닌 타인을 연출하기 위한 목적으로 인체 모형, 더미 등을 제작하여 영화, 드라마, 광고 등에서 활용된다. 특히 실리콘 얼굴 마스크는 실제 사람처럼 디테일한 얼굴의 연출이 가능하고 바이오 인식 분야나 보안 프로그램 연구 분야에서도 활용되고 있다. 컴퓨터그래픽(CG)과 3D 프린터를 이용한 3D는 입체분장의 완성도를 높이고 있다. 다만 대체재가 아닌 보완재이다.

3) 뷰티 메이크업 시 유의사항

- 얼굴형과 이목구비의 장단점을 먼저 파악하고 인위적인 변화보다는 자연스러운 이미지를 살려서 표현하는 것을 기본으로 한다.
- 메이크업의 전체적인 완성도를 좌우하는 것이 피부 표현이기 때문에 피부색과 피부 타입, 피부 질감을 고려하고 메이크업 콘셉트에 따른 베이스 메이크업(base make-up)을 철저히 한다.
- 얼굴 윤곽, 눈썹, 눈, 입술, 볼의 좌우 균형을 잘 맞추고, 색채조화와 대비 등을 활용하여 일관된 메이크업 이미지로 연출한다.
- T(time)·P(place)·O(objection or occasion)를 고려하여 의상, 헤어, 분위기 등 전체적인 이미지와 조화시켜 메이크업을 한다. 실외에서 낮에는 자연스럽게 표현하고 실내에서의 밤에는 인공조명을 고려하여 얼굴의 명암에 따른 윤곽 표현, 색조를 조절해야 한다. 장소와 목적에 따른 콘셉트를 잘 파악하여 효과적인 메이크업 표현이 되도록 한다.
- 눈과 입술 중에서 한 곳을 강조하는 메이크업(one point make-up)이 안정적이며, 눈 주위에 잡티나 결점이 있으면 입술을 강조하는 메이크업을 하고, 입술 주위에 잡티나 결점이 있을 시에는 눈을 강조하는 메이크업 표현이 효과적이다.

4 메이크업의 심리 및 디자인의 이해

1) 메이크업의 심리

메이크업은 보여지는 외모를 가꾸어서 자신감을 부여함으로써 심리적으로 능동적이고 적극적인 자신감을 표출할 수 있으며, 개인의 사고방식이나 가치추구의 방향을 표현한다.

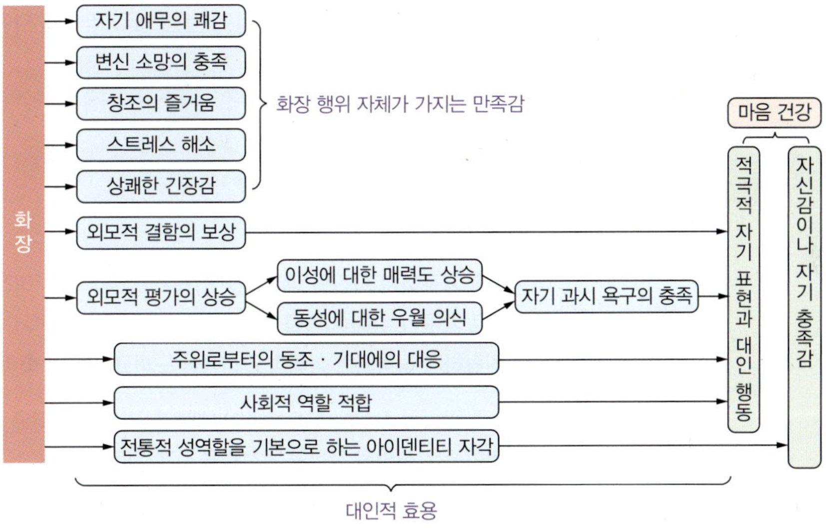

메이크업의 심리적 효용

메이크업은 행위자체가 주는 만족감과 자기충족감, 대인적인 효용으로 인한 욕구의 충족감을 채우면서 심리적인 효용 가치를 느낀다.

(1) 메이크업의 동기

메이크업의 의미는 단순히 화장과 치장의 개념을 넘어서 개성을 표현하는 수단으로 사용되고 있다. 우리는 상대방의 외모를 통해 그 사람의 성향을 추측하고 분석하기도 한다. 즉, 현대적 의미의 메이크업은 자신의 관리를 통한 자기존중의 시작이라고 볼 수 있다. 채워진 자기 만족감은 행동으로 나타나며 대인관계의 원활함과 타인에게 확실한 인식을 심어주기에 효과적이다. 이러한 메이크업 행동의 사회적, 심리적 기대 효과에 관한 연구는 현재까지도 활발하게 진행되고 있다.

자기만족과 자의식 함양에 기대 효과를 주는 메이크업의 동기는 내적인 측면과 외적인 측면에 심리적인 영향을 미친다.

① 메이크업 내적인 측면의 동기

미적 욕구, 즐거움 충족	아름답게 가꾸어서 자신의 매력도를 상승시키고자 하는 미적 욕구를 충족시키고 가꾸기 위해 시간을 투자하고 얼굴을 매만지면서 인체는 호르몬이 원활하게 작용되어 심리적 안정감을 느끼고 기분이 좋아진다.
자존감 충족	개성있고 관리된 자신의 모습은 타인에게 호감을 받게 되고 자기 효능감과 자기만족은 심리적 정화와 안정감을 주게 된다.
자신감 충족	스스로에 대한 만족감은 자아존중과 가치를 갖게 되고 적극성이 발현되어 대인관계에 긍정적인 효과를 이끌어낸다.

② 메이크업의 외적인 측면의 동기

이미지 개선 충족	자기 이미지를 개선함으로써 무언의 의사전달 역할을 할 수 있다.
이미지 확립 충족	자기 이미지 변화를 통하여 자기평가, 타인평가의 과정을 거쳐 이상적인 자아를 구현하는 능력을 키우게 되고, 사회적으로 자기 효능감을 높이는 수단이 될 수 있다.
사회적 효과 충족	자신의 내적인 매력을 외적인 매력과 연결시킴으로써 관계 교류의 방향성을 갖게 되고, 정보전달의 기능과 함께 사회적으로 조화와 상호작용 촉진을 기대할 수 있다.

2) 메이크업 디자인의 이해

개인의 취향과 직업, 나이, 피부, 눈동자색, 머리카락색을 고려하여 트렌드를 반영하고 결점을 보완하여 장점을 부각시킨다. 여기에 뷰티 색채와 조명, 메이크업 디자인 요소를 가미하여 조화롭고 아름답게 디자인하는데 목적이 있다.

(1) 메이크업 디자인 개념

'디자인(design)'이란 물건을 만들어내기 위한 제안이나 계획을 실행에 옮긴 결과 혹은 이런 것들을 만드는 행위를 의미한다. '지시하다', '표현하다', '성취하다'의 뜻을 가지고 있는 라틴어의 '데시그나레(designare)', '그리다', '밑그림을 그리다'의 뜻을 가지고 있는 이태리어의 '디세뇨(desegno)', 목표로 하는 일, 목적, 계획, 스케치의 뜻을 가지고 있는 프랑스어의 데생(dessine)에서 유래하였다.

즉, 메이크업 디자인이란 얼굴형, 피부색, 얼굴 윤곽, 눈, 코, 입술 등의 결점을 보완하고 장점을 부각시켜 조화롭고 아름답게 디자인하는 것을 말한다.

(2) 메이크업 디자인의 5가지 요소

메이크업의 디자인 요소는 형태(form), 색상(color), 질감(texture), 이미지 정보(information), 인스피레이션(inspiration)을 적절히 활용하여 표현한다.

메이크업 디자인의 5가지 요소와 의미

메이크업 디자인 요소	의미
형태 (Form)	기하학적인 요소인 점과 선, 면이 형태를 이루며 메이크업에서는 선의 굵기와 길이에 따라 디자인을 다양하게 표현한다.
색상 (Color)	색은 시각을 자극함으로써 생기는 물리적 지각현상이며 색채는 인간의 심리와 밀접한 관계를 갖는다. 크게 한색과 난색으로 분류되며 메이크업에서 색상톤은 한색 계열의 쿨톤(cool tone)과 난색 계열의 웜톤(warm tone)으로 표현한다.
질감 (Texture)	질감이란 제각기 다른 재질을 가지는 사물의 표면에서 느껴지는 재질감을 말한다. 유분과 수분 그리고 건조함, 거침과 부드러움 등에 따른 질감에 따라 표현되는 작품 전체의 이미지가 달라질 수 있다. 메이크업 질감은 시각적 질감과 촉각적 질감으로 나타낸다. 시각적 질감은 매트(matt), 글로시(glossy), 펄(pearl)로 표현하고, 촉각적 질감은 파우더리(powdery), 워터리(watery), 오일리(oily), 크리미(creamy)로 표현한다.
이미지 정보 (Information)	메이크업을 효과적으로 표현하기 위하여 그 시즌의 유행색이나 실루엣, 패턴, 트렌드 등의 이미지 정보를 다양하게 확보하여 창조적인 작업을 거쳐 트렌디한 메이크업을 표현한다.
인스피레이션 (Inspiration)	메이크업은 특별한 공식이나 규칙이 있는 것이 아니고 창의적인 작업을 요구하므로 무엇보다 영감과 센스가 요구된다. 풍부한 영감과 센스는 선천적으로 나타날 수도 있지만 꾸준한 반복 작업과 훈련을 함으로써 트레이닝된다.

(3) 메이크업 디자인 구현

디자인 구현은 작품의 아이디어를 산출하는 그 사람 나름의 고유하고 창조적 이미지의 발상으로 작품의 아이디어를 내고 선택하여 구체화하는 과정이다. 연상이나 상상에 의해 떠오르는 우연적이고 단편적인 사물이나 이미지를 다듬거나 재구성하여 하나의 의미 있는 형태로 조직하고 창조하는 것이며, 산출될 작품의 '형태에 대한 생각을 형성해 가는 과정을 통해 작품의 아이디어를 내고 상상을 구체화하는 과정'이기도 하다.

완성하려는 결과물 또는 행위 활동을 위한 준비계획의 결과 과정이 디자인이라는 것이고, 디자인 프로세스에서 아이디어를 디자인으로 구현해 내는 결과 과정은 '문제 이해와 창의적 해결책을 찾는 과정이자 도구'라고 할 수 있다.

메이크업 디자인 구현은 형태, 색상, 질감, 이미지 정보, 인스피레이션의 디자인 요소를 가미하여 만들어진 결과는 '문제해결의 과정'이라고 할 수 있다.

(4) 메이크업 디자인 트레이닝

메이크업 디자인 트레이닝

메이크업 기술을 완성하기 위해서는 이미지 트레이닝과 실기훈련이 반복되어야 한다.

메이크업 디자인의 훈련과정은 다음과 같다.

첫째, 기초지식을 넓혀야 한다. 메이크업 디자인 요소와 원리, 이미지에 대한 기초지식을 바탕으로 다양한 관점의 이미지를 분석하는 힘을 기를 수 있다.

둘째, 기초지식의 이론을 이미지 트레이닝 해봄으로써 미적 감지력이 발달된다. 얼굴형, 눈모양, 눈썹, 입술 모양 등은 제각각 다르고 이를 조화로운 아름다움으로 개발될 수 있는 실습을 하면서 감각을 키울 수 있다.

셋째, 기본적인 메이크업 테크닉과 제품, 도구의 특성과 시대적 배경, 사회·문화적인 요소들을 메이크업 디자인에 접목하면서 새로운 디자인이 재탄생된다. 그러기 위해서는 꾸준한 반복 학습이 요구된다.

THE BEAUTY MAKE-UP

CHAPTER 02

메이크업의 역사

1 한국 메이크업 역사

단군신화에서는 인간이 되고자 하는 곰(熊族)과 호랑이(虎族)에게 쑥과 마늘을 먹고 100일 동안 햇빛을 보지 못하게 한 것은 고대사회의 지배층이 피부가 흰 사람이었고, 흰 피부를 아름답다고 생각하여 변신하기 위한 주술(呪術)이라 해석되기도 한다.

지금도 흰 피부인 사람을 귀하게 여기는 관습이 남아 있으며, 알타이 계통의 최초 인간은 흰 사람이라는 신화가 있다. 쑥과 마늘이 미백(美白) 효과가 우수한 미용 재료임을 감안한다면 고대의 한국인들이 겨울에 피부보호와 피부미용에 관심을 가졌으리라 추측된다. 또한 계급과 신분에 따라 치장(文身)을 달리 하였으며, 돌, 조개껍데기, 짐승의 뼈 등으로 장신구를 만들어 사용했다.

1) 고조선 시대

낙랑의 음율채화 칠형[1)]

한국인들은 선사시대부터 화장을 하였다고 추정되며 석기시대에는 동물의 가죽이나 식물의 줄기로 의복을 만들어 치장하였다. 부족국가 시대에 한반도 동북쪽 만주 지방의 읍루 사람들은 돼지기름을 발라 피부를 부드럽게 하여 동상을 예방하였으며 말갈 사람들은 오줌으로 세수하여 피부 미백의 수단으로 삼았다고 한다. 현시대의 천연 보습 성분인 오줌 성분의 우레아를 그 시대에 사용한 것은 놀랍다고 할 수 있다. 낙랑의 유물인 채화칠협(彩畵漆篋)의 인물상을 보면 머리가 정돈되어 있고, 이마를 넓히기 위해 머리털을 뽑은 흔적이 있으며, 눈썹이 굵고 진하게 그려진 점으로 보아 단정한 옷차림이 생활의 기본이었다고 볼 수 있다.

1) 출처 : https://cafe.naver.com/qotthr12/31881?art=ZXh0ZXJuYWwtc2VydmljZS1uYXZlci1zZWFyY2gtY2FmZS1wcg.eyJhbGciOiJIUzI1NiIsInR5cCI6IkpXVCJ9.eyJjYWZlVHlwZSI6IkNBRkVfVVJMIiwiY2FmZVVybCI6InFvdHRocjEyIiwiYXJ0aWNsZUlkIjozMTg4MSwiaXNzdWVkQXQiOjE2ODQ2NjQ0Mjg0MzF9.-[t6fIuoCPEzgEZs0tFVmpX5Av3xR5I_UO-nHaxzsk-k

2) 삼국 시대

신라를 비롯하여 고구려, 백제에 4~6세기경 불교가 전래되어 널리 신봉됨으로써 청결과 청정이 강조되었고 목욕이 일반화되었다. 이는 목욕용품의 발달을 촉진시켜서 쌀겨를 이용해 피부미용이 향상되었다. 그러나 서민층에서는 팥, 녹두, 콩 껍질 등으로 만든 조두(원시비누)를 사용하였는데 날비린내가 몸에 남아 있어서 향수, 향료를 이용하게 되었다.

삼국시대부터는 당시의 화장문화와 화장품을 살필 만한 기록과 유물을 엿볼 수 있다. 고구려의 고분 벽화가 그중의 하나이다. 수산리 고분 벽화의 귀부인상은 머리에 관을 쓰고 뺨과 입술이 연지로 단장되어 있는데 쌍영총 벽화의 주인공은 여관(女官) 또는 시녀로 보이는데도 모두 머리를 곱게 빗고, 눈썹을 짧고 뭉툭하게 다듬었으며, 뺨에 연지화장을 하고 있다. 또한 무인들은 머리카락을 뒤로 틀고 연지를 이마에 바르고 금당으로 머리를 꾸몄으니 신분의 구별이 없이 치장하였음을 알 수 있다. 『삼국사기(三國史記)』에는 무녀와 악공이 연지화장을 하였다는 기록도 있어 기초화장과 함께 색조화장도 한 것을 알 수 있다.

(1) 고구려

수산리 고분벽화의 귀인도[2]

쌍용총 고분벽화[3]

고구려에서는 남녀 모두 얼굴을 가꾼 것으로 보인다. 고구려 여성들은 색조화장을 했으며, 남성들도 여성들과 마찬가지로 얼굴을 가꾸었다.

『후한서(後漢書)』에서는 신분과 직업에 따라 각기 치장을 달리 하고 남녀 모두 깨끗한 옷 입기를 좋아하고 밤이면 남녀가 여럿이 모여 배우놀이와 음악을 즐겼다는 기록을 보면 나들이와 의례, 차례에 치창을 구분하여 즐긴 것을 알 수 있다.

---

2) 출처 : https://terms.naver.com/entry.naver?docId=3559825&cid=47306&categoryId=47306

3) 출처 : https://blog.naver.com/mtb0903/140073002997

(2) 백제

백제인 얼굴복원-조용진 박사[4)]

백제인들의 화장에 대해서는 구체적인 기록이 없으나 일본측 사서 및 『삼재도회(三才圖會)』에 일본이 백제로부터 화장품 제조기술과 화장법을 배워갔다는 기록이 있으므로 진보된 화장기술을 전수해준 것으로 추측된다. 또한 백제인들이 엷은 화장을 하였다는 기록으로 미루어 보아 은은하고 세련된 화장을 즐겼음을 알 수 있다.

4) 출처 : https://m.post.naver.com/viewer/postView.naver?volumeNo=7835206&memberNo=23096180

(3) 신라

무용총의 수렵도[5]

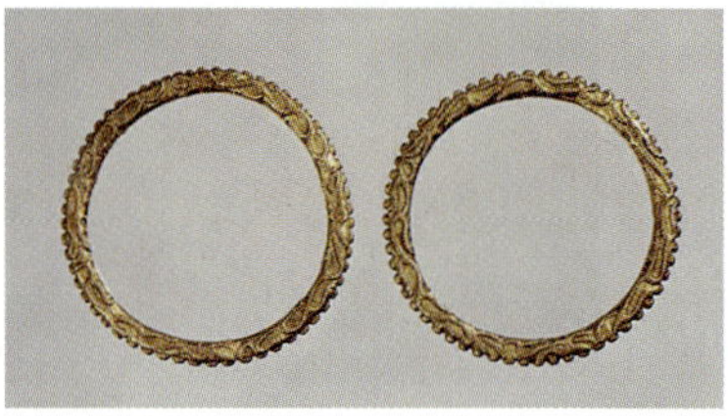

노서동 금목걸이, 금귀걸리, 금팔지[6]

신라인들은 '아름다운 육체에 아름다운 정신이 깃든다'는 영육일치사상(靈肉一致思想)의 영향으로 외모를 아름답게 꾸미는 것을 중요시하였다. 귀족의 자제로 이루어진 화랑들은 미소년의 외모에 화장을 하고 목걸이, 귀걸이, 반지, 팔찌 등의 장신구로 장식을 하였다. 뿐만 아니라 신분에 관계없이 여성들은 향낭을 차고, 귓불을 뚫어 귀고리를 달고, 장도를 지녔다. 또한 연지를 만들어 이마와 뺨, 입술에 바르고, 백분 외에 산단(山丹 : 백합꽃의 붉은 수술)으로 색분을 만들어 사용하였다. 신라의 화장품 제조기술이 일본보다 발달하여 692년에 한 승려가 일본에서 연분(鉛粉)을 만들어 주고 상을 받은 적이 있었다. 7세기경에 이미 연분을 만들었다는 것은 세계 화장품 발달사에 유례없는 대발명이라 할 수 있다.

5) 출처 : https://terms.naver.com/entry.naver?docId=960378&cid=47310&categoryId=47310

6) 출처 : https://www.heritage.go.kr/heri/cul/culSelectDetail.do?culPageNo=1&region=&searchCondition=&searchCondition2=&ccbaKdcd=12&ccbaAsno=04550000&ccbaCtcd=11&ccbaCpno=1121104550000&ccbaCndt=&s_kdcd=&s_ctcd=&ccbaCncl=1&stCcbaAsdt=&endCcbaAsdt=&header=view&returnUrl=&pageNo=1_1_1_1&p=multiSch&sortType=&sortOrd=&sngl=Y

양직공도를 모사한 당염립왕회도의 신라, 백제, 고구려 사신(왼쪽부터)[7]

〈양직공도(梁職貢圖)〉는 521년 중국 양나라에 조공하러 온 외국 사신의 모습을 그린 것인데 문헌에 나오는 문자만으로 파악하기 힘든 6세기 중엽 삼국 복식의 일면을 시각적으로 볼 수 있게 하는 귀한 회화 자료 중 하나이다. 〈왕회도(王會圖)〉에서도 역시 7세기 초 긴장된 역학관계에 놓였던 삼국 사신들의 차림새를 통해 상층부를 이루던 귀족 사회의 면모를 볼 수 있다.

3) 통일신라시대

당과의 교류가 활발하여 사치품, 귀중품을 많이 사용하였으며 색조화장이 짙고 화려했다. 또한 화장용구도 다양했다. 통일신라에 이르러 문무왕대에 "부녀의 복식제도를 당과 동일하게 하라"는 교지가 내린 뒤, 의상과 함께 중국 여인들의 짙은 색조화장이 도입되어 전대에 비하여 화장이 화려해졌다.

모든 문물이 당의 영향을 받기는 하였으나 당시 당이나 일본에서 유행하던 홍화장이나 화전, 면엽과 같은 당대의 다양한 기교적인 화장보다 얼굴을 희게 하고 입술에 연지를 바르는 풍속은 통일신라시대에 보편화되었다.

7) 출처 : https://www.cha.go.kr/cop/bbs/selectBoardArticle.do;jsessionid=aMR9jgo0KRMmOlaAcayikoxZBO1sMIKuNNbT0s3Q1qOlqCJPJLOY0V91SUzL1tXQ.cha-was01_servlet_engine1?nttId=76203&bbsId=BBSMSTR_1008&pageIndex=35&pageUnit=10&searchtitle=title&searchcont=&searchkey=&searchwriter=&searchdept=&searchWrd=&searchCnd=&ctgryLrcls=&ctgryMdcls=&ctgrySmcls=&ntcStartDt=&ntcEndDt=&mn=NS_01_09_01

4) 고려 시대

청자 상감국화모란당초문 모자합(靑磁 象嵌菊花牡丹唐草文 母子盒)[8]

공민왕과 노국공주 부부병좌상(夫婦竝坐像)[9]

고려시대에는 문화융성기로서 태조 왕건은 화장문화를 장려하였으며, 미에 대한 관심이 더욱 높아지고 사치스러워졌다.

---

8) 출처 : http://www.heritage.go.kr/heri/cul/culSelectDetail.do?s_kdcd=&s_ctcd=11&ccbaKdcd=12&ccbaAsno=03490000&ccbaCtcd=11&ccbaCpno=1121103490000&ccbaLcto=16&culPageNo=3&header=region&pageNo=1_1_3_0&returnUrl=%2Fheri%2Fcul%2FculSelectRegionList.do&assetnamel=

9) 출처 : https://namu.wiki/jump/kcnVEZfKYSGQLpaHpIHSlNqvNgvglz2FwMmIxD3uT6eaU3YwQqxm1muaCxEpgVCl4UpPcUHcRbqNieoUiSdNiBpT0sByrUiZGOYLnxQYRgo%3D

고려시대 초에 제도화된 교방의 기생을 중심으로 분대화장(粉黛化粧)이 성행하였다. 분대화장은 머릿기름을 반질거리게 발라 빗어주고 얼굴에 분을 하얗게 많이 바르고 눈썹은 가늘고 선명하게 그리며, 연지를 발라주는 당시로서는 매우 짙은 화장이었다. 야한 화장을 분대라고 부를 만큼 기생의 상징적인 치장이었다.

비분대화장(菲粉黛化粧)은 분대화장을 기피하는 여염집 여성들의 엷고 은은한 화장으로, 분을 바르고 연지는 바르지 않았으며, 눈썹은 넓게 그리고 비단향낭을 패용하였다.

고려시대의 각종 화장도구와 화장품 용기는 금, 은, 청동 등 금속제 외에 청자로 대량 제조되어 화려하고 견고하여 많이 남아있는 편이다. 삼국시대의 화장용기는 주로 토기, 목제로 만들어져 거의 파손되었다. 청동거울, 유병, 향수병 및 연지합, 분합 등이 대표적인 것들인데, 특히 청동거울이 정교하게 많이 제조되어 화장 수준이 높고 화장술에 관심이 높았다. 화장합인 청자상감 모자합은 신라의 토기화장합(국립경주박물관 소장)을 발전시킨 것으로서 예술적 가치가 높고 청자, 백자 등의 화장품 용기는 화장품의 안전도를 고려할 때 어떤 재질의 용기보다 가장 적합한 것이다.

5) 조선 시대

김홍도 풍속화첩 - 노상파안(어염집 여성의 모습)[10)]

작자미상 - 그네타는 여인들(기녀의 모습)[11)]

조반부인 초상[12)]

하연부인 초상[13)]

10) 출처 : https://terms.naver.com/entry.naver?docId=1563753&cid=46721&categoryId=46878
11) 출처 : https://terms.naver.com/entry.naver?docId=6332445&cid=51293&categoryId=51293
12) 출처 : Lhttps://terms.naver.com/entry.naver?docId=2179969&cid=46696&categoryId=46696
13) 출처 : https://terms.naver.com/entry.naver?docId=1569618&cid=46702&categoryId=46739

조선시대 전기의 지배층은 유교윤리를 생활의 기본으로 검약을 강조하고 자유연애와 외출이 금지되었다. 여성은 단정한 몸가짐과 청결한 신체를 중요시하게 되어 목욕문화가 더욱 발달하였고, 내면의 미와 외면의 미를 동일시하며 여성의 화장이 부덕한 행위로 간주되기도 하였다. 그렇다고 해서 조선시대의 화장품 생산이 위축되거나 화장에 소홀했던 것은 아니며, 오히려 화장 개념의 세분화가 촉진되었다.

여염집 여성들의 옅은 생활화장과 기생, 궁녀 등 특수층 여성의 분대화장이 더욱 뚜렷해지고, 여염집 여성들의 생활화장도 평상시의 청결 위주와 혼인, 연회, 외출 시의 화장으로 세분화되었다. 이는 남성들은 이원화된 여성관에도 기인한다. 조선시대의 남성들은 이상적인 미인상과 이상적인 여인상이 달랐는데, 소실이나 기생으로는 계란형의 얼굴에 옥같이 흰 살결, 가는 눈썹, 복숭아빛 뺨, 앵두 같이 붉은 입술, 구름을 연상하게 하는 머리, 가는 허리를 소유한 미인을 으뜸으로 여기고, 며느리나 아내로는 둥근 얼굴형에 피부가 희고 흉터나 잡티가 없고, 건강한 체격에 성격이 원만하며 성실한 여성을 추구하였다.

그 당시의 관념으로 여성은 미인이면 박명하므로 아내감은 유자상(有子相)을 선호하는 이유에서였다. 이 때문에 조선시대에는 소실과 기생 중심으로 분대화장이 보급되었고, 여염집 여성들은 깨끗하고 맑은 피부를 간직하려고 노력하였으며, 대부분 담장에 그쳤다.

은제 신선 경치 무늬 화장품 그릇[14)]

은제 과일 무늬 화장품 그릇[15)]

신윤복-미인도[16)]

은제 신선 경치 무늬 화장품 그릇은 조선시대 효종의 첫째 공주인 숙신공주의 묘에서 출토된 것으로, 뚜껑에 안의 내용물을 쉽게 퍼담을 수 있는 숟가락이 붙어 있으며, 열면서 바로 내용물을 풀 수 있도록 고안해낸 점도 흥미롭다. 항아리 안에 화장분이 그대로 남아 있어서 화장용구로 사용되었음을 알 수 있다.

은제 과일 무늬 화장품 그릇은 뚜껑 윗면에 구름 위로 날개를 활짝 펴고 날아오르는 한 마리의 학이 조각되어 있으며, 그 바탕에는 끝이 동그란 정으로 구슬 무늬를 새겨 넣었다. 몸체에는 여지, 석류, 복숭아, 감 등으로 보이는 과일의 가지를 각각 네 부분에 나누어 배치하였다. 입구에는 연꽃잎을 두르고 바탕에는 마찬가지로 끝이 동그란 정으로 구슬 무늬를 정교하게 새겨 넣어 매우 화려한 느낌을 주고 있다.

---

14) 출처 : https://terms.naver.com/entry.naver?docId=6285385&cid=51293&categoryId=51293

15) 출처 : https://terms.naver.com/entry.naver?docId=6319966&cid=51293&categoryId=51293]

16) 출처 : https://namu.wiki/w/%EC%8B%A0%EC%9C%A4% EB%B3%B5%20%ED%95%84%20%EB%AF%B8%EC%9D%B8%EB%8F%84

경기 남양주시 화협옹주의 묘에서 발굴된 화장 도구들[17]

의인소설인 『여용국전(女容國傳)』이 여성의 화장을 국가정치에 비유하고 권장하고 있고, 화장품과 화장도구가 18종이나 등장하는 점으로 미루어 볼 때, 또 숙종 연간에 화장품 행상인 매분구가 존재했던 것으로 보아 조선시대에 화장품의 생산, 판매가 산업화할 조짐을 보일 정도로 다양하게 대량 소비되었던 것으로 여겨진다.

일시적이긴 하나 궁중에 화장품 생산을 전담하는 관청인 보염서가 설치된 적이 있고, 임진왜란 직후인 선조 때 일본에서 발매한 '아사노쓰유(朝の露 : 아침이슬)'라는 화장수 광고 문안 가운데 '조선의 최신 제조법으로 제조했다'는 구절이 있는 것으로 미루어 보아 조선시대 중기의 화장품 제조기술이 수준이 높았음을 알 수 있다. 그러나 조선시대 후기에 이르러 다른 분야와 마찬가지로 수공업 수준을 탈피하지 못하고 산업화가 늦어져 외국의 화장품 기술에 비해 뒤떨어졌다.

2016년 남양주시 삼패동에서 발굴된 화협옹주의 묘에서 유물 청화 백자함, 분채, 청동거울 등을 문화재청이 공개하였다. 사대부가와 혼인한 왕녀의 상장례를 알 수 있고, 영조가 직접 쓴 묘지와 화장품 안료, 용기 등을 통하여 조선시대 왕족 여성의 화장법을 짐작할 수 있다.

17) 출처 : https://www.cha.go.kr/cop/bbs/selectBoardArticle.do?nttId=75980&bbsId=BBSMSTR_1214&mn=NS_01_24

6) 근대 개화기 시대

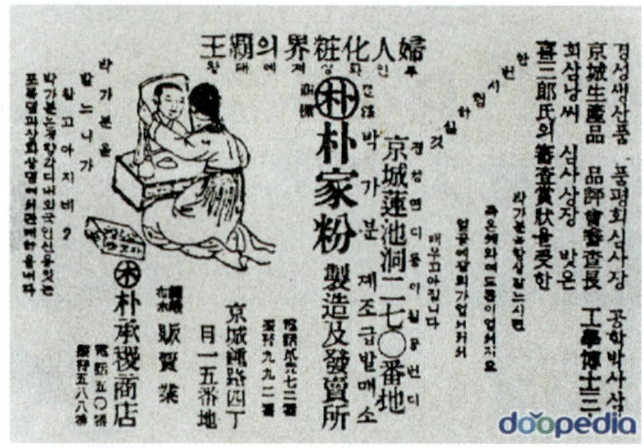

박가분(朴家粉) - 한국 최초로 제조 및 판매된 화장품[18]

윤심덕 - 성악가 배우[19]

최승희 - 무용가[20]

덕혜옹주[21]

18) 출처 : https://terms.naver.com/entry.naver?docId=3403105&cid=40942&categoryId=32161

19) 출처 : https://terms.naver.com/entry.naver?docId=560419&cid=46634&categoryId=46634

20) 출처 : https://terms.naver.com/entry.naver?docId=529191&cid=46666&categoryId=46666

21) 출처 : https://namu.wiki/w/%EB%8D%95%ED%98%9C%EC%98%B9%EC%A3%BC

1876년 강화도조약에 따른 개항 이후 국내에는 신식 메이크업 테크닉과 화장법이 물밀 듯 밀려 들어와서 차츰 재래식 화장품과 화장법은 대치되거나 교체되는 현상이 나타났다. 처음에는 주로 일본과 청나라로부터 유입되었으나 1920년대부터는 수입선이 프랑스를 비롯한 유럽으로까지 확대되었다. 수입화장품은 주로 크림, 백분, 비누, 향수 등이었는데, 포장과 품질이 우수하여 여성들로부터 대단한 인기를 끌었다.

이 무렵에는 하얀 얼굴에 반듯한 이마의 잔털을 제거하고 박가분을 물에 개어서 하얗게 바르는 수준이었다. 그 후 일본 유학생 오엽주가 종로 화신백화점에 처음으로 미장원을 개업하고 새로운 메이크업 테크닉과 바니싱 크림 등의 신식 화장품을 소개하였다. 이전의 쪽진 머리는 퍼머 스타일로 바뀌고, 진한 색상의 입술연지가 유행하였다.

1922년에 제조허가 1호로 출범한 박가분(朴家粉)의 경우는 인기를 얻어 하루에 5만 갑이나 팔렸지만, 생산방식이 재래식에 머물렀고, 납 성분의 부작용으로 물의를 빚기도 하였다. 이 무렵 공식, 비공식 경로를 통해 수입되었던 백분은 납 부작용이 적어 국산화장품에 대한 불신감을 낳기도 하였다. 외제화장품과 아울러 입체 화장기법이 도입되어 신여성과 기생들을 중심으로 대대적인 환영을 받으면서 신식 화장과 색채화장이 보급되어 갔다.

7) 해방 이후 현대

(1) 1940년대

1940년대 메이크업 - 영화 마음의 고향[22)]

제2차 세계대전(1939-1945)이 발발하면서 전 세계는 또 다시 경제, 사회, 문화적인 공황상태에 빠지게 되었다. 메이크업 스타일은 이전보다 더 두꺼워졌고, 영화의 분장용으로 개발된 완벽하게 피부를 덮어주는 팬케이크(pancake)를 사용하여 피부 표면에 부드러운 바탕색을 만든 뒤 파운데이션(foundation)을 사용하였으며, 눈썹을 두꺼운 곡선으로 그리고 아이라인도 더 부드러워지는 등 부드러운 여성스러움이 다시 등장하였다.

(2) 1950년대

1950년대 메이크업 - 아모레화장품 1958년 창간호[23)]

1945년 8.15 해방을 계기로 화장품 산업은 잠시 퇴보를 보였으며, 6.25 전쟁 이후 수입 화장품, 밀수 화장품, 미군 PX 유출품이 국내 화장품을 주도하였다. 기초화장품 사용에 있어서는 골드크림의 보급으로 윤기가 흐르고 번들거리는 화장법이 유행하였다. 또한 외국영화의 수입으로 '오드리햅번'화장의 영향을 받아 피부톤을 밝게 하였다. 사슴 눈 모양의 눈 화장이 전 세계적으로 유행하였는데 눈의 위쪽 아이라인을 바깥쪽으로 연장하고 눈꼬리 부분을 위로 올라가도록 그려 주었다. 1950년대 중반에는 눈썹 끝이 바깥으로 길게 올라가는 만다라식 메이크업이 유행하였고, 후반에는 다시 내추럴톤의 메이크업이 유행하기도 하였다.

22) 출처 : https://blog.naver.com/10sunmu sa/222114252695

23) 출처 : https://post-phinf.pstatic.net/MjAxOTAzMDdfMjY3/MDAxNTUxOTU5NTQ0Mzg4.1I3kMJ7rrAJeUIpFRdRhZd2cWv97IHII4hqHayTET4wg.88wqCUIDgKH51dlnpzae9Tod0rnTyvBnO8jZnQrvW2sg.JPEG/%EC%95%84%EB%AA%A8%EB%A0%88%ED%8D%BC%EC%8B%9C%ED%94%BD_%ED%96%A5%EC%9E%A5_1958%EB%85%84_9%EC%9B%94_%ED%91%9C%EC%A7%80_%28%EA%B9%80%EC%A7%80%EB%AF%B8%29.jpeg?type=w1200

(3) 1960년대

1960년대 들어서 다시 국산 화장품 산업이 본격화되고 메이크업 테크닉도 차츰 발전하기 시작하였다. 1960년 이후에는 액상 색분(파운데이션)의 수요가 늘어나고 입술연지가 고형(스틱)으로 바뀌었으며, 아이섀도가 등장해 색채 화장법이 다채로워졌다. 눈이 커 보이는데 주력하였고 쌍꺼풀 부분에 진한 회색의 두꺼운 라인을 그리고 황갈색으로 음영처리를 하였다. 볼터치는 엷은 핑크색으로 볼 뼈 중심으로 칠하고 립스틱도 엷은 색을 칠하였다.

1960년대 메이크업 - 1963년 7, 8월 달력[24]

(4) 1970년대

여성들의 사회적 영향력과 사회참여에 대한 인식은 날로 높아져 자기직업을 중시하는 인식이 크게 확산되었다. 1960년대 과장되었던 아이라이너는 이 시대에 들어와 아이섀도와 섞이도록 자연스럽게 변화되었다. 입술 위에 촉촉이 젖은 듯한 립글로스를 애용하였고 은은하고 연하며 하지 않은 듯한 내추럴한 메이크업이 성행하였다. 중반에는 황갈색 입술이 유행했고 갈수록 진하고 강한 색이 사용되었다. 눈 화장은 주로 브라운이나 그레이, 어두운 그린 등의 섀도 색상으로 표현했다. 또한 베트남 전쟁의 폭넓은 지지를 받았으며, 기성세대에 반발하여 사회적인 불안을 표출한 펑크스타일이 젊은이들은 독특한 문화양식으로 선보이기도 했다.

1970년대 메이크업 - 아모레화장품 1974년 2월호[25]

---

24) 출처 : https://blog.naver.com/zeppurple/221270156712

25) 출처 : https://post-phinf.pstatic.net/MjAxOTAz MDdfNzkg/MDAxNTUxOTU5NTUyODM0.dlLfJGub-I7NQ40SgbGYzjiYZOhnkoezGMyL8oQm6TYg.Kr3PYs_nKI7doJS-elefKMp4l-gUpFq3KGt-BX25kWUg.JPEG/img_17643_54141_26625.jpg?type=w1200

(5) 1980년대

1980년대 메이크업 - 아모레화장품 1984년 6월호[26)]

전 세계적으로 경제적인 고성장을 이루면서 미(美)에 대한 관심도 높아져 헬스나 미용을 통한 자기관리를 중요시 여겼으며, 경제적 부를 최고의 가치로 여기는 황금 만능주의가 만연한 시기였다. 중반과 후반은 프레온 가스로 인한 오존층 파괴가 사회문제가 되면서 그 어느 때보다 자외선의 부작용과 피부암에 대한 관심이 높아져 피부에 더욱 신경을 기울이게 되었다.

전 세계적으로 디스코 열풍이 불었던 시기였기에 메이크업에도 화려함이 강조되어 펄이 들어간 다양한 컬러가 유행하였다. 화려한 디스코댄스에 어울리는 황금, 옐로우 펄을 눈두덩이에 발랐으며, 무광택의 자주, 갈색, 오렌지색을 그 위에 덧발라 눈에 깊이 감을 주었다. 후반에 들어서면서 건강한 피부에 대한 관심이 높아지면서 초반의 화려했던 색은 점차 사라지고 부드럽고 여성스러움이 강조된 내추럴한 화장법이 유행하여 자연스러운 눈썹과 연핑크, 살구색 등의 연한 색의 아이섀도를 즐겨 사용하였다.

26) 출처 : https://blogfiles.pstatic.net /2016 0522_89/smartjy67_1463853956194cdV8G_JPEG/hj.jpg

(6) 1990년대

1990년대 메이크업 - 마몽드화장품 지면 광고[27)]

전자통신과 운송의 발달로 세계인들은 하나의 세계를 공유했고, 컴퓨터의 발달로 정보네트워크의 형성은 이런 공존의 의식을 더욱 현실화시켜 나갔다. 에콜로지의 영향으로 눈썹과 입술 메이크업의 색조는 매우 엷어지고 투명 메이크업이 유행하였다. 또한 눈 주위를 강조하는 메이크업이 인기를 끌면서 그린과 블루컬러가 시선을 끌기도 했다. 아이섀도는 흐르게 하고 어두운 색상의 라인으로 립라인을 강조하고 안쪽에는 좀 더 엷은 색상의 립스틱을 발라 입체감이 두드러지게 보이도록 하는 메이크업이 유행하기도 하였다.

다양한 문화와 인종의 아름다움을 고려하는 분위기가 조성됨에 따라 다양한 피부색과 피부기능에 맞는 제품이 등장하였고, 피부에 대한 관심이 높아지면서 피부 관리 전문제품과 기능성화장품 개발에 큰 진전이 있었다.

---

27) 출처 : https://blogfiles.pstatic.net/20160103 _222/somang79790_1451781345692BgFMx_PNG/2016-01-02_20%3B22%3B05.PNG

(7) 2010년대

2000년대 메이크업
- 코스모코스 소망화장품[28]

2010년대 메이크업
- 라네즈 중국진출 광고[29]

2020년대 메이크업
- 이니스프리 광고[30]

2000년대에는 밝고 유쾌하고 건강한 분위기가 등장하였고, 단순함(simplicity)과 호화스러움(luxury), 유쾌함(fun)이 문화 전반을 주도하고 있다. 2000년대 초반에는 낭만적이고 귀여운 로맨틱 룩이나 섹시함과 여성미를 더한 스포티브룩이 나타났다.

2010년대 메이크업 트렌드는 어느 때보다 다양하지만, 가장 큰 키워드는 투명하고 자연스러움이 강조된 피부 질감과 함께 내추럴 메이크업과 로맨틱 메이크업으로 이어진다.

눈 화장의 경우에는 눈매를 강조하는 드라마틱 스모키와 소프트 스모키 아이까지 대표적인 트렌드로 말할 수 있으며, 복고적인 눈썹과 아이라인 등 복고풍의 재현들도 눈에 띄는 트렌드라 할 수 있다. 유행 컬러로는 밝고 화사한 컬러들을 들 수 있는데, 파스텔톤이나 페일한 컬러들이 대표적이다.

---

28) 출처 : http://blog.naver.com/storyphoto/viewer.jsp? src=https%3A%2F%2Fblogfiles.pstatic.net%2FMjAyMTA2MTFfMTU4%2FMDAxNjIzMzM3NDE2NTQ2.dhaMp4oOknWM0_14ySu8wahvwk-rPevEZ6loGomTkmIg.TMWPcgAZCYI9NC9ZUzN9nG6wZEaaJQDiIb2LgWE7Veog.JPEG.charcoalchoco%2FSE-ae2001c3-477b-4530-b1cb-ecf209e02560.jpg

29) 출처 : http://blog.naver.com/storyphoto/viewer.jsp?src= https%3A%2F%2Fblogfiles.pstatic.net%2F20120314_202%2Fkuailepangxi_1331708771685AVx2B_JPEG%2F1280_1024_b.jpg

30) 출처 : https://postfiles.pstatic.net/MjAxNzAzMDRfMjM1/MDAxNDg4NTU2ODQ2NTUw.k9PtVSutjFDyMIbRdHk1prC2XEI0k18YO8q4kqFAGDEg.VljaGJjfr08Kc3pVzJ7ADootRrqPSP0tg4pdgq7JuS0g.JPEG.niness0805/6.jpg?type=w2

2020 ~ 2024년 메이크업 스타일[31]

2020년 이후로는 메이크업은 개성과 다양성을 추구하는 문화를 반영하며 현재의 한국 메이크업 트랜드는 자연스러움과 웰빙을 지향하고 클래식과 차분한 이미지를 연출하여 세련된 에너지를 발산하는 경향으로 발전 진화하고 있다.

31) 출처 : http://www.issn.or.kr/html/sub_05/sub05_01_view.php?book_idx=13163&page=new

2 서양 메이크업 역사

1) 고대

(1) 이집트 시대(BC.3200년경)

이집트의 화장은 BC.3200년경 본격적으로 시작되었으며, BC.3000년경부터는 종교의식으로 몸을 단장하는 것으로 중요하게 여겼다. 영혼 불멸의 사상에 따라 성직자들은 재단에 바치는 향료를 만들어 사용하였는데 출토된 향유병들을 통해 기름과 향수의 혼합물인 향유를 사용하였음을 알 수 있다. 향료는 고대 문명기 이래 귀중품으로서 보석, 금, 은과 마찬가지로 값비싼 상품으로 취급되었으며, 부를 가져다 주는 원천 중의 하나이기도 했다.

고대 이집트인들은 견과류로 만든 오일, 올리브, 야자, 아마(flax), 아몬드, 양상추 등의 기름과 동물 기름 또는 지방 등을 화장품의 원료로 사용하였다. 특히 캐스터 베리(castor-berry)로 생산된 오일은 값이 저렴하여 다른 오일보다 더 광범위하게 사용되었다. 향수와 화장품은 유향(frankincense), 몰약(myrrh), 감송(spikenard), 타임(thyme), 마조람(marjoram), 아몬드 오일, 올리브 오일, 참깨 오일 등과 같은 성분을 함유하며, 몸을 깨끗이 하고 피부를 부드럽게 유지하는 역할을 하였다. 시지닌(segenen)이라고 불리는 오일은 '상처 난 몸에 바를 수 있도록 일꾼들에게 공급하기도 하였다. 향유는 몸에 직접 바르기도 하지만 공식 만찬이나 파티에서는 퍼퓸콘(perfume corn)이라는 향기 나는 고체 연고가 담긴 원뿔 모양의 장식을 가발 위에 썼다. 향유는 서서히 녹아 지속적으로 머리에서 흘러, 향유가 식으면서 몸에 향기가 배고, 피부도 보호하는 역할을 하기 때문이다. 이집트인들은 피부 전체에 화장염료를 이용하여 채색하는 피부화장을 하였다.

사후세계를 여행하는 배의 형태를 하고 있는 화장품 용기[32)]

이집트 화장품 상자[33)]

화장염료의 색상은 남녀 구분하여 금빛의 황토(ochre)색으로 밝게 하거나 오렌지색의 화장품으로 어둡게 채색하였다. 피부를 밝게 하는 황토색은 남성과 여성 구분 없이 모두가 사용하였다. 어둡게 하는 오렌지색은 남성만이 사용하였으며, 금빛을 띤 황토색 몸에는 기름을 발라 윤기가 나도록 했다. 또한 상반신과 관자놀이의 정맥들은 몸의 색과 대조를 이루는 푸른색으로 부각시키기도 하였다.

코올을 이용한 눈화장은 눈을 아름답게 꾸미려는 목적 외에도 곤충을 쫓고 강렬한 태양광선으로부터 피부를 보호하려는 목적이 있었다. 눈에 칠한 안티몬이나 미묵은 눈물샘을 자극하여 사막의 자연환경으로부터 눈을 보호하였고, 이는 물고기 형태인 호루스의 눈(wedjat, 우제트)을 상징하였다. 이집트인의 눈 화장은 화려하고 강한 색채를 자랑하는데, B.C.1300년경 이집트 중기왕조 네페르티티(Nefertiti) 여왕은 이집트의 화장을 예술의 경지로 승화시켰으며, 이집트의 마지막 여왕인 클레오파트라 시대에 화장은 절정에 이르렀다. B.C.1300년경 아크나톤(Akhenaten) 왕의 아내인 네페르티티 여왕은 눈꼬리가 치켜 올라가 있고 균형 잡힌 검은 눈썹을 가지고 있었다. 붉은 진흙을 양의 기름에 반죽해서 붓으로 발랐으며, 뺨에는 분홍색을, 입술에는 홍색을 칠하였다.

32) 출처 : https://younghwan12.tistory.com/4025

33) 출처 : http://m.ecomedia.co.kr/news/news view.php?ncode=1065599879285693#_enliple

이집트의 화장 - 위대해 보이기 위한 화장[34]

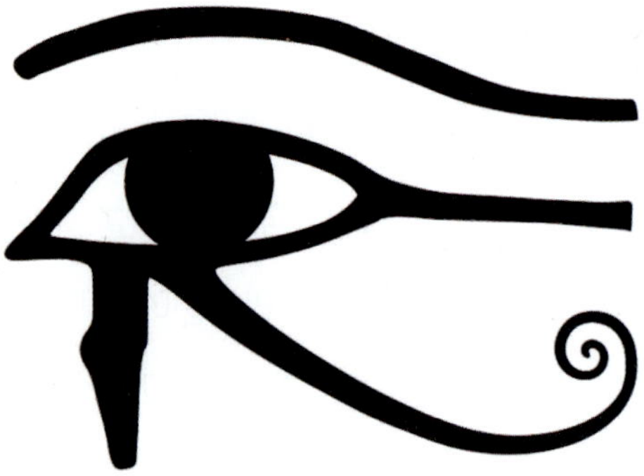

호루스의 눈[35]

호루스 신화[36]

이처럼 이집트에서는 이미 고왕조 시대부터 주로 집안에 머무는 여자의 밝은 피부와 외부에서 활동하는 남자의 갈색 피부에 대한 구별이 시작되었는데, 이러한 구분은 신왕국에 이를 때까지 변함없이 지속적으로 이어졌다.

34) 출처 : https://terms.naver.com/imageDetail.naver?docId=1051946&imageUrl=https%3A%2F%2Fdbscthumb-phinf.pstatic.net%2F2177_000_1%2F20160530110238084_XDLELC46Y.jpg%2Faa8_5_i4.jpg%3Ftype%3Dm4500_4500_fst%26wm%3DN&cid=41995&categoryId=41995

35) 출처 : https://ko.wikipedia.org/wiki/%ED%98%B8%EB%A3%A8%EC%8A%A4%EC%9D%98_%EB%88%88]

36) 출처 : https://upload.wikimedia.org/wikipedia/commons/7/78/Wedjat_ %28Udjat%29_Eye_of_Horus_pendant.jpg

제5왕조
B.C 2994~2345

제7, 8왕조
B.C 2181~2125

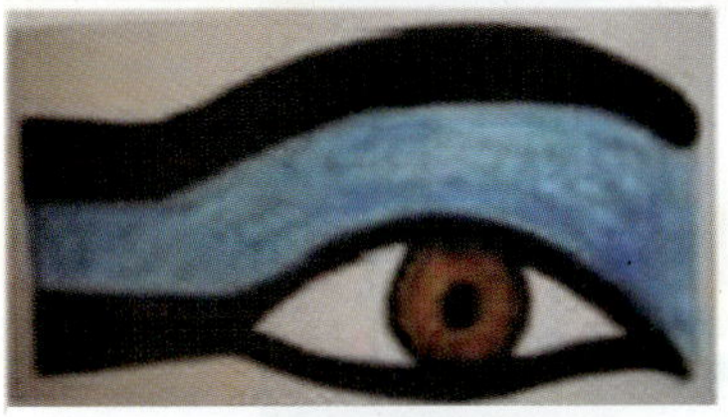

제12왕조
B.C 1985~1795

신왕국 시대
B.C 1550~1069

신왕국 시대
B.C 1550~1069

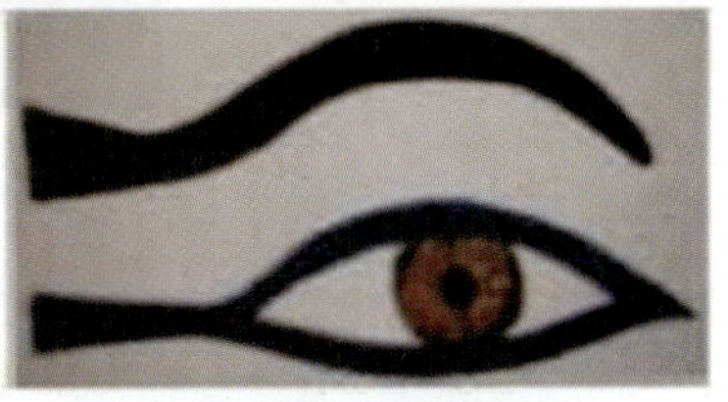

신왕국 시대
B.C 1550~1069

제23왕조
B.C 818~715

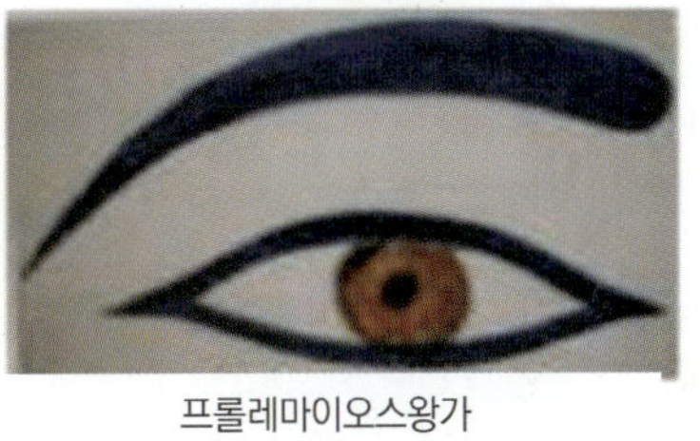

프톨레마이오스왕가
B.C 332~30

고대 이집트 메이크업 패턴[37]

37) 출처 : 정혜영(2008),「고대 이집트 메이크업과 1960년대 메이크업 상관관계 연구」, 성신여자대학교 대학원 p.17-18
손유정. "이집트 시대 피부미용 문화에 대한 연구." 국내석사학위논문 신라대학교 산업융합대학원, 2019. 부산

(2) 그리스 시대(BC.3000~BC.400년경)

그리스의 화장 - 눈속임으로 균형미를 연출[38]

크노소스 - 이라클리온 고고학 박물관[39]

크노소스궁전에서 온 미노아 여[40]

38) 출처 : https://terms.naver.com/imageDetail.naver?docId=1051946&imageUrl=https%3A%2F%2Fdbscthumb-phinf.pstatic.net%2F2177_000_1%2F20160530110239111_SCPJVF7JP.jpg%2Faa8_5_i7.jpg%3Ftype%3Dm4500_4500_fst%26wm%3DN&categoryId=41995&mode=simple|&query=&authorId=

39) 출처 : https://www.pinterest.co.kr/pin/29639321919986 7336/

40) 출처 : https://www.pintere^st.co.kr/pin/4953256590294 27294/

그리스는 폴리스(polis)라는 도시국가로 발달한 나라이다. 그중에서도 가장 큰 폴리스는 스파르타와 아테네였다. 그리스 시대에 이르러 메이크업은 미용효과보다는 의학적인 측면에 더 관심을 두게 된다. 그리스 여성들이 어떤 화장법을 사용했는지는 병에 그려진 그림이나 문학작품을 통해서 알 수 있다. 그리스의 민주적인 개방사회는 남성들에게만 허용되었고, 인공적인 아름다움을 혐오하고 자연 그대로의 꾸밈없는 인간의 모습을 중시하는 헬레니즘 문명 사상의 영향과 남존여비사상으로 인하여 여성들의 지위가 하락한 시기였다. 그리스 신화에서 메이크업하는 여인은 판도라처럼 자연의 섭리를 어기는 것으로 비난함으로써 여성의 메이크업은 금기시되었다.

메이크업은 매춘부 같은 여성 중심으로만 이루어졌고 메이크업한 여성에 대한 혐오감이 높았다. B.C 5세기의 아리스토파네스는 여러 가지 화장법이 있었음을 기록에 남겼고, 크네소폰도(B.C 4세기)는 창녀들이 연백을 짙게 칠하고 볼연지와 입술연지를 사용하여 피부를 장미빛으로 만들었다고 기록하고 있다. 남성들은 목욕 후 올리브 기름과 향수를 바르는 것이 유행했으며 이 시대에 이발소가 생겼다.

'장식에 노련하다'라는 의미의 그리스어 코스메티코스(kosmeticos)로부터 현대의 코스메틱스(cosmetics)란 단어가 유래했다. 그리스의 화장술은 학문으로서 의학적인 보호수단으로서의 화장술인 '코스메티케 테크네(kosmetike techne)'와 과도한 장식적인 화장술인 '코모티케 테크네(komotike techne)'로 나뉘었다.

하지만 후기로 접어들수록 여성들의 외출이 허용되면서 하층 계급의 그리스 여성들을 중심으로 백연, 석고, 백묵, 붉은색 염료를 사용한 메이크업들이 유행하였다. 모든 화장품 제조비법은 그리스의 약초학, 임상학의 대부인 가렌과 물리학자 데모크리투스 두 사람이 낱낱이 기록하여 전해져 내려오고 있다. 가렌의 학문적 노력으로 피부의 수분 증발을 막아주고 피부를 햇볕으로부터 보호하는 현대적인 화장품인 콜드크림을 제조하기도 하였다. 그리스 여인들은 얼굴에는 백납으로 새하얗게 바르고, 눈은 검정색 콜로 강조하고 볼과 입술에는 단사(주황색 색조)를 발라 메이크업을 했다. 미용과 종교의식을 위하여 목욕을 즐겼고, 머리에도 신경을 쓰기 시작하여 다양한 머리 장식법을 발전시켰다.

(3) 로마 시대(8세기~3세기)

고대 로마인들의 화장품 도구[41]

젊은 여성의 초상-파리 루브르 박물관[42]

폼페이에서 발견된 벽화[43]

---

41) 출처 : https://www.ecomedia.co.kr/news/data/20160518/p1065599879285693_960_thum.jpg

42) 출처 : https://www.pinterest.co.kr/pin/633529872602608664/

43) 출처 : https://jmagazine.joins.com/_data/photo/2017/01/thumb_ 2949993309_uK6fW4H5_01.jpg

로마 시대에 이르러 메이크업은 많은 시간과 인력을 동원해 신체의 모든 부분에 걸쳐서 이루어졌으며, 로마 시대 귀족 여인들은 특히 섬세한 눈썹을 만들기 위해 심혈을 기울였다.

로마는 그리스의 헬레니즘 사상을 이어받아 육체적인 조화로움을 숭상하였고, 자유로운 토론문화를 즐겼고, 발열 벽면의 발명과 수로시설의 개량으로 공중목욕탕이 발달하여 위생의 기능과 사교 등의 사회적 기능까지 겸했다. 얼굴을 보다 희게 만들기 위하여 납과 활석을 자주 사용하여 많은 부작용을 야기시켰으며, 요란한 모습으로 변화하였다.

이 당시 메이크업은 남녀 모두에게 행해졌으며 상류계급의 여성들은 노예들에 의해 가사일에서 해방되어 주로 몸을 단정히 가꾸는데 많은 시간을 할애하였다. 당시 메이크업은 앞으로 겪게 될 자신의 신체적 변화와 다가올 죽음을 감추기 위한 위선의 수단으로서 과도하게 사용되었으며, 다른 사람들의 눈을 피해 몰래 행하여졌다. 이 시대의 화장이란 물질적인 풍요와 생활의 여유에 대한 표현이기도 했으며 신체적 노화를 감추기 위한 변장의 수단으로 사용되었다.

헤나로 머리염색을 하기도 했는데 로마인은 거의 브론즈색을 좋아했다. 의학의 아버지라 불리는 히포크라테스는 피부병을 연구하여 식이요법, 마사지, 목욕 등이 피부를 건강하게 유지시켜 준다고 주장했는데, 이러한 이론은 현대미용에 기여한 바가 크다. 하지만 로마의 쇠퇴기에는 다가올 죽음의 부패에 맞서기 위해 남녀 구별 없이 과도한 화장과 치장으로 얼굴빛이 변색되는 등 부작용을 가져왔다. 치아는 의치가 아니면 뿔을 입혔으며 구취 제거에 효과적인 파슬리를 썼고, 여드름과 사마귀는 애교점을 그려서 감추었다.

이처럼 로마 시대의 화장이란 물질적인 풍요와 여유의 표현이었고 신체적 노화를 감추기 위한 분장 수준이었다. 남성들도 여성과 같이 화장을 했으며 사랑에 빠진 남성들은 수척해 보여야 했다.

2) 중세

(1) 비잔틴 시대(4세기~10세기)

성 유스티니아누스 대제와 그의 수행원들[44]

성 테오도라와 그녀의 수행원들[45]

교회의 지배력이 강했던 비잔틴 시대에는 기독교 금욕주의가 여성들의 화장과 태도에 영향을 미쳤고 화장을 경시하는 풍조가 나타났다. 신이 주신 얼굴을 화장으로 감추는 것은 신에 대한 모독이며 영생을 얻지 못하므로 사라지는 육체를 꾸미는 것은 헛된 것이라고 생각했다. 그리스 철학과 로마의 영향을 받아 화장은 더럽고 저속한 것으로 매춘을 행하는 여성, 예능인, 연극인들만 행해졌고 처녀들의 정숙함을 표시하기 위한 볼에 붉은색을 쓰는 것만 허용하였다. 목욕마저도 제한되어 청결을 위한 경우와 고해와 영성체 전날의 목욕만을 허용하였으며, 체취를 없애기 위하여 향수를 사용하였다.

44) 출처 : https://blog.naver.com/ggl5509/222567927031

45) 출처 : https://blog.naver.com/ggl5509/222567927031

(2) 로마네스크 시대(11세기~12세기)

작자미상 - 로마네스크 여인[46)]

작자미상 - 신랑신부[47)]

통일과 안정을 누리던 로마네스크 시대는 십자군 전쟁 이후 동양으로부터 들어온 안티몬과 향유 등 진기한 화장 재료들과 회교도의 화장 풍습이 전해져서 여성들 사이에 치장에 대한 관심이 생겨나고, 인도나 페르시아의 지식과 문화를 흡수하여 연금술, 약학, 식물학 등 세계에서 가장 수준있는 문화를 이루었다.

이 당시는 여성들의 과한 출산으로 노화가 빨랐는데, 이를 감추기 위하여 얼굴은 희게, 입술은 도톰하게, 눈썹은 자연스럽게 화장하였다.

12세기 파르드(fard, 화장품)라는 명사가 생겨났고 '채색하다'라는 의미를 지니는 프랑스어 '파르주앙(farjwan)', '파르위동(farwidon)'으로 파생된 것으로 추측된다.

46) 출처 : https://www.pinterest.co.kr/pin/384214030493665512/

47) 출처 : https://www.pinterest.co.kr/pin/384214030493665512/

(3) 고딕 시대(13세기~14세기)

고딕 시대의 여인상[48]

상공업의 발달로 도시가 번성했고 시민계급의 대두로 봉건귀족의 몰락을 가져왔으며, 교회의 절대권력은 무너지게 되었다. 화장에 대한 혐오 풍조와 결점 때문에 괴로워하는 여성들에게 화장을 허용하는 규범이 동시에 공존하는 형태로 나타났다.

고딕 시대에 유행했던 화장은 그리스나 로마처럼 흰 피부를 가꾸는 것으로 시작되었으며, 하얗게 보이기 위해 흰색과 핑크색의 수용성 안료를 사용하였다. 치아도 희게 가꾸는 것으로 입술과 뺨, 손톱 역시 붉은색을 선호하였고, 입술은 도톰한 형태를 선호하였다.

이마의 앞머리는 뽑거나 밀어 넓게 가꾸는 것을 이상적인 모습으로 여겼으며 이를 위해 웅황(천연 비소화합물)과 생석회 또는 기름에 끓인 석회의 혼합물을 뽑아내어 머리카락에 발라 제거한 후 털이 다시 자라나지 않도록 박쥐나 개구리의 피, 식초에 절인 양배추를 태운 재 등을 발랐다. 눈썹은 갈색의 가늘고 둥근 아치형으로 그려 이마를 넓게 보이게 하는 등 이마를 강조하였다. 머리는 금발과 흑발로 가꾸었고 재와 계란 흰자, 비누를 혼합한 것으로 머리를 감았다.

48) 출처 : https://mblogthumb-phinf.pstatic.net/20120620_86/en89ps_1340157231257lC6V8_PNG/2.png?type=w800

3) 근세

(1) 르네상스 시대(14세기~16세기 중반)

르네상스 시대는 시민 사회가 형성되며, 중세에서 현대로 변천해 가는 풍부한 감정을 바탕으로 자유성과 인간미가 가미된 전체적인 조화를 중요시하였다. 창조성과 조화를 강조하였으며, 확실한 표현예술을 강조하였다. 화장품과 메이크업은 비난 없이 공공연하게 사용되었지만 때때로 종교적 광신자들은 이러한 것을 근절하려 하였다.

14세기 중반부터 이탈리아를 중심으로 번성하기 시작한 르네상스 운동은 인간존중, 개성의 해방을 목표로 하고 그동안 제한되었던 여성의 화장은 관심을 증대시켰고 사교를 위한 필수조건이 되었다. 자본주의가 출현하고 종교개혁이 이루어지면서 개인주의와 향락주의가 만연해 귀족과 부유층은 남녀를 불문하고 과장되고 화려한 의복과 화장을 즐겼다.

15세기 초 메이크업은 이탈리아 여성을 중심으로 눈 주위에 색조화장을 하고 치아에도 하였으며, 중반 이후 메이크업은 다른 나라로 퍼져나갔다. 여성들은 넓은 이마를 드러내는 것이 아름답다고 생각하여 눈썹과 헤어라인을 깎아내고 머리를 뒤로 넘겨 장식하여 이마를 더욱 넓어 보이게 하였다. 또한 화장품과 향수를 사용했지만 입술, 뺨, 눈에는 너무 진한 색을 피하였고, 눈썹은 가늘게 잘 다듬어졌으며, 눈은 메이크업을 하지 않았고 연한 색조의 입술과 뺨을 보여주고 있다.

엘리자베스 1세 여왕(1588년)[49]

이사벨라 공주[50]

초기의 볼화장은 흰색 계열이고 입술은 밝은 빨강이었으나, 빨간 계열의 색은 매춘부의 색으로 여겨져 귀부인들은 오해를 사지 않으려고 가급적 붉은색을 피하였다. 태양과 바람으로부터 얼굴을 보호하기 위해 부채를 사용하던 것이 장식용으로 자리잡았다.

16세기에 들어오면서 화장은 사교를 위한 필수조건이었으며 귀족과 부유층은 남녀를 불문하고 화장을 즐겼다. 영국의 엘리자베스 1세 여왕은 알라바스터(alabaster)라는 분말과 점토, 마스크팩, 백납분 등을 사용하여 보이는 신체 부분은 모두 하얗게 분을 발라 흰 피부를 유지하였으며, 이마에는 정맥을 그려서 투명감을 표현하였고 도료를 덧발라 윤기있어 보이게 하였다. 주름살을 감추기 위한 과도한 화장은 귀족사회에서 유행되었는데 남자도 여자처럼 피부를 희게 보이기 위해 분을 발랐다. 머리는 앞가르마에 붉은색 컬러와 금발을 선호하였으며 수백 개의 가발을 번갈아 사용하였다.

49) 출처 : https://dbscthumb-phinf.pstatic.net/4033_000_1/20151119173840003_O1QLCKCGP.jpg/hf56_gbr184_i3.jpg?type=m4500_4500_fst&wm=N

50) 출처 : https://blogfiles.pstatic.net/MjAyMTA4MD ZfNjEg/MDAxNjI4MjIzMDgyMzc0.ipJIzIT1icx7zmEtHZS2sAIBU6wWpKfCQBdXIWugSrsg.m3sV6eqKy13P078jYPHtKZrafa-rlNqKK1JLq59O D4Qg.JPEG.arandel/%EC%9D%B4%EC%82%AC%EB%B2%A8%EB%9D%BC_%ED%99%A9%ED%9B%84.jpg?type=w3

(2) 바로크 시대(17세기)

17세기 - 진주로 꾸며진 화려한 머리 장식과 가슴 장식 등을 착용하였다.[51]

바로크(baroque)의 어원은 "일그러진 진주"라는 뜻으로 르네상스의 고전적인 균형, 조화의 세계에 비하여 유동적이고 강렬한 남성적인 감각과 더불어 기묘하고 이상한 이미지가 강조되어 붙여진 이름이다. 17세기에는 예술의 발전, 종교개혁, 자본주의의 출현, 식민지 개척 등이 이루어지면서 점차 개인주의와 향락주의로 흐르면서 쾌락과 사치를 추구하게 된다.

51) 출처 : https://terms.naver.com/entry.naver?docId=5716511&cid=63154&categoryId=63154

이 시기에는 남성과 여성 모두 과도한 장식과 천연두에 의한 흉터 커버를 위하여 진한 메이크업이 유행하였다. 특히 유럽 왕실과 상류 귀족의 여성과 남성들은 거의 모든 열정을 외모 가꾸기에 쏟아부었다. 특히 이 시기에 있어서 메이크업은 사교를 위한 필수적인 요건으로 사용되었다. 이러한 지나친 메이크업은 강한 도덕주의에 대한 해방의 의미로 해석되기도 했다.

당시 귀부인은 화장하는데 3~4시간이 소요되었는데, 특히 주목을 끄는 것은 패치(patch)라는 새로운 데코레이션 기법이 널리 유행하였다. 패치란 별, 하트 등의 모양을 얼굴에 붙이는 것으로서 원래 16세기 말부터 등장하기 시작하였으나 17세기에 이르러 널리 유행되었다. 루이 14세 때에 이르러서는 상대방에게 일종의 메시지를 전달하는 역할로 사용되기도 하였다.

이 시대에는 여성뿐만 아니라 남성들도 메이크업을 하였다. 특징은 진한 메이크업을 하여 백랍으로 만든 인형처럼 보였고, 깨끗하고 밝게 강조되는 눈썹, 뺨의 위치보다 약간 밑에 홍조를 띠거나 붉은 연지를 칠하고, 모양과 색깔이 장미꽃 같은 입술, 살이 찌고 둥근 얼굴을 선호하였다. 몸 냄새를 감추기 위해 강한 향수를 사용하였으며 루이 13세 시대에 프랑스 상류사회나 궁전의 풍속 가운데서 가발이 등장하여 화려한 의상과 조화되어 매우 중후하고 거창한 형태로 변화하였다.

17세기 초에는 남자는 앞머리를 앞이마까지 내리고 긴 머리를 어깨까지 자연스럽게 길러 꼬불꼬불한 머리를 빗으로 손질하고 인위적인 가발이 등장하여 머리를 여러 가지 색으로 염색하였다. 여자들은 가발을 사용해서 머리를 높게 빗어 올려 보석과 진주가 붙은 아름다운 핀을 꽂았다. 귀부인들은 머리카락은 여러 가지 색의 분을 뿌려 착색을 하였고, 머리를 높게 하기 위해 포마드로 고정시켜 각종 향수를 뿌렸다.

(3) 로코코 시대(18세기)

마리 앙투와네트[52)53)]

퐁파두르[54) 55)]

52) 출처 : http://bimage.interpark.com/milti/renewPark/evtboard/201002 04140306579.jpg

53) 출처 : http://bimage.interpark.com/milti/renewPark/evtboard/20100 204140342547.jpg

54) 출처 : http://bimage.interpark.com/milti/renewPark/evtboard/201002 04140110958.jpg

55) 출처 : http://bimage.interpark.com/milti/renewPark/evtboard/2010020 414015534.jpg

로코코의 어원은 '로카유(rocaille)'와 '코끼유(coquille)'의 합성어로 '조약돌과 조개껍데기의 곡선'을 뜻하며, 섬세하고 우아한 곡선이 경쾌한 리듬을 형성하며 밝고 세련된 귀족 문화가 특징이다. 로코코 시대의 화장은 실용성과 청결 관념보다는 예술성을 우위에 둔 시기로 화장품의 제조가 더욱 활발해졌으며, 화려하고 무분별한 화장이 극에 달한 시기이다. 얼굴에 잡티나 상처를 가리기 위해 옷감이나 가죽의 작은 조각을 이용해 붙였는데 이를 "뷰티패치"라고 불리웠고 성행하였다.

18세기 초에 여성들은 머리에 많은 집착을 가졌으며, 자신의 머리보다 가발을 쓰는 것을 더 선호하였다. 하녀와 머리 손질하는 사람들을 두어 작은 머리를 만들어 놓고 지지대를 이용해 크고 높게 인공적인 머리를 만들었다.

화장에 대한 관심은 더욱 늘어났는데, 초기에는 화장에 대한 구속에서 시작되었다. 18세기 중반 여성들은 루즈를 바르고 그들의 머리를 다듬는데 많은 시간을 보냈으며, 향수를 구입하기 위해 상당히 많은 돈을 투자했다. 18세기 중반의 여성들은 예쁘고 잘 꾸며진 얼굴 덕분에 명예있는 위치를 습득하기 위해 납과 수은이 첨가되어 있는 화장품을 제한 없이 사용하였다. 프랑스의 왕비였던 마리 앙트와네트(1755~1793)는 궁중의 사치스러운 의복, 헤어, 메이크업으로 유명했다. 이 시대의 여성들은 얼굴 파우더, 아이브로우, 루즈 등을 다양하게 사용할 수 있었다.

눈썹은 검게, 혈관은 푸른색으로 치장하였고, 색색의 동물모양 패치를 사용하였으며, 가면 위까지 패치가 사용되어 패치 사용의 극치를 보여주었다. 눈에 열정을 부여한다는 의미로 남녀 모두 아래 눈꺼풀에 두꺼운 눈 화장을 하였으며 눈빛을 촉촉하게 보이기 위하여 가지과에 속하는 식물인 벨라도나(belladona)의 즙으로 동공을 확대하기도 하였고, 쥐의 피부로 인조눈썹을 만들어 아교로 붙였다. 이가 빠져서 뺨이 들어간 부분에는 '플럼퍼(plumper)'라는 호두를 입에 물어 뺨을 통통하게 만들었다.

로코코 시대는 눈속임의 절정기로 유년기를 넘긴 모든 여성들은 얼굴에 화장품을 발랐으며, 잠잘 때에도 옅은 볼 화장을 하였다. 하지만 이러한 사치와 타락에 대해서 비난의 여론이 일기 시작하였다.

4) 근대

(1) 엠파이어 시대(고전주의, 1789~1815, 나폴레옹 1세 시대)

나폴레옹의 첫 번째 황후, 조세핀[56]

나폴레옹의 두 번째 황후, 마리 루이즈
(옆의 아이는 나폴레옹 2세)[57]

본격적인 엠파이어 시대가 개막하기 전 프랑스 왕권은 루이 14세가 완성한 절대주의 체제에 의해서 여전히 국왕친정과 신권이론(神權理論)을 받들고 국가와 인민 위에 계속 군림하였다. 프랑스 대혁명 이후 나폴레옹 황제가 즉위하여 통치하던 시기로 궁정과 귀족사회의 취향인 과장된 실루엣과 화려한 장식에서 벗어나 고전주의의 영향으로 인간 본연의 아름다움과 자연스러운 모습을 갈망하게 되었다. 나폴레옹 부인인 조세핀의 창백한 청색화장이 유행하기 시작했고 연지를 바르는 화장법은 쇠퇴하기 시작했다.

영국에서도 청교도 시민혁명이 일어나면서 청교도의 순박한 생활이 일반화되면서 진한 화장보다는 자연스럽고 우아한 모습으로 보이기 위한 백납으로 만들어진 화장품으로 창백하게 화장하거나 거의 하지 않는 자연스러운 화장을 하였고 향수를 사용하였다. 미국과 프랑스는 혁명 직후 몇 년간 향장 관련 업종이 주춤하였다.

---

56) 출처 : https://image.fmkorea.com/files/attach/new2/20210321/486263/3154220098/3467913054/3136130107fdf1b6407457234a376fab.jpeg

57) 출처 : https://image.fmkorea.com/files/attach/new2/20210321/486263/3154220098/3467913054/546cc91a9578bface6acc0019bea09ae.png

(2) 로맨틱 시대(낭만주의, 1820~1850)

58)

59)

빅토리아 여왕[60]

58) 출처 : https://postfiles.pstatic.net/MjAyMzA1MTJfMTY0/MDAxNjgzODczMTc3NTU3.ldvLjYNn2a0zZ-KE5yzWbZODSCsdUkxzR6sKMOo9RPEg.ok9lSgjDQ71-KmcUa__QChaDp3EU7XEiRyv2Hh1vhJgg.JPEG.ujuk15/IMG_1095.JPG?type=w773

59) 출처 : https://postfiles.pstatic.net/MjAyMzA1MTJfMjly/MDAxNjgzODczMTc3NTU5.gGnrX-u2y25aCc_uCaYefyjdRP56VutjYCwqollGyqgg.2cKGVDEy0y2Cyn6F9CeXHP9PHhlrDmO7g4O4Y6y3uy0g.JPEG.ujuk15/IMG_1094.JPG?type=w773

60) 출처 : https://postfiles.pstatic.net/20090821_115/cyongjoon_1250782714914d6QF3_jpg/winterhalter_franz_xavier_queen_victoria_1842_cyongjoon.jpg?type=w2

반혁명의 시기로 대표되는 낭만주의는 17~18세기 유럽의 사상적 배경이 된 계몽사상과 고전주의의 반발로 인해 정서, 감동, 신앙을 중시하는 새로운 낭만주의의 표현 양식이 전개되었다. 19세기에 들어서면서 자연주의 사상의 대두와 함께 자연스러운 화장이 주조를 이루며, 인위적이고 유해한 화장품의 과도한 사용을 자제하려는 분위기가 확산되었다. 두꺼운 화장은 이미 유행에 뒤처진 것이 되어 연극이나 무대에 한정되었다.

여인들은 흰 피부를 선호하여 햇볕에 그을리지 않도록 얇은 베일을 썼으며, 미용팩과 필링도 유행하였다. 창백한 피부화장과 흰 피부톤을 표현하기 위해 쌀가루분을 사용하기도 하였으며, 피부의 건강과 아름다움을 위해 꿀이나 달걀흰자로 얼굴 마스크를 하였다. 볼연지와 입술화장은 여전히 메이크업의 중심이 되었으며, 입술과 볼에 자연스러운 색을 내기 위해 색조화장품을 사용하기보다는 뺨을 꼬집거나 입술을 깨물었다고 한다.

이 시기에는 눈화장은 거의 하지 않고, 자연스러운 흰 피부톤에 볼 위쪽으로 볼연지를 하는 것이 특징이다. 왕족이나 귀족의 전유물이었던 크림이나 로션 등의 화장품도 일반인들에게 널리 보급되었으며, 질도 향상되고 제품도 다양해졌다. 위생과 청결을 중요하게 여기기 시작하면서 비누의 사용이 보편화되었으나, 향수는 여전히 애용되었다.

1828년 프랑스에서는 겔랑이 오픈하여 향수를 상업적으로 판매하기 시작하였고, 1830년에 오이즙을 주성분으로 하여 손과 얼굴에 보습을 주는 크림을 비롯하여 천연 장미 추출물로 만들어진 제품으로 바르면 부드러운 핑크빛 입술로 표현해 주는 립 틴트가 판매되었다.

(3) 크리놀린 시대(실리주의, 1850~1870, 나폴레옹 3세 시대)

크리놀린 시대의 여인상[61) 62) 63)]

나폴레옹 3세 부인 유제니 황후[64)]

61) 출처 : https://i.pinimg.com/564x/28/0c/c4/280cc49726bb16e7c95175d21ae11759.jpg

62) 출처 : https://i.pinimg.com/564x/46/ce/ef/46ceefec4bdc276b5a6cafc93f795b0a.jpg

63) 출처 : https://i.pinimg.com/564x/92/ce/c3/92cec399949182f1e3a48ef28536fe56.jpg

64) 출처 : https://m.blog.naver.com/cindy620/221294977691?view=img_13

프랑스의 루이 나폴레옹 3세가 즉위한 시기로 프랑스의 지위를 강화시켜 사회·문화발전의 절정기를 누렸다. 다시 귀족적 분위기를 동경하여 로코코 양식을 부활시켰고 부르주아들은 더욱 특권을 누려 사치스러운 생활을 마음내키는 대로 즐겼으며, 아름다운 의상을 입고 무도회나 야회에 참석하였다. 복식은 스커트 버팀대를 이용하여 최대한 부풀린 크리놀린 스타일이 등장하였다. 이는 나폴레옹 3세 부인인 유제니가 황후의 자리에 오르기 직전에 황태자의 탄생을 앞두고 변한 몸매를 감추기 위해 스커트의 폭을 크게 확대하는데 사용한 것으로, 영국 디자이너 워스(C.F. Worth)가 디자인하여 귀족생활을 동경하는 사람들로부터 찬사를 받았다. 이 시대의 여성들은 위생과 청결을 중요시 여겨 주택에 목욕실과 샤워실을 갖추어 자주 목욕을 하였으며 세정용 비누와 향수를 애용했다.

나폴레옹 3세의 화려한 의상에 비해 여자들의 머리 형태는 품위 있고 단정한 형태가 주를 이루었다. 이 시기의 머리 형태는 '가운데 가르마를 타고 돌돌 말린 컬을 양쪽으로 자연스럽게 늘어뜨리는 스타일'과 '컬이 된 머리카락을 두상 위에 틀어올려 얹는 머리 형태' 그리고 '뒤를 높게 올리면서 일부의 머리는 내려놓는 간단한 스타일'이 유행하였다.

1853년 겔랑 사의 창립자 피에르 프랑소와 파스칼 겔랑이 유제니 황후의 아름다움과 우아함에 대한 존경의 표시로 향수를 만들었다.

오렌지 블러썸, 베르가모트, 레몬, 라벤더, 로즈마리의 향을 섞어 신선하고 상쾌한 향을 내는 다양한 향수를 만들었다. 이 향수는 편두통 완화를 목적으로 애용하였다.

1852년 영국에서는 베샴(Beecham)이 현대적 의미의 화장품을 제조하기 시작하여 1866년 산화아연으로 만든 분을 개발하였고, 화장품의 대량생산이 합법화되면서 19세기 말부터 화장품의 산업화가 가속화되었다.

또한 영국에서는 1861년 빅토리아 여왕이 남편 알버트 공의 죽음으로 상심하여 화장을 하지 않았고, 39년 동안 애도의 기간에 들어가면서 화장품의 이용과 화장에 대하여 엄격히 사용을 금지했다. 이러한 여왕의 모습이 오히려 유행이 되며 창백한 얼굴 표현을 위해 비상으로 얼굴을 표백하기도 하였지만, 대부분의 여성들은 부엌에서 자신들만의 화장법을 찾아내어 피부의 건강함과 아름다움을 위해 꿀과 달걀흰자로 얼굴 마스크를 했고, 올리브 오일로 크림을 만들기도 했다. 여성들은 피부에 촉촉함을 더하기 위해 재스민과 오렌지를 우려낸 미온수에 세안을 하고, 밤에는 생고기 또는 달걀흰자로 팩을 하기도 하였다. 1870년에 화학분야의 발달로 화장품이 발달하게 되었고, 손쉽게 향장품을 구할 수 있을 정도로 제품이 다양해지고 질도 향상되었다.

(4) 버슬 시대(1870~1890)

버슬 시대의 여인상[65) 66)]

빅토리아 여왕은 복식과 화장 및 머리형을 리드할 정도로 멋쟁이는 아니었지만, 사람들이 여왕의 스타일을 따라 하고 싶어했다.

19세기 후반에는 버슬이 유행함에 따라 여성들의 머리 형태와 머리 장식은 더욱 정교해지고 다양해짐으로써 퐁파두르형의 머리 형태가 유행하였다. 앞에서 뒤로 머리카락을 빗어 넘기거나 이마 위에는 작은 컬을 하고 컬을 한 머리를 어깨 뒤로 늘어뜨리거나 굵게 땋아 시뇽 스타일로 머리 뒤로 레이스, 리본, 줄을 달아서 꽃과 핀으로 장식을 했다.

제3공화정 시대인 1875년 파리에서는 마르셀 그라토(Marcel Grateau)가 컬을

---

65) 출처 : https://postfiles.pstatic.net/MjAyMDEyMjRfMjAy/MDAxNjA4NzkwNjMyMDEy.dvu15NyQvw7HYu5JEzQwT9W_kF-ZBXdIx-qCTOtJhFcg.IpxRsiHZERyP389clqJ7zn4IgjfH2-OuPRiWIN8G5tAg.PNG.yeoldabooks/%EC%8A%A4%ED%81%AC%EB%A6%B0%EC%83%B7_2020-12-24_%EC%98%A4%ED%9B%84_3.17.07.png?type=w773

66) 출처 : https://postfiles.pstatic.net/MjAyMDEyMjRfMTA0/MDAxNjA4NzkwNzYwMTUw.7yxQqnE17JaMAvYhjA00uNVzJ003XCGZr_QRD7y0M00g.kgeFJ0QGmJ4vk1u52X6w0l0P1x24mkDBWnj1SGO_LEgg.PNG.yeoldabooks/%EC%8A%A4%ED%81%AC%EB%A6%B0%EC%83%B7_2020-12-24_%EC%98%A4%ED%9B%84_3.19.13.png?type=w773]

만들기 위한 마샬 아이롱을 최초로 발명하였다. 헤어 스타일링기의 열에 의해서 일시적으로 모발에 변화를 주어 물결 모양을 만드는 방법으로 마샬 웨이브라고 불렸다. 1881년 이 웨이브의 유행으로 가발의 인기가 사그라졌다.

1863년 독일의 호프만에 의해 파라페닐레디아민이 발견되었다. 1876년 프랑스의 화학자 틸레이와 독일의 헤어디자이너 휴고가 과산화수소를 염색에 사용하기 시작하였고, 1883년에는 프랑스의 모네사(Monesa)가 헤어 컬러제로 특허를 출원하여 1907년에 상품화하여 산화 염모제로 현재까지 사용하고 있다. 여성들의 모자는 일상용으로는 보닛, 사교용으로는 샤포를 애용하였다. 보닛은 나이든 여자들이 많이 썼고, 활동적인 옷차림에는 비버 해트를 썼다.

빅토리아 시대 영국 여성들은 하얀 분을 얼굴에 발랐고, 눈썹은 자연스럽게 다듬었지만, 1880년 이후부터 화장품의 발달로 여성의 미에 대한 본능적인 욕구가 사회 분위기의 변화와 함께 되살아나기 시작하였다. 색조 메이크업과 붉은색 볼연지가 다시 유행하였으며, 입술은 진해지기 시작하였다. 이 시기 말부터는 여성들이 먹물이나 검은 유향을 사용하여 눈썹을 강조하는 메이크업을 하였는데, 이때 아이라인과 인조 속눈썹까지 등장하기 시작하였다.

1882년 프랑스의 겔랑(Guerlain)에서는 피부색을 환하게 해주는 최초의 파우더를 출시하여 각광을 받기 시작하면서, 1897년에는 휴대용 파우더가 만들어졌고, 최초의 립스틱도 판매하였다. 총알 모양인 핑크색 립스틱이 위로 밀어 올리는 누름장치에 들어 있었으며, 리필도 할 수 있는 현대식 튜브 모델이었다. 1886년에 미국에서는 해리엇 후버트(Harriet Hubbart)가 현대적 의미의 화장품을 제조하게 되었다.

19세기 후반이 되자 몸치장의 일환으로 손톱을 아름답게 하는 방법이 나오게 되었다. 1887년 런던에서 출판된 "낭만적인 연애와 신체의 아름다움"이라는 책 속에 '매니큐어의 비밀'이라는 제목으로 손과 손톱의 관리방법을 소개하였는데, 지금의 현대적인 방법과는 다르다. 매니큐어라는 말은 그 무렵에 처음 생긴 신조어로 라틴어의 '손과 관리'라는 단어의 합성어로 손 마사지나 컬러링 및 큐티클 정리 등 손과 손톱을 관리하는 것을 뜻하였다.

(5) 아르누보 시대(1890~1910)

아르누보 시대의 S커브 복식[67) 68)]

1900년 이전에는 화장품을 사용하고 싶어 하는 여성들이 쓸 만한 기성 화장품이 거의 없어서 카탈로그나 미용실에서 치크 컬러, 립 포마드, 화이트닝 스킨 그리고 눈썹을 검게 칠하는 화장품을 가정에서 만들어 사용하였다. 19세기의 산업혁명은 화학분야에서도 급속한 발전을 가져오게 되어 화장품의 성분과 제조술이 발달하였고, 그 품질이 많이 개량되어 산화아연을 만들어냄으로써 유럽뿐만 아니라 미국에서도 백납분보다 훨씬 안전하고 새로운 분을 공급하게 되었다. 그리고 신분의 벽이 무너지면서 여성들은 자신의 직업을 갖게 되고 지위가 향상되어 화장은 점차 대중화되어 갔다.

19세기에 들어서서 산업 기반이 마련되어 화장품 제조 화학이 활발해지자 새로운 화장품들이 나타났고, 점차 여성들의 전용 화장품 기술이 발달하게 되었다. 1900년대 초기에는 여성들이 눈의 윤곽이 잘 드러나 보이도록 눈썹의 모양을 손질하고, 연필로 눈썹을 짙게 그렸다. 그리고 동그랗고 커다란 눈동자가 이노센트 룩(innocent look)의 가장 중요한 요소로 부각되면서 눈을 강조하는 아이라인과 여기에다 창백하고 투명한 피부 메이크업을 하기도 하였다.

---

67) 출처 : http://www.seniormaeil.com/news/photo/202209/38037_56629_3454.png]

68) 출처 : https://mblogthumb-phinf.pstatic.net/20110326_185/apigdesign_1301068394583UOOeP_PNG/12.png?type=w2

5) 현대

(1) 1900년대

1900년대 유행 스타일[69) 70)]

20세기 초 서구는 19세기 말의 영향이 그대로 나타나는데, 이때 유럽의 선진공업 국가들은 해외 식민지를 개척해 부를 축적하여 제1차 세계대전 전까지 풍요와 성장을 거듭하고 있었다. 화장품 제조산업은 1901년 마사지 크림을 생산하게 되고 샴푸와 매니큐어 제품은 다량 생산체제로 발전하였다. 1908년과 1909년에는 엘리자베스 아덴(Elizabeth Arden)과 헬레나 루빈스타인(Helena Rubinstein)이 미용실을 개설하고 미용제품을 출시하기 시작하였다. 20세기 초에는 과학과 기술이 가장 급속도로 발전하는 시기였으며, 차츰 감각적인 것에서 사색적인 것으로, 형식적인 것에서 기능적

69) 출처 : https://mblogthumb-phinf.pstatic.net/20130710_238/yeoseon08_1373435208587XT6GR_JPEG/1900%25EB%2585%2584%25EB%258C%2580_%25EB%25A9%2594%25EC%259D%25B4%25ED%2581%25AC%25EC%2597%25851.jpg?type=w800]

70) 출처 : https://mblogthumb-phinf.pstatic.net/20130710_188/yeoseon08_1373435208178qpQ9M_JPEG/1900%B3%E2%B4%EB_%B8%DE%C0%CC%C5%A9%BE%F7.jpg?type=w2]

인 것으로 변화를 가져왔으나, 메이크업이나 패션에서의 큰 변화는 없었다.

화장품의 대량생산이 합법화되면서 기초화장품의 소비가 촉진되었고, 깨끗한 피부 표현을 위주로 자연스러운 메이크업이 유행하였다. 1909년 러시아 발레단의 동양적인 색채가 가미된 의상과 무대는 서양인들의 감각에도 커다란 영향을 미쳐 오리엔탈 붐을 일으키게 되었다. 동양적인 색조의 영향으로 화장의 색조도 강해져서 눈은 동양인처럼 검고 길어 보이도록 아이라인을 하고 아이섀도는 황색, 입술화장은 분홍색이나 붉은색 등 강한 색채들이 유행하게 되었다. 이는 일반적 유행이라기보다는 일부 선도적인 여성들에 의해 시도되었다.

1900년대 초에는 '퐁파두르 스타일(pompadour style)'이 유행하였다. 앞머리는 이마 위로 빗어 올리고 기다랗고 우아하게 올리는 형태로 가끔은 인공 패드를 머리 속에 집어넣어 부풀리는 효과를 주었으며, 뒷머리는 묶어 틀어올린 '시뇽(chignon)'이 유행하였다.

이렇게 부풀린 머리 위에 모자를 쓰거나 작은 리본이나 생화를 머리에 꽂아주기도 하였다. 헤어디자이너 마셀(Marcel)은 마셀 웨이브(marcel wave)를 개발하여 머리 부분을 싸고 열을 가하여 파도 모양의 웨이브(wave)를 만들었는데, 이것은 퍼머넌트(permanent)의 시초가 되었다. 또한 합성 헤어 색상제가 개발되어 일부 여성들에게는 앞머리를 적갈색으로 물들이는 것도 유행하였다.

1900년대 초의 패션은 실용적인 부분보다는 여전히 부와 신분을 과시하기 위해 세기말부터 유행했던 아르누보풍의 화려하게 장식된 'S-letter style'이 유행하였다. 이것은 여성의 곡선이 지나치게 강조되어 허리는 가늘게 하며 엉덩이는 매우 둥글고 굽어지게 나타내 S자형 실루엣을 이루게 했다. 외출 시에는 장갑을 이용했고 얼굴을 가리는 베일이 달린 모자도 함께 착용되었다. 디자이너 '뽈 쁘와레(Paul Poiret)'의 등장은 여성들을 코르셋에서 해방시켜 주었으며 현대 패션사에 새로운 전기를 가져다주었다. 1900년대 후반으로 들어서면서 실루엣은 S-실루엣에서 T자형으로 변화되고 모자는 더 크고 화려해졌다.

(2) 1910년대

1910년대 유행 스타일[71) 72)]

1910년대는 20세기 사회에 가장 큰 변화를 몰고 온 제1차 세계대전(1914년)이 있었으며, 러시아의 볼세비키 혁명, 포드자동차의 컨베이어 시스템 도입을 통한 대량생산 등 많은 변화가 이루어졌다. 제1차 세계대전 후 일하는 여성들의 수가 늘어나면서 여권의 목소리가 높아지기 시작했고 여성들도 활동적인 스포츠에 참가하기 시작했다. 1912년 이후 영화산업이 발달하기 시작했으며 본격적으로 등장한 무성영화로 메이크업이나 헤어, 패션 등의 유행에 관심을 보이기 시작했다. 이 시기에는 매체를 통한 뉴스 전달이 일반화되었고 공업의 발달로 섬유 염색기술도 다양해졌다.

1910년대에는 영화나 쇼에 나오는 대중 스타들이 인기를 얻었고, 그들의 메이크

71) 출처 : https://i.pinimg.com/564x/f3/2f/b1/f32fb18b75026227007353a059e89456.jpg

72) 출처 : https://i.pinimg.com/564x/7d/f9/13/7df9135310af9a128d1af061919f237b.jpg

업과 의상은 일반인들에 의해 화제가 되고 모방되기 시작하였다. 특히 영화 '뱀프(Vamp)'에서 요염한 요부역을 맡은 '테다 바라'가 대표적이다. 검은 펜슬로 눈썹을 가는 일자형으로 그리고, 눈 주위에 강한 음영을 표현하였으며, 마스카라를 발라 눈매를 더욱 신비롭고 그윽하게 표현하여 관능적인 매력을 나타내었다. 이때부터 미용 클리닉과 미용을 위한 성형술이 성행하였으며, 일부 과감한 패션 리더들은 주름 제거 등 미용을 위한 성형수술을 받았다.

제1차 세계대전이라는 시대적 배경 속에서 많은 여성들이 남성을 대신해서 군수품 공장과 여러 산업 분야에서 일을 하게 되었다. 머리 형태는 단순하고 손질하기 쉬운 합리적인 스타일으로 발전하게 되었는데, 대표적으로 보브 스타일이 유행하였다. 이것은 1914년에 탱고 댄서로 유명했던 '아이렌 캐슬(Irene Castle)'이 보브 스타일을 하고 춤을 추게 되면서부터였다. 짧은 머리 형태는 많은 남성들의 반대와 논쟁에도 불구하고 더 많은 여성들이 선호하게 되었으며, 1919년경에는 단발머리, 선명한 메이크업, 짧은 슈미즈 드레스를 입고 담배를 피우는 젊은 여성들의 모습을 길거리에서 볼 수 있었다. 이 당시 유행했던 모자는 창이 넓고 깃털 장식을 한 커다란 모자나 크라운이 높고 창이 좁은 모자 등이 있었다.

1900년대 후반부터 시작된 디자이너 '뽈 쁘와레'의 영향으로 활동적이고 실용적인 것이 일반화되고 코르셋이 없어졌으며, 의상색으로 검정색이나 갈색, 회색 등을 사용하였다. 코르셋을 착용하지 않는 다소 평안한 드레스를 입었지만, 무릎에서 발목까지 매우 좁아 걷는데 불편함을 주기도 했다. 후반으로 갈수록 치마 길이는 짧아지고 노출이 심한 수영복까지 등장하게 되었다.

자동차 여행옷과 베럴 실루엣 코트가 유행하였으나 기능적인 복장이 되지는 못했다. 1910년대 '샤넬(Coco Chanel)'은 프랑스 패션계의 새로운 경향을 주도하였으며, 샤넬의 스타일은 남성복 스타일의 셔츠 모양을 본 딴 목이 트인 평범한 셔츠나 베레모 등 다소 심플한 스타일로 이루어졌다.

(3) 1920년대

1920년대 유행 스타일[73) 74)]

1920년대 초 제1차 세계대전 이후 여전히 회복기에 있었다. 전쟁 동안 억눌렸던 모든 문화와 예술이 활기를 찾기 시작하면서 젊고 신선한 분위기가 되었다. 속박에서의 해방감으로부터 나타난 새로운 것에 대한 강조와 과시가 두드러지게 나타나게 되어 '분별없는 20년대' 혹은 '광란의 20년대'로 지칭하기도 한다. 또한 여성참정권의 보장과 함께 남녀평등사상을 주장하며 여성해방을 실천하였고, 성 개방 풍조에 의한 자유연애를 공공연히 추구하였다. 이러한 경향은 메이크업과 패션에 영향을 미쳤다. 아르누보풍이 제1차 세계대전 이전의 양상이었다면 1920년대부터 이국풍의 아르데코풍이 대유행하였다.

---

73) 출처 : https://postfiles.pstatic.net/20160401_256/zhzhflffl_145949675096474M32_JPEG/1-3.jpeg?type=w773

74) 출처 : https://postfiles.pstatic.net/20160401_254/zhzhflffl_1459496748607TGBt3_JPEG/1-23.jpg?type=w773]
출처 : https://postfiles.pstatic.net/20160401_191/zhzhflffl_1459496748918nKIx5_JPEG/1-62.jpg?type=w773]

대중문화가 급속히 보급되고 확산되면서 헐리우드 영화배우들의 메이크업 스타일은 일반인들에게 절대적인 영향을 주었다. 여배우 '클라라 보우(Clara Bow)'는 자유분방한 젊은 여성으로 동경의 대상이 되었고, 인위적인 느낌의 메이크업이 유행하였다. 눈썹을 뽑고 검정색 아이펜슬로 가늘고 길게 그렸다. 특히 눈머리 부분과 눈 아래쪽을 검게 칠하였다. 볼에는 약간 홍조를 띤 듯한 느낌이 들도록 붉은색으로 둥글게 발라주었으며, 입술은 선명한 붉은색으로 실제보다 작게 그리거나 큐피트의 활 모양처럼 그려주는 것이 유행하였다.

1920년대에는 획기적인 소년 같은 여성 이미지의 짧은 머리 형태인 쇼트 커트형의 보브 스타일이 유행하였다. 미국에서는 '보이쉬 보브(boish bob)'가 유행하였으며, 이것은 지금의 단발과 쇼트의 형태이다. 앞머리를 웨이브로 하거나 밴드로 장식하는 것이 유행하였다. 이때는 마셀 웨이브가 일반적으로 사용되어 짧은 머리에 곱슬거리는 컬을 했으며, 이런 머리 형태가 유행함으로써 작은 핀을 제외한 다른 장식은 거의 사라지게 되었다. 또한 1920년대 중반과 후반에는 눈썹과 목덜미까지 내려오는 깊은 관으로 된 '크로쉐(cloche)'라는 종 모양의 모자를 많이 착용하였다.

1920년대는 여성들의 지위가 향상되었고 경제적으로 독립하면서 자유로운 생활을 영위할 수 있게 됨으로써 말괄량이라는 뜻의 '플래퍼(flapper)'가 젊은 여성의 대명사가 되었는데, 이는 '가르손느(garconne)'라는 남자 같은 여자라는 뜻의 명칭으로 불려지기도 했다. 이들은 자유연애를 즐기고 개성적이며 활동적인 것을 추구하여 담갈색 점퍼와 플리츠 스커트, 검정색 대신 살색 스타킹과 가죽끈이 달린 구두를 신는 소년 같은 스타일의 복장을 하였다. 1920년대 후반에는 가슴과 허리의 곡선이 되살아나면서 허리선도 자연스러운 위치로 돌아갔다. 이때에도 샤넬은 깨끗한 라인과 스포티한 라인을 활용하여 시대를 초월하는 클래식 스타일을 만들어 내었다. 대표적인 것이 스웨터, 세일러 룩, 편안한 저지 그리고 혁명적인 트위트 슈트를 들 수 있으며, 경제 발전과 복식을 연결시킨 디자이너이자 대중을 위한 최초의 디자이너라 할 수 있다.

(4) 1930년대

1930년대 대표 여배우([왼] 베티 데이비스, [오] 그레타 가르보) [75)76)]

1929년대 있었던 뉴욕 주식시장의 대폭락으로 세계적인 경제공황이 시작되어 실업과 인플레가 파급되었다. 유럽에서는 히틀러가 오스트리아, 체코슬로바키아, 폴란드를 침공하여 세계대전의 임박을 초래하고 있었다. 하지만 산업의 진보는 계속 이루어졌으며 화장품 산업도 파우더, 루즈, 아이섀도, 펜슬, 크림류 등이 새롭게 개발되면서 급속히 성장하였다. 어두운 사회상의 반작용으로 여성들의 미용과 패션에 관한 관심은 계속되었다. 또한 1936년 1월 영국의 BBC, 1939년 4월 미국의 NBC가 각각 정규방송을 시작함으로써 인류는 영상 시대로 본격적으로 들어서게 되었다.

1930년대는 1929년의 경제불황과 1939년의 제2차 세계대전으로 인해 이상향으로 도피하고자 하는 심리로 성숙하고 세련되며 강하면서도 신비로운 분위기를 연출하는 메이크업이 유행하게 되었다.

75) 출처 : https://i.pinimg.com/564x/12/6a/e4/126ae4c8de26c0df92cb53915540db49.jpg

76) 출처 : https://image.cine21.com/resize/cine21/person/2005/0421/P0000021_peo49915[W578-].jpg]

피부 표현은 보완력 있는 파운데이션으로 바르고, 눈썹은 가늘게 다듬고 둥근형으로 그렸으며, 입술은 짙은 색상으로 크고 선명하게 그렸다. 또한 검정과 푸른색의 마스카라로 눈매를 더욱 깊이 있게 표현하여 신비로운 분위기를 연출하였다. 헐리우드 영화에 등장하는 여배우들이 아름다움의 기준으로 일반인들에게 더욱 숭배를 받았으며 메이크업의 경향을 주도하였다. 대표적인 스타로는 '그레타 가르보(Greta Garbo)', '마릴린 디히트리(Marlene Dietrich)', '진 할로우(Jean Harlow)', '존 크래포드(Joan Crawford)' 등이 있다. 특히 그레타 가르보의 푹 들어간 눈과 가는 둥근형의 눈썹과 돌출된 광대뼈로 인해 생기는 음영의 모습은 관능적이고 신비로운 이미지로 시대적으로 불안했던 이 시기에 주목을 받았다.

1930년대에는 로맨틱한 패션 경향과 머리 형태는 부드러운 열을 이용해서 웨이브를 만드는 '퍼머넌트 웨이브 스타일'과 아이론을 이용한 세련되고 우아한 분위기의 성숙한 여성 이미지가 유행하였다. 가르마를 한복판이나 옆으로 하고 어깨 길이의 웨이브나 컬을 만들거나 머리카락의 앞과 옆에 핀을 꽂고 뒤쪽으로는 자연스럽게 늘어뜨리는 스타일을 즐겨하였다. 이것은' 그레타 가르보(Greta Garbo)'가 영화 안나 크리스티에서 보여준 스타일로 1930년대 중반까지 유행하였다. 또한 퍼머넌트를 세트하기 위해서 세팅 로션을 사용하게 되었고, 헤어 락커와 헤어 블리치로 모발의 색상에도 변화를 주었다.

1930년대에는 성숙하고 세련된 여성의 이미지가 이상적으로 등장하기 시작했다. 허리선은 제 위치로 돌아오고 스커트의 길이가 길어지기 시작했다. 길어지기 시작한 스커트는 종아리까지 내려와 1938년까지 롱스커트 시대가 되었다. 전체적으로 길고 가는 여성적 실루엣이 되었으며, 여성의 미를 강조하기 위해 가슴이 강조되었다.

속옷도 '올인원', '투웨이 스트래치'가 개발되었다. 1930년대 대표적 디자이너인 '엘사 스키아파렐리(Elsa Schiapalelli)'는 스커트의 길이가 종아리까지 오고 허리선은 몸에 꼭 맞으면서 어깨를 강조하여 넓고 사각으로 각진 실루엣을 발표하였다. 1937년에는 테일러드 수트가 현대화되어 정장의 역할을 하게 되었는데 스커트와 블라우스를 입고 재킷을 입었다.

(5) 1940년대

1940년대 대표 여배우([왼] 리타 헤이우드, [중] 1940년대 대표 뉴룩 스타일, [우] 비비안 리) 77)78)79)

1939년에 시작된 제2차 세계대전이 1945년에 끝날 때까지 세계의 문화는 정체되고, 인류는 전쟁의 고통에 시달렸다. 전쟁 이후 세계문화의 중심은 미국으로 옮겨갔고 미국은 정치 · 경제적으로 부유한 나라가 되었으며, 사회 분위기는 사람들의 의식체계에도 변화를 가져왔다. 전반기의 보수적이고 권위주의적 의식의 중심에서 대중문화의 자유로운 의식으로 변화하기 시작했다. 대부분의 여성들은 전쟁으로 인하여 산업현장에서 일하였으며, 전쟁의 궁핍한 생활 속에서도 경제권을 가지면서 메이크업과 패션, 헤어스타일의 변화는 계속되었다.

1940년대 초반에는 제2차 세계대전을 겪으면서 남성들 대신 산업 일선에 투입되었던 여성들의 강인한 모습이 이상적인 여성형의 모습으로 대두되었다. 피부를 완벽하게 보완해주며 방수효과가 있는 팬케이크 형태가 개발되어 여성들의 메이크업은 더 두꺼워지게 되었으며, 눈은 움푹 들어가 보이도록 아이섀도를 펴 바르고, 짙은 색상의 파운데이션을 사용하여 음영을 주는 등 얼굴을 더욱 입체적으로 표현하였다.

---

77) 출처 : https://mblogthumb-phinf.pstatic.net/20160201_4/jiwoo245_1454332333745JCliV_JPEG/%C1%F6%BF%EC_%BC%BC%B0%E8%C8%AD%C0%E5%C0%C7_%BF%AA%BB%E7_1940%B3%E2%B4%EB_%B8%AE%C5%B8%C7%EC%C0%CC%BF%F6%B5%E5_004.jpg?type=w2]

78) 출처 : https://image.cine21.com/resize/cine21/person/2005/0421/P0000021_peo49915[W578-].jpg

79) 출처 : https://mblogthumb-phinf.pstatic.net/20160201_240/jiwoo245_1454332343401nlwA3_JPEG/40%B3%E2%B4%EB1.jpg?type=w2

관능적인 모습의 섹시하면서도 생동감 있는 형태의 메이크업 스타일로 눈썹은 두껍고 또렷한 곡선 형태로 그리고, 속눈썹에는 마스카라를 칠하고 인조눈썹을 덧붙였으며 입술을 크고 선명하게 곡선 형태로 표현하였다. 대표적인 배우로는 '리타 헤이워드(Rita Hayworth)', '로렌 바콜(Lauren Bacall)', '캐서린 햅번(Katharine Hepburn)' 등이 있다.

전쟁으로 인해 머리 형태는 단순화되었고, 위생적인 면과 실용적인 면에 치중했다. 머리 길이가 짧아진 스타일이 유행하였으며, 고전적인 복고풍과 중간 길이의 위로 올려서 묶는 스타일도 유행하였다. 전쟁이 끝난 후 디오르의 새로운 모드는 머리에서 발끝까지 패션을 바꾸어 놓았고 머리가 작게 보이도록 머리 꼭대기의 쪽진머리 안으로 빗어 넘기고 한쪽으로 부드럽게 말아올려 주었다.

모자는 작고 부드러운 형태와 베레모가 유행하였다. 퐁파두르 형태가 이전의 유행했던 것과는 다르게 긴 머리가 아닌 어깨 길이의 머리로 머리카락을 머리둘레로 반복해서 돌려 만드는 형태로 오랫동안 유행하였다.

1930년대 말부터 등장하기 시작한 짧은 스커트의 테일러드 수트인 '밀리터리 룩(military look)'이 실용적인 기능복으로 전 세계적으로 유행하였다. 이 시기의 초기에는 직선적인 실루엣으로 옷의 기능성을 중요시하였다. 스커트는 폭이 좁아지면서 길이가 무릎까지 짧아지고 어깨는 패드를 넣어 모난 어깨가 유행하였다. 허리는 정상의 위치였으며 활동하기 편한 박스형의 테일러드 수트가 유행하면서 남성적인 테일러드 수트는 이제 여성복으로 완전히 정착하였다.

1947년 크리스티앙 디오르(Christian Dior)는 '뉴 룩(new look)'을 발표하여 전쟁 동안 남성화되었던 복식에서 탈피하여 여성의 우아한 이미지를 강조하였다. 이것은 어깨를 부드럽게 하고 가슴과 허리의 자연적 곡선을 그대로 표현하여 스커트는 플레어로 한 것이다. 전쟁 중에 기능화되고 경직된 분위기의 복식에 대한 자연스런 반발로 예전의 기교적이고 과장된 형태에서 벗어나 현대적 감각으로 기능적이면서도 여성적인 우아함을 표현한 것으로 각광을 받았다.

(6) 1950년대

1950년대 대표 여배우([왼] 오드리 햅번, [중] 그레이스 켈리, [우] 마르린 먼로)[80)81)82)]

전쟁 후의 세계는 전쟁 시의 동맹과는 관계없이 미국과 소련을 중심으로 이념을 사이에 둔 냉전체계가 되었다. 문화의 중심이 자연스럽게 미국으로 옮겨졌으며, 엘비스 프레슬리의 로큰롤 음악이 크게 유행하던 시기이다. 가정용 전자제품과 자동차 산업은 역사상 가장 큰 호황을 이루고 있었고, 특히 컬러 텔레비전(color television), 영화, 카메라의 보급은 사람들의 생활에 혁신을 주었다.

전쟁이 끝나고 남성들이 다시 정상적인 사회생활로 돌아오게 되고 종래의 순종적이고 모성적인 여성상을 선호하는 사회적 분위기가 형성되었다. 따라서 여성들은 성숙하고 우아한 이미지의 여성을 나타내는 메이크업과 패션에 관심을 두었다.

1950년대에는 사회적 분위기를 반영하여 성숙하고 우아한 이미지를 강조하는 메이크업이 유행하였으며, 여전히 영화배우들의 메이크업 스타일이 유행을 주도하였다. '오드리 햅번(Audrey Hepburn)'은 소녀 같은 이미지의 굵은 눈썹과 아이라인을

80) 출처 : https://mblogthumb-phinf.pstatic.net/20160105_152/jiwoo245_1451984625984wRXII_JPEG/%C1%F6%BF%EC_%C7%D1%B1%B9_%C8%AD%C0%E5%C0%C7_%BF%AA%BB%E7_19501960%B3%E2%B4%EB_004.jpg?type=w2

81) 출처 : https://i.pinimg.com/564x/72/3c/61/723c614d9834b98ce15f8cf463ce3db6.jpg

82) 출처 : https://i.pinimg.com/564x/95/d2/e7/95d2e78f54f57fa53b01d6b121b0dfcf.jpg

눈꼬리까지 길게 그려 눈을 강조하는 메이크업을 유행시켰다. '마를린 먼로(Marilyn Monroe)'는 밝은 피부톤에 눈썹산을 각지게 올려주고 눈썹 끝과 눈꼬리를 약간 아래로 처지게 하며 속눈썹을 길게 붙이고, 빨간색 입술 라인과 입가의 애교점 등으로 수동적인 성적 매력의 이미지를 과장되게 표현하였다. 1950년대 후반에는 메이크업 스타일이 점차 다양해지고 의상과 조화를 이루면서 토탈 코디네이션의 개념으로 발전되었다.

1950년대에는 짧은 머리가 유행하였지만 긴 머리를 부드럽게 뒤로 빗어 올린 '프렌치 트위스트 스타일(french twist style)'이 젊은 여성들 사이에서 각광을 받았다. 여기에 비스듬히 한쪽으로 치우친 모자와 베일을 써서 더욱 부드럽고 세련된 여성미를 표현했는데, 베일을 늘어뜨린 '필 복스 스타일(pill box style)'의 모자가 유행하였다.

젊은이들 사이에서는 1953년 영화 로마의 휴일에서 '오드리 햅번(Audrey Hepburn)'이 보여준 짧은 헤어 커트가 선풍적인 유행을 하게 되었고, 이에 따라 쇼트 기법이 발달하였다. 한편으로 '히피 스타일(hippie style)'이 등장하여 머리 모양이 다양해지기도 하였다.

1950년대 패션은 디오르, 발렌시아가, 지방시 등 파리 오뜨 꾸뛰르 컬렉션 디자이너들을 중심으로 한 패션 경향과 미국의 엘비스 프레슬리에 영향을 받은 10대들의 로큰롤 패션이 특징이었다. 디오르는 모든 컬렉션을 주도하며 1955년 허리에 벨트를 매지 않고 좁은 어깨에서 끝단으로 내려갈수록 폭이 점점 넓어지는 A라인 스커트를 선보였다. 1957년 발렌시아가와 지방시는 뉴 룩의 대안으로 각각 단순한 라인의 슈미즈와 스포티한 색상 드레스를 선보였다.

(7) 1960년대

1910년대 유행 스타일[83][84]

1960년대 대표 여배우([왼] 브리짓 바르도, [우] 트위기)[85][86]

---

83) 출처 : https://i.pinimg.com/564x/3a/8a/89/3a8a897b64b129dd97d4ed93fc1db1fe.jpg

84) 출처 : https://i.pinimg.com/564x/f8/e5/4f/f8e54fb0d45f9ec2bf7fc9032444223b.jpg

85) 출처 : https://i.pinimg.com/564x/69/4a/62/694a620f1451b8733c93caf92eac9738.jpg

86) 출처 : https://i.pinimg.com/564x/c7/dd/de/c7dddecbf3a01ff99bf3b60b73183f8c.jpg

1950년대 중반부터 거세게 일어난 젊은이들의 문화는 절정에 이르러 1960년대는 젊은이의 시기로 지칭되며, 독특한 청년문화를 형성하면서 생동감과 젊음이 넘치는 '격변의 60년대'를 탄생시켰다. 젊은이들을 대상으로 신제품 개발에 주력하게 되었으며, 이들의 구매력이 산업계의 표적이 되기 시작하였다. 기성세대의 가치관과 고정관념에서 벗어난 나름대로의 다양성과 개성을 강조하게 되었으며, 기존의 사회 · 문화적 틀에 반기를 든 히피문화도 새로운 경향으로 부각되었다. 또한 '팝 포크 아트(pop folk art)' 사조의 영향으로 추상적이고 기하학적인 문양과 강렬한 색채가 다양하게 응용되었다.

1960년대에 들어오면서 메이크업은 표현 형태의 다양성과 개성이 중요시되어 무조건 모방하는 형태에서 벗어나기 시작하였다. 대표적으로 '브리짓 바르도(brigitte bardot)' 스타일은 눈 메이크업을 진하게 강조하고 입술 라인을 바깥쪽으로 그려주어 냉소적이면서도 관능적인 느낌으로 표현하였다.

미용과 패션산업이 거대화되면서 영화는 물론 잡지나 TV에 등장하는 모델의 역할과 가치가 갈수록 증가하게 되었다. 15세의 모델 '트위기(Twiggy)'는 새로운 체구에 진한 아이라인과 긴 속눈썹 표현으로 눈을 커다랗게 강조하였고, 입술은 연하고 창백하게 표현하여 새롭고 특이한 메이크업으로 큰 반향을 일으켰다. 이후로 눈과 입술 중 한 곳만을 강조하는 메이크업에 관심을 갖는 계기가 되었다. 이 시기에는 대체로 눈을 강조하는 메이크업이 대유행하여 인조 눈썹을 2~3겹 붙이기도 하였으며, 가면과 같은 장식적인 판타지 메이크업이 등장하였다.

1960년대에는 여성들이 앞머리는 낮게 하고 뒷머리 모양을 과도하게 부풀리는 스타일을 좋아했는데 머리의 길이에 상관없이 유행하였다. 긴 머리가 뒤로 넘겨진 머리가 유행함으로써 헤어피스와 가발이 많이 사용되었다. 모발은 점점 더 장식적으로 되어 염색과 탈색기술이 점차 증진되었고, 다양한 색상을 표현할 수 있게 되었다. 영국의 10대 모델인 '트위기(Twiggy)'의 짧은 머리가 유행하였으며 '비달사순(Vidal Sassoon)'은 정교하면서 기하학적 커트 기법으로 유명해졌다. 1960년대 말에는 흑인의 미가 찬양되면서 나타난 아프리칸 룩(african look)의 영향으로 '아프로 스타일(afro style)'이 흑인 여성들 사이에서 유행하였다.

1960년대는 젊은이들을 위한 패션의 시대가 열렸다. 이때 크게 주목받기 시작한 디자이너는 영국의 '마리퀀트(Mary Quant)'였다. '작은 것이 아름답다'라는 명목 아래 디자인에서 소형화가 특징을 이루었는데, 퀀트는 미니 스커트를 만들어 젊은이들 사이에 새로운 선풍을 불러 일으켰다. 또한 미니스커트와 함께 여성도 남성과 같이 테일러드 팬츠 수트를 착용함으로써 남녀의 복장이 거의 동일한 모양으로 변해갔으며, '유니섹스(unisex)'란 말이 파생되었다.

전위적인 히피족 사이에는 몸에 직접 그림을 그리거나 채색하는 바디 페인팅이 유행하였다. 그리고 환각을 일으키는 요소를 패션에 도입시켜 남녀 모두 머리를 길게 기르고 판타론에 부츠를 신고 쇠사슬과 종을 달고 꽃을 장식한 '히피 룩(hippie look)'을 선보였다. 팝아트나 옵아트 등 현대적 감각의 새로운 미술의 영향으로 추상적이고 기하학적인 무늬나 강렬한 색상을 이용한 패션도 유행하였다.

(8) 1970년대

펑크 메이크업[87]

펑크 스타일[88]

1970년대 패션 스타일[89][90]

1970년대 대표 여배우 - 파라 포셋[91]

87) 출처 : https://mblogthumb-phinf.pstatic.net/20160105_152/jiwoo245_1451984625984wRXIl_JPEG/%C1%F6%BF%EC_%C7%D1%B1%B9_%C8%AD%C0%E5%C0%C7_%BF%AA%BB%E7_19501960%B3%E2%B4%EB_004.jpg?type=w2

88) 출처 : https://image.elle.co.kr/upload/NEWS/2013/06/ncd_130625002/thumb/namo/e134p_4.jpg

89) 출처 : https://i.namu.wiki/i/--U_1_gNbAXVK2Q3HScQ5t2dRTj1EQ5xOxAqS9JSFzVX0BnYOgLsSz8PviVjbjOhN65fLwUkZ-YVZnXQViMDddn4HAs__hKQ8pQ_M_Lio4UPCHzq_Gql1TeGMJW7WLp7iQUvqCqAc6yaBjR_W2wqbA.webp]

90) 출처 : https://m.blog.naver.com/PostView.naver?isHttpsRedirect=true&blogId=vintage0200&logNo=90137636879&view=img_14

91) 출처 : https://ssl.pstatic.net/mimgnews/image/117/2007/02/04/20070204103056l140_1.jpg]

1970년대는 1973년 석유파동과 재정 적자 등 전 세계적으로 불황을 겪었던 시기였다. 또한 여성운동의 확산으로 과거에 남자들만의 전문 분야에 도전하여 남자들과 경쟁하면서 일반직과 전문직에 종사하게 됨에 따라 사회적 지위가 향상되고 현대적인 여성의 이미지가 부각되었다. 또한 미용산업은 전반적으로 피부의 건강이 중요시되고 피부보호와 관리용 화장품들이 대량 개발되었다.

1964년 월남전 발발 이후 미국이 개입하면서 많은 희생자를 낳게 됨에 따라 인간성 상실을 경고하고 휴머니즘을 강조하는 반전운동이 미국과 영국에서 일어나기 시작되었다. 이에 기존 체제에 대한 불신과 저항문화가 확산되었는데, 영국의 대중문화는 반전운동과 사회·경제적 영향으로 펑크(funk)운동을 일으켰다. 이는 반항적이고 공격적인 것이 특징이며 과격함과 저속함이 공유되어 있으며, 1980년대까지 계속해서 이어졌다.

1970년대에는 복고풍의 우아한 여성미가 주목을 받으면서 이국적이면서도 얼굴 전체에 풍부한 색채를 표현하는 판타지 경향의 메이크업이 나타났다. 미국의 여배우 '파라 포셋(Farrah Fawcett)'은 눈썹을 자연스럽게 정리하고, 아이홀을 강조하였으며, 아이라인은 부드럽게 그리는 메이크업 표현을 하였다.

1970년대 중반에는 점차 동양풍의 담갈색, 갈색, 주황, 자주, 분홍과 같은 부드러우면서도 침착한 색상들이 제시되어 차분한 이미지를 표현하였다. 1970년대 후반부터는 광택 있는 볼 메이크업과 립스틱 위에 반투명하거나 투명한 립글로스를 바르는 것이 유행하였다. 한편 펑크족들은 눈 주위에 여러 가지 색상으로 그려 넣거나 모양을 그리는 등 아름답게 보이고자 표현하는 미의식을 강하게 부정하는 개성 있는 메이크업의 경향을 보여주었다.

1970년대 초 자연회귀 운동과 함께 자연스러움이 강조되면서 잘 꾸며진 머리보다 바람처럼 자연스러운 모양의 퍼머 웨이브나 어깨 길이의 웨이브가 유행하였다. 비달 사순의 영향으로 커트 스타일이 인기를 끌면서 절정을 이루었으며 대체로 자연스럽고 간결한 스타일이 유행하였다. 중반으로 들어서면서 짧은 퍼머 스타일과 긴 스트레이트 머리가 유행하였다. 또한 펑크족의 등장으로 머리카락을 다양한 색상의 스프레이를 사용하여 울긋불긋하게 뾰족한 형태로 세웠으며, 머리 양쪽을 극도로 바짝 자르기, 머리카락 꼬아 세우기 등 기존의 스타일과는 전혀 다른 이미지를 헤어스타일에서 표현하였다.

1970년대에는 남성복의 여성화와 여성복의 남성화로부터 시작되었으며, 젊은층에서는 '유니섹스 룩'이 강하게 대두되었다. 여성복에서는 팬츠 수트가 크게 유행하였고, 남성복에서는 다양한 색채, 무늬, 디테일 등이 사용되었다. 계속되는 경제적 불황과 통화 팽창으로 인해 패션의 실용성을 추구하게 되어 다양한 효과를 낼 수 있는 '레이어드 룩(layered look)'과 '루즈 룩(loose look)'이 유행되었다. 또한 '블루진(blue jean)'은 1970년대를 특징짓는 중요한 패션이다. 노동의 작업복으로 시작하여 1960년대 히피족들에 의해 착용된 블루진은 1970년대 전 세계적으로 넓게 퍼져 대중의 라이프스타일을 변화시키면서 젊음과 대중을 상징하는 유니폼이 되었다. 1978년부터 펑크아트(funk art)가 패션에 도입되어 개의 목끈, 안전핀, 면도칼 등을 장식품으로 활용하거나 고무나 플라스틱제의 팬츠, 초미니 스커트, 투명한 플라스틱과 망으로 된 셔츠를 입었다.

(9) 1980년대

1980년대 대표 여배우 - 르네 시몬센[92], 피비 케이츠[93], 소피 마르소[94], 브룩 쉴즈[95]

1980년대에 들어서면서 세계적으로 경제의 급성장과 자본주의화, 다원화 등 문화 전반에 걸친 새로운 변화가 표면적으로 구체화되었다. 냉전체제의 균열 및 컴퓨터의 보급과 발전으로 정보화 사회에 들어섰으며, 경제적 안정과 사회복지의 발달로 풍요로운 삶을 누리게 되었다. 이 시기에 경제력과 건강 유지를 중요시하는 여피족(yuppies) 계층이 등장하면서 미용, 패션, 헬스와 몸매 가꾸는 활동 등도 개인의 신분 상징이나 부를 표현하기 위한 수단으로 사용되었다. 1980년대 여성들은 1970년

---

92) 출처 : https://i.pinimg.com/564x/f7/7d/28/f77d283f98ce097a56a2a2bc309a03f2.jpg

93) 출처 : https://i.pinimg.com/564x/33/51/f0/3351f0ab29f163a1824ebc7cbf0dc5e8.jpg

94) 출처 : https://postfiles.pstatic.net/20111210_293/ppts777_1323516488388RtTYy_JPEG/%BC%D2%C7%C710.jpg?type=w2

95) 출처 : https://i.namu.wiki/i/WrSTtgBi_172dQXTX4diA1OSp0mit5l_tIQmYJm2Dw3lwCDELRkKc8P62ZzUZmd3x2bNJrtRmrOOz-qCKTTQi-koiHCFW-7CSut_OwlTBGOBlbvau3txMysvAhmhOTJe9kPWbCo2CXfQudiqWczueQ.webp

대의 자연스러운 이미지와는 달리 적극적이고 강인한 이미지를 선호하게 됨에 따라 다양하고 개성 있는 스타일이 등장하였다.

메이크업에서는 다양하고 화려한 색상들이 사용되기 시작하였다. 1970년대의 자연스러움과는 달리 눈과 입술을 모두 강조하는 메이크업으로 눈썹은 두텁고 진하게, 입술도 선명한 붉은색으로 표현하였다. 이 시대의 대표적인 배우 '브룩실즈(Brooke Shields)'도 강한 눈썹과 뚜렷한 이목구비를 강조하는 메이크업을 하였다. 디스코 댄스에 어울리는 황금 펄을 눈두덩에 발랐고, 볼터치도 펄이 들어가 있는 색상을 발라 화려한 메이크업이 유행하였다.

1980년대 중반에는 복고풍의 영향으로 성숙한 여성의 이미지가 선호되면서 섹시하면서도 진한 메이크업이 성행하였다. 1980년대 후반에 들어와서는 신자연주의 경향의 대두로 피부관리에 더 많은 관심을 쏟기 시작하였고, 자연스럽고 부드러움이 강조된 내추럴 메이크업으로 전환되었다.

1980년대에는 전문 뷰티숍이 대중화되어 전문 헤어디자이너들의 활동이 활발해지고 다양한 헤어스타일이 제시되고 유행하였다. 영국 다이애나 비의 자연스러운 헤어 커트가 큰 관심을 받았고, 디스코 댄스의 유행으로 긴 머리를 땋아 내린 '디스코 머리' 스타일도 젊은이들 사이에서 개성 있게 표현되었다. 1980년대에도 일부 젊은이들에 의해 머리를 특이한 모양으로 자르거나 여러 가지 색으로 염색한 펑크 헤어 스타일이 표현되었고, 비대칭적이고 기하학적인 컷이나 중성적인 스타일의 아주 짧은 컷이 등장하였다.

1980년대의 패션은 획일적으로 따르던 파리 중심의 패션에서 완전히 탈피하여 새로운 측면이 수용되었다. 이것은 뉴 웨이브(new wave) 패션을 이루어 펑크, 포스트모던(post modern), 네오모더니즘(neo modernism), 앤드로지너스(androgynous) 등의 양식으로 구분되어 개성화, 고급화, 다양화 추세를 따르게 되었다. 1980년대에는 전반적으로 어깨에 패드를 넣어서 어깨를 넓어 보이게 하는 스타일이 유행하였고 스커트의 길이가 다양해졌다.

1980년대 중반 이후로는 어깨가 얇아지고 부드럽고 곡선적인 여성스러움을 강조하게 되었다. 건강과 미용에 대한 관심이 높아짐으로써 조깅과 에어로빅, 헬스의 성행으로 이어졌고, 운동복을 실용적인 일상복으로 착용하기도 하였다.

(10) 1990년대

1990년 메이크업 스타일[96)]

1990년대 대표 슈퍼모델([왼] 타이라 뱅크스[97)], [우] 클라우디아 쉬퍼[98)])

1990년대는 인터넷의 급속한 보급으로 정보화가 가속화되고 전 세계 문화권이 하나로 연결되면서 유행의 흐름과 기간도 단축되었다. 산업화와 기계문명의 부작용으로 나타난 자연파괴에 대한 인식이 높아지면서 신자연주의 경향에 영향을 받아 다양한 분야에 에콜로지(ecoogy), 에스닉(ethnic)의 이미지가 부각되었다. 또한 1980년대에 시작된 특별한 정형이 없이 응용되는 포스트모더니즘은 지속적으로 각 분야에 영향력을 발휘하였다. 1990년대의 특징으로는 10대 청소년 문화가 급속도로 발전하면서 신세대 중심적인 문화가 생성되었다.

1990년대에는 이전까지의 여러 가지 스타일을 재현하는 복고풍과 이국적이고 민속적인 감각이 등장하였고, 전반적으로는 내추럴 메이크업이 강세를 이루었다. 또한 내추럴톤을 기본으로 특정한 스타일의 메이크업이 강조되기보다는 다양한 형태의 메이크업이 각자의 개성에 맞게 표현되었다. 내추럴 메이크업의 유행으로 피부는 가

96) 출처 : https://postfiles.pstatic.net/20140925_281/ww280113_1411608163397UDhbl_PNG/1.PNG?type=w1

97) 출처 : http://file3.instiz.net/data/file3/2018/03/15/a/3/7/a3794b08e921bc7dad70f28efe4707b7.jpg

98) 출처 : https://www.cashmerejournal.com/wp-content/uploads/2020/08/Guess-Jeans-campaignPhotography-Ellen-von-Unwerth.jpg]

볍고 투명하게 표현하고, 눈썹은 최대한 자연스럽게 그려주고 아이섀도 색상은 연하고 밝게, 입술은 연하게 바르거나 바르지 않은 듯하게 입술색 그대로를 연출하기도 하였다. 1990년대 중반 이후로는 화려한 아이섀도 색상으로 눈을 강조하는 메이크업이 유행하기도 하였으며, 후반에는 세기말의 미래에 대한 동경과 두려움이 반영되면서 펄과 반짝이를 이용한 미래주의적 메이크업으로 표현되기도 하였다.

1990년대의 머리 형태는 개성과 독창성이 중요시되어서 다양한 스타일이 유행하였다. 헤어 색상 제품의 급속한 발전으로 헤어 색상을 원하는 대로 다양하게 연출하게 되었고, 염색 블리치(bleach)나 매쉬(mash) 등의 부분 염색으로 각자의 감성과 취향을 표출하였다. 1990년대 초반에는 에콜로지의 영향으로 머리 형태는 짙은 색의 길고 자연스러운 웨이브가 유행하였으며, 그런지 룩(grungy look)의 영향으로 앞머리는 직선적으로 짧게 자르고 뒷머리는 쇼트 커트 스타일도 유행하였다. 한편 다양한 컬의 퍼머 머리, 헤어 젤이나 헤어 무스를 이용하여 손질한 굵고 자연스러운 웨이브 스타일, 자연스러운 스트레이트 스타일, 헤어핀이나 모자, 두건 등의 연출로 개성 있고 다양한 스타일이 공존하였다.

1990년대에 접어들면서 자연과 환경에 대한 중요성이 강조되었고 패션의 소재, 색상, 스타일에 큰 영향을 미쳤다. 대자연과 과거에 대한 향수로 천연 소재의 자연스러운 질감과 색상을 위주로 하여 에콜로지, 에스닉, 그런지, 복고풍 등으로 다양하게 표현되었다. 또한 1990년대 가장 압도적인 패션사조는 단순화, 최소화를 표방한 '미니멀리즘(minimalism)'이였다.

10대들 사이에서는 힙합음악의 유행으로 헐렁한 진과 로고셔츠 등의 힙합 룩이 함께 유행되었다. 한편으로는 대담한 노출 패션과 과감한 미래지향적인 네오-아방가르드(neo-avant garde)식의 패션의 경향도 시도되었다.

(11) 2000년대 이후

2000년대 메이크업[99)]

2010년대 메이크업[100)]

2020년대 메이크업[101)]

2000년대 이후 서양 메이크업은 글로벌시대를 도래하며 여러 문화의 복합적인 요소를 가미하며 색채는 빠지고 질감을 중시하는 쪽으로 변화하고 있다.

99) 출처 : https://i.pinimg.com/564x/2c/8d/51/2c8d51db0b9331fbb21fcb5dd509cd02.jpg

100) 출처 : https://post-phinf.pstatic.net/MjAxOTAzMDdfMjY3/MDAxNTUxOTU5NTQ0Mzg4.1I3kMJ7rrAJeUlpFRdRhZd2cWv97IHIl4hqHayTET4wg.88wqCUlDgKH51dlnpzae9Tod0rnTyvBnO8jZnQrvW2sg.JPEG/%EC%95%84%EB%AA%A8%EB%A0%88%ED%8D%BC%EC%8B%9C%ED%94%BD_%ED%96%A5%EC%9E%A5_1958%EB%85%84_9%EC%9B%94_%ED%91%9C%EC%A7%80_%28%EA%B9%80%EC%A7%80%EB%AF%B8%29.jpeg?type=w1200

101) 출처 : https://i.pinimg.com/564x/92/e0/e9/92e0e93917be6e66a83a982186700ccf.jpg

메이크업을 위한 해부학적 이해

CHAPTER 03

1 얼굴 골격의 특징

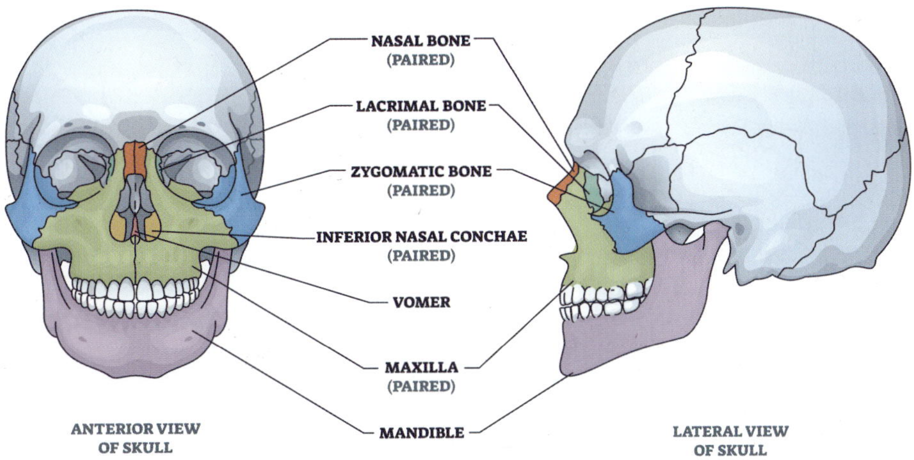

두개골의 구조[1)]

얼굴뼈(facial skeleton) 또는 안면골(顔面骨)은 머리뼈의 앞부분 및 아랫부분을 의미한다. 얼굴뼈는 신경능선세포에서 기원한다. 사람은 태생기의 얼굴뼈가 연골로 구성되어 있다가 연골속골화(endochondral ossification)를 거쳐 단단한 뼈가 되지만, 연골어류나 다른 연골성 척추를 가진 동물에서는 골화되지 않는다. 두개골 중 안면의 기초를 이루고 있는 뼈는 15개의 뼈로 비골, 누골, 서골, 하비갑개, 상악골, 구개골, 협골, 하악골, 설골의 9종이다. 이 중 서골, 하악골, 설골은 각 1개씩이고 그 밖의 것은 좌우 1쌍씩이다.

1) 출처 : https://dbscthumb-phinf.pstatic.net/2765_000_20/20150617184947982_FYNLPPBON.gif/106673_0.gif?type=ori_1&wm=N

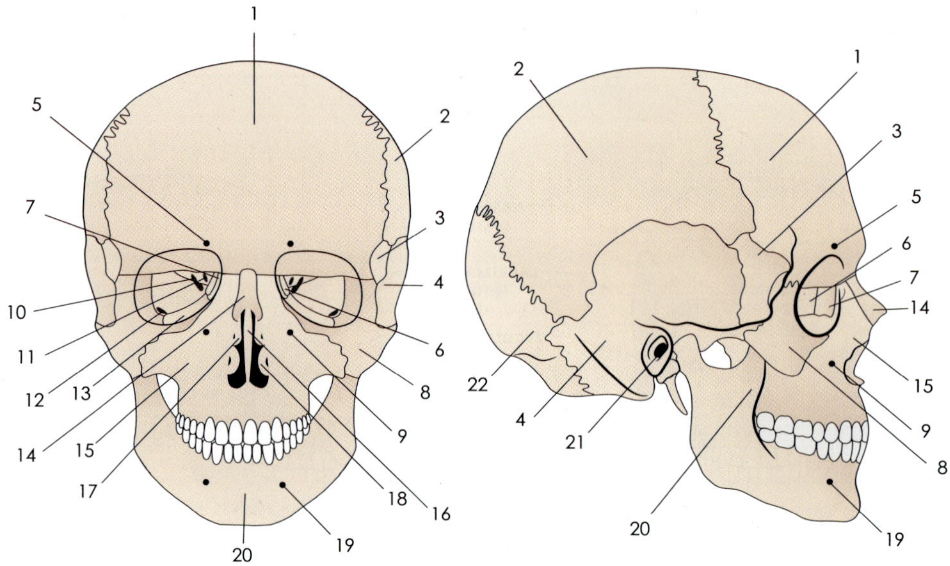

1. frontal bone (전두골)
2. parietal bone (두정골)
3. sphenoid bone (스페노이드 뼈)
4. temporal bone (측두골)
5. supraorbital foramen (안와상부)
6. ethmoid bone (체골)
7. lacrimal bone(눈물골)
8. zygomatic bone (광대뼈)
9. infraorbital foramen (안와하부)
10. superior orbital fissure (상안와 이음뼈)
11. optic canal (시신경)
12. inferior orbital fissure (하안와이음뼈)
13. palatine bone (구개뼈)
14. nasal bone (비골)
15. maxilla (상악골)
16. perpendicular plate (수직판)
17. middle nasal concha (중간비강)
18. inferior nasal concha (하비강)
19. mental foramen (턱구멍)
20. mandible (하악골)
21. external acoustic meatus (외이도)
22. occipital bone (후두골)

두개골의 세부명칭

얼굴의 형태는 뼈로 이루어져 있으며, 안와, 비강, 광대뼈, 하악골의 모양에 따라 얼굴형의 모양이 달라진다.

2 얼굴 근육의 특징

얼굴 근육은 일반적으로 뼈에서 시작하여 얼굴의 피부에 부착되어 피부 바로 아래에 위치하는 근육이다. 얼굴 신경의 영향을 받아 얼굴의 표정을 조절한다. 따라서 표정근(表情筋, mimetic muscles, mimic muscles)이라고도 한다. 모든 척추동물에 존재하는 신경능선세포로부터 발생하지만 얼굴 근육은 포유류에서만 발견된다. 이들은 진피에 붙어 있는 유일한 근육이다. 얼굴 근육은 크게 입, 코, 눈과 이마, 귀로 향하는 근육들과 넓은 목근(광경근)의 5가지 그룹으로 나눌 수 있다.

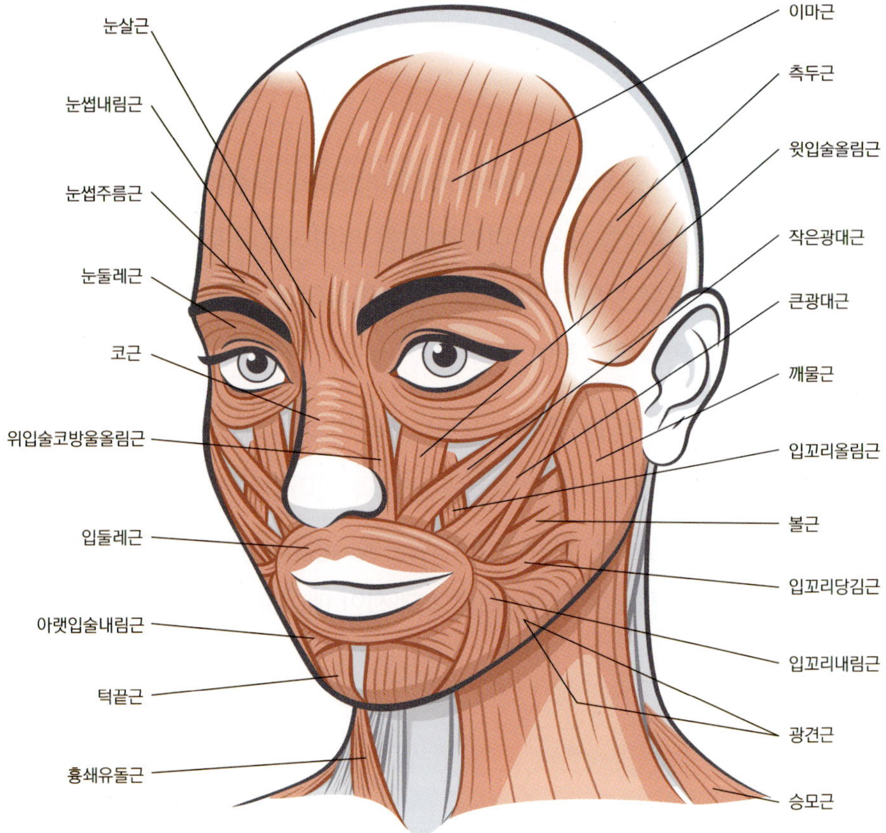

얼굴 근육의 명칭

3 안면 분석(얼굴 균형도)

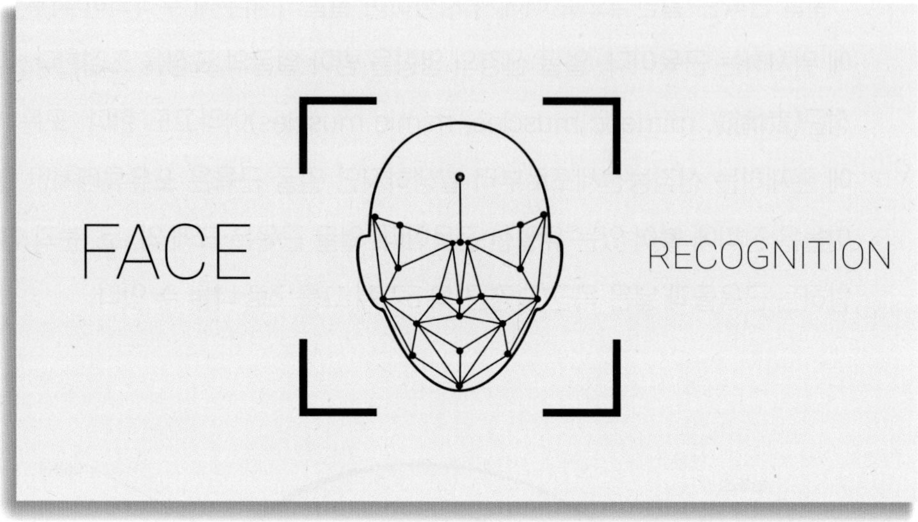

메이크업의 주요 표현 요소는 색(color), 형(shape), 질감(texture)이다. 색은 피부색의 표현, 얼굴의 형태를 수정하며 입체감을 부여하고 이미지를 연출한다. 질감은 피부결의 표현 정도를 뜻하며 파운데이션과 파우더의 종류와 양에 의해 결정되며, 형은 얼굴의 선과 면을 활용하여 표현된다.

본래의 얼굴에 메이크업을 한다는 것은 선과 면의 변화, 색상과 명암에 의한 착시(optical illusion)현상으로 인해 얼굴의 인상과 이미지를 변화시켜 주는 작업이다. 그러므로 실질적인 얼굴형, 얼굴의 골격과 근육, 얼굴의 이목구비, 얼굴 윤곽의 명암의 관찰은 중요하며 철저한 안면분석은 효과적인 메이크업 테크닉의 구현을 위한 필수 단계이다.

1) 얼굴 부위별 명칭

얼굴 부위별 명칭은 눈 부위별, 입술 부위별, 미간, 코 부위, 인중, 관자놀이, 광대, 턱 부위를 분류하는 명칭이 있다.

눈 부위는 눈썹뼈, 아이홀, 점막으로 구성되어 있으며 눈썹 앞머리, 눈썹꼬리, 눈썹산, 눈두덩이, 눈 언더라인으로 분류한다.

입술 부위는 윗입술과 아랫이술로 구성되어 있으며 입술산, 국각, 입술센터로 분류한다.

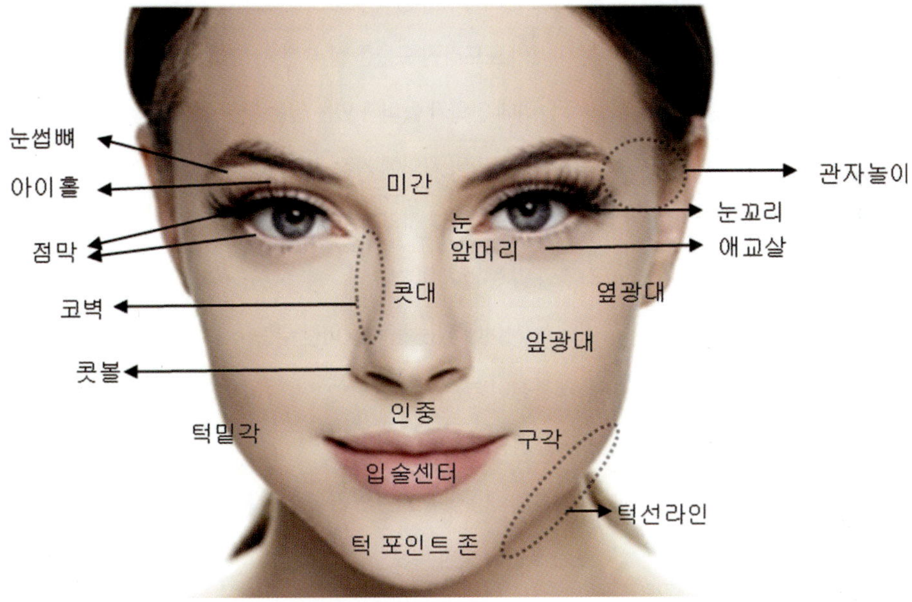

얼굴 부위별 명칭

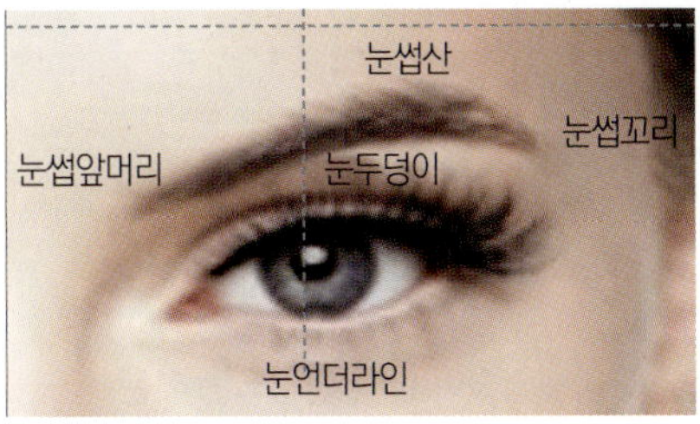

눈 부위별 명칭

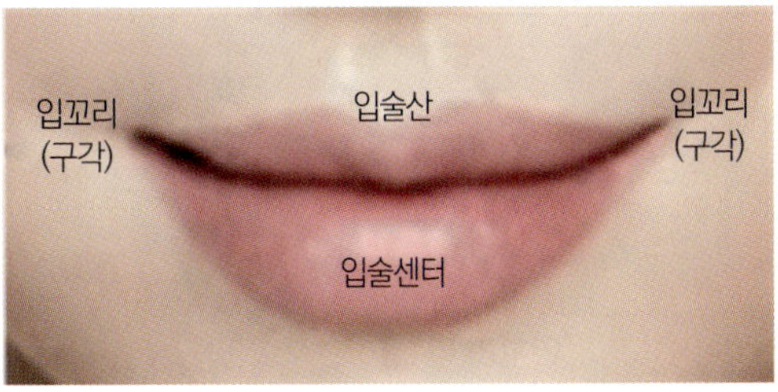

입술 부위별 명칭

얼굴 부위 명칭과 내용

명 칭	내 용
눈썹 앞머리	눈썹의 시작 부분
눈썹 산	눈썹에서 가장 높은 위치
눈썹 꼬리	눈썹의 가장 바깥 끝 부분
눈 두덩이	눈언저리 두둑한 부분
눈 앞머리	눈의 앞쪽의 시작 부분
눈 꼬리	눈의 뒤쪽의 바깥 부분
눈 언더라인	눈 아래의 시작부터 끝의 부분
애교살	눈 아래의 도드라진 도톰한 살 부분
아이홀	눈두덩이에 안와가 들어가 있는 넓은 부분
눈썹뼈	눈썹과 눈두덩이 사이에 가장 튀어나와 있는 부분
점막	눈언더라인 안쪽에 하얗게 보이는 부분
미간	좌우의 양 눈썹 사이 부분
관자놀이	귀와 눈 사이에 있는 움푹 들어간 부분
콧대(콧등)	코의 등성이 부분
코벽	콧대의 양면 부분
옆광대	귀 앞쪽에 관골이 위치하는 가장 높은 부분
앞광대	눈 밑에 볼의 중앙 부분
턱밑각	하악골에서 귀로 올라가는 가장 튀어나와 있는 부분
턱선라인	턱밑각에서 턱 중앙으로 오는 부분
턱포인트존	입술과 턱끝 사이 부분
인중	코에서 입술로 이어지는 세로 골 부분
입술센터	아랫입술의 가운데 부분
입술산	윗입술의 가장 높은 부분
입꼬리(구각)	입술 양쪽 구석의 윗입술과 아랫입술이 만나 연결되는 부분

2) 얼굴의 프로포션(Face Proportion)

이상적인 얼굴(미인)의 부위별 크기

얼굴 부위	크 기
얼굴의 길이	18.6cm
얼굴의 길이	12.95cm
이마의 넓이	12.95cm
목 둘레	30cm
눈의 길이	3.35cm
귀의 길이	5.7cm
입술 길이	4.6cm

미인의 기본조건은 균형 있는 얼굴형이다. 얼굴의 각 부분들 간의 이상적인 비율을 얼굴의 균형도라고 하는데, 얼굴의 균형도를 정확히 파악하고 메이크업 테크니션을 적용하면 보다 완성도 있는 디자인을 구현할 수 있다.

(1) 가로 분할(3등분)

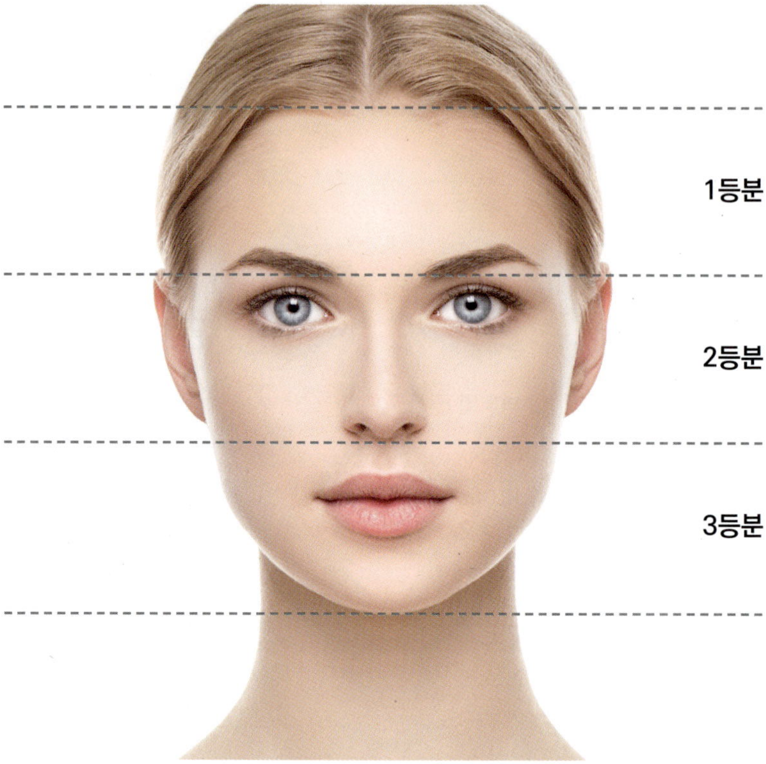

가로 분할(3등분)과 범위

이상적인 가로 분할은 3등분의 범위로 나눌 수 있다.

가로 분할	범 위
1등분	헤어라인에서 눈썹머리 범위
2등분	눈썹 머리 부분에서 코 끝선 범위
3등분	코 끝선에서 턱 끝선 범위

(2) 세로 분할(5등분)

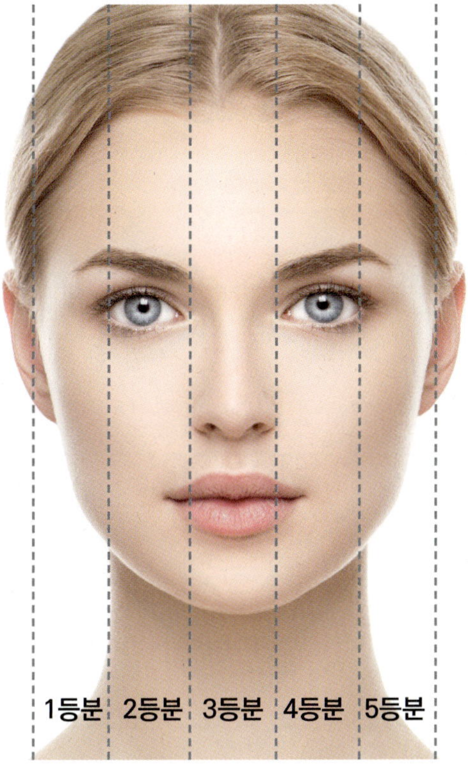

세로 분할(5등분)과 범위

이상적인 세로 분할은 5등분의 범위로 나눌 수 있다.

세로 분할	범 위
1등분	오른쪽 헤어라인에서 오른쪽 눈꼬리 범위
2등분	오른쪽 눈꼬리에서 오른쪽 눈머리 범위
3등분	오른쪽 눈머리에서 왼쪽 눈머리 범위
4등분	왼쪽 눈머리에서 왼쪽 눈꼬리 범위
5등분	왼쪽 눈꼬리에서 왼쪽 헤어라인 범위

* 동일 크기의 눈이 정확히 5등분으로 세로로 나열되면 이상적이다.

(3) 얼굴 균형도

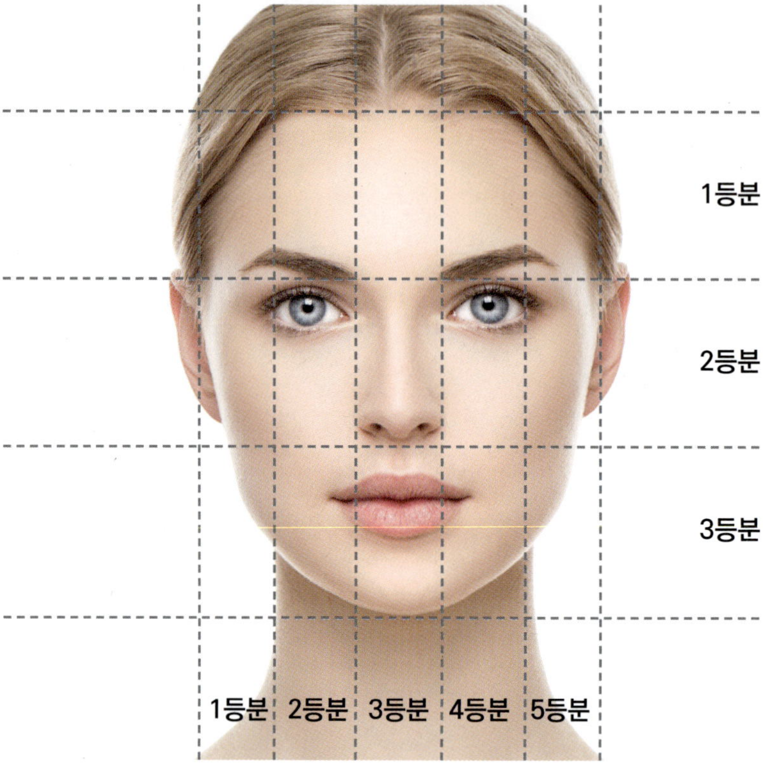

얼굴 균형도에 따른 세부적 위치는 다음과 같다.

세부적 위치	내 용
눈썹 위치	이상적인 눈썹의 위치는 이마에서 1/3 지점에 위치한다.
눈썹 길이	눈썹은 눈앞머리에서 수직으로 시작해서 콧망울과 눈꼬리를 잇는 45° 연장선상에 위치한다.
눈머리	콧방울에서 일직선으로 올렸을 때 만나는 점에 위치한다.
눈과 눈 사이의 길이	눈의 길이와 같다.
콧방울의 위치	이마에서 2/3되는 지점에 위치한다.
콧방울의 넓이	일술 넓이의 1/2 정도의 크기가 적당하다.
입술	아랫입술선이 콧방울과 턱의 1/2되는 지점에 위치한다. 윗입술과 아랫입술 비율이 1 : 1.5인 경우가 이상적이다.

3) 얼굴의 윤곽의 범위 및 명칭

구체적인 얼굴 윤곽의 범위와 명칭은 다음과 같다.

(1) 헤어라인존(Hair – Line Zone)

헤어라인존 범위

- 페이스라인존(face-line zone)이라고도 한다.
- 메이크업시 이마 쪽의 섀딩(shading) 표현 부위
- 이마와 머리카락 난 경계 부위이며 경계지지 않도록 그러데이션해 준다.

(2) T존(T – Zone)

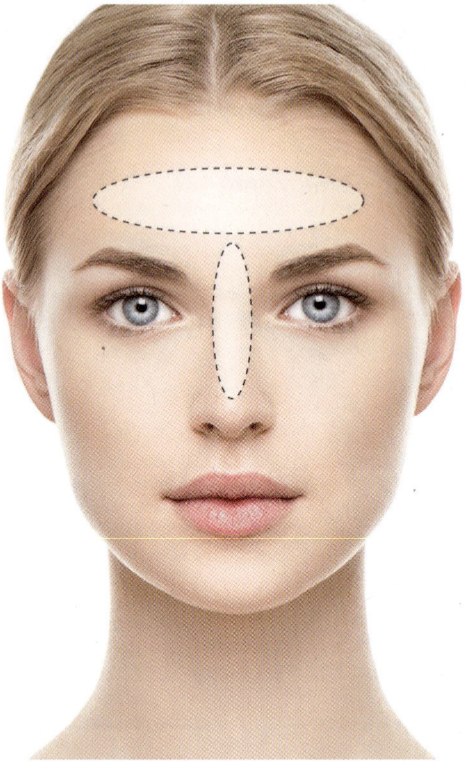

T존 범위

- 메이크업시 이마, 콧대의 하이라이트(highlight) 표현 부위
- 이마에서 콧대를 연결하는 부분이며 피지분비로 잘 지워지므로 두드려서 바른다.

(3) U존(U – Zone)

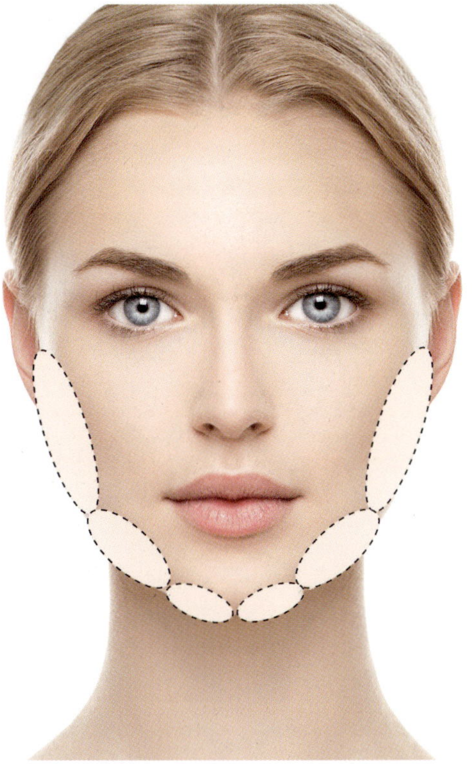

U존 범위

- 메이크업시 턱선 쪽의 섀딩(shading) 표현 부위
- 턱선 부위이며 경계지지 않도록 그러데이션해 준다.

(4) S존(S – Zone)

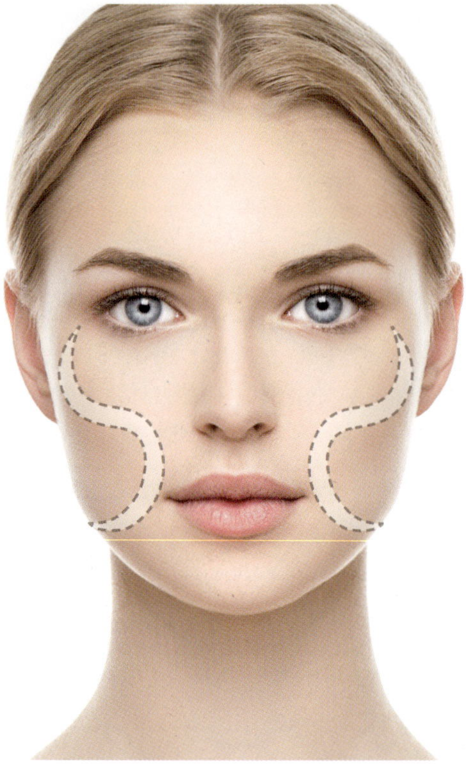

S존 범위

- 메이크업시 꺼져 보이는 볼 쪽의 하이라이트(highlight) 표현 부위
- 뭉치지 않게 균일한 톤이 될 수 있도록 바른다.

(5) O존(O - Zone)

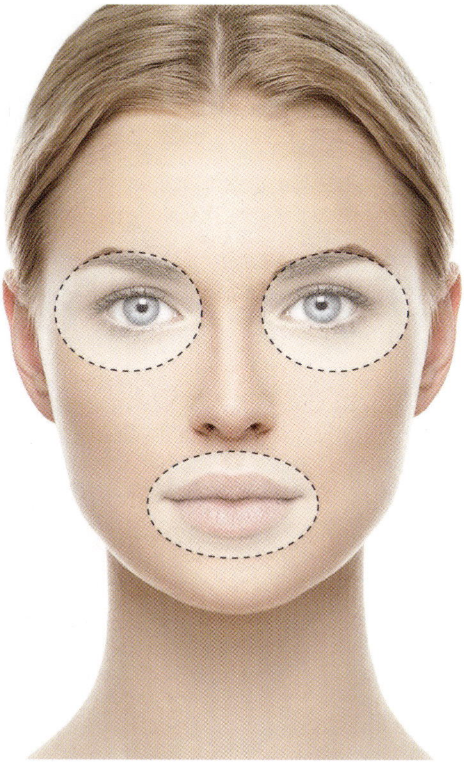

O존 범위

- 메이크업시 눈 주변 입 주변의 하이라이트(highlight) 표현 부위
- 눈 주변과 입 주변 피부 부위이며, 피하지방이 적고 표피가 얇아 주름이 생기기 쉬운 부분이다.
- 파운데이션으로 피부 표현 시 적은 양으로 뭉치지 않게 균일하게 바른다.

(6) Y존(Y－Zone)

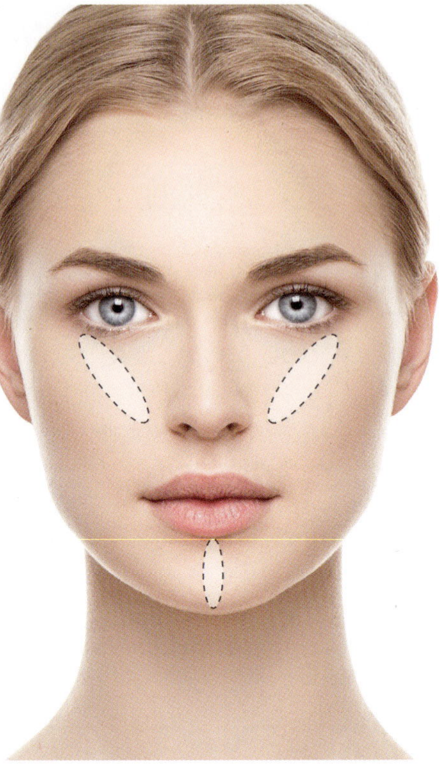

Y존 범위

- 메이크업시 앞 광대, 턱 중앙의 하이라이트(highlight)가 표현 부위
- 앞 광대 부분과 턱의 중앙 부분이며, 입체적인 표현에 효과적인 부분이며 밝은 컨실러로 톤업하여 바른다.

(7) W존(W－Zone)

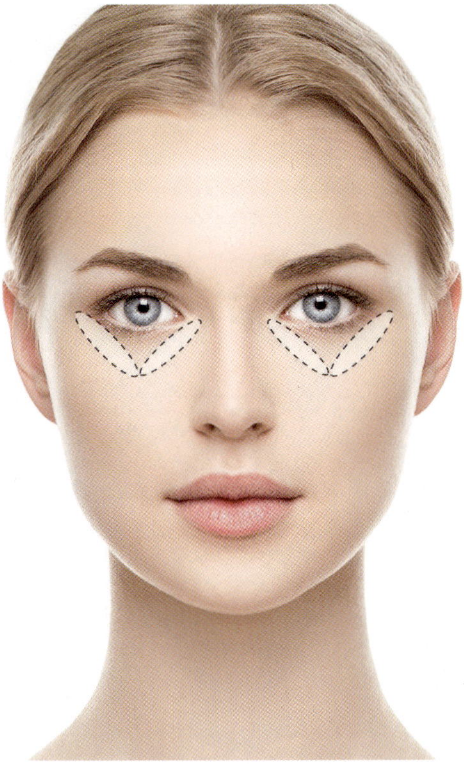

W존 범위

- 메이크업시 어두운 부분, 다크서클의 하이라이트(highlight) 표현 부위
- 눈 밑의 어두운 부분이나 다크서클 부위이다. 소량의 밝은 컨실러로 톤 업하여 여러 번 바른다.

(8) C존(C-Zone)

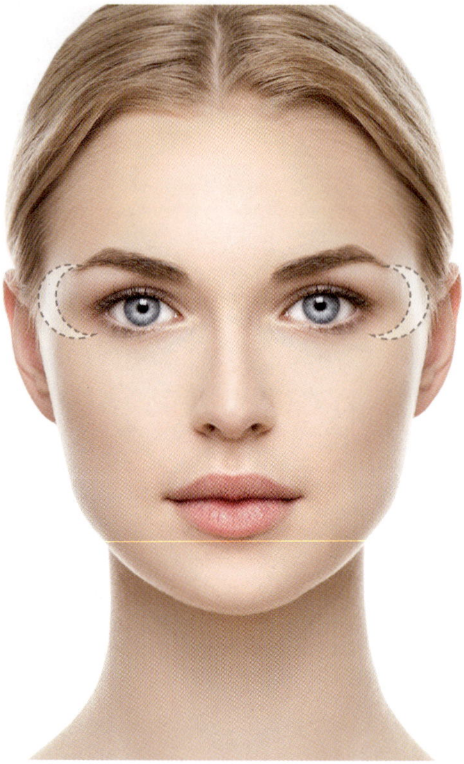

C존 범위

- 메이크업시 관자놀이 부분의 하이라이트(highlight) 표현 부위
- 관자놀이의 꺼진부위이며, 밝게 해주면 눈주위가 환하고 밝아진다.

THE BEAUTY MAKE-UP

CHAPTER 04

메이크업을 위한 인상과 심리적 이해

1 얼굴 이미지와 인상

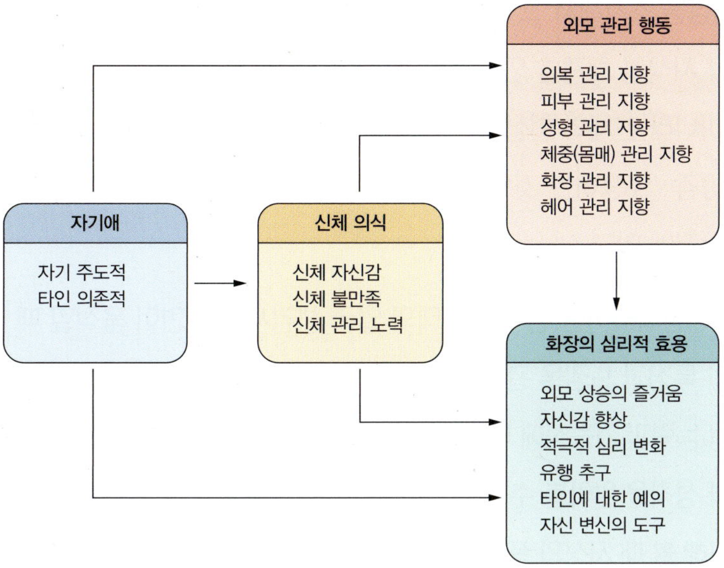

메이크업 이미지의 가치촉구 방향[1)]

메이크업으로 보여지는 이미지는 외모를 가꾸어서 자신감을 부여하고, 심리적으로 능동적이고 적극적인 자신감을 인상으로 표출할 수 있으며, 개인의 사고방식이나 가치추구의 방향을 표현한다.

1) 출처 : 서은혜. "자기애 성향, 신체의식과 외모관리행동 및 화장의 심리적 효용의 관계 연구." 국내 박사학위 논문. 성신여자대학교, 2011. 서울

2 얼굴 인상과 심리

인상을 조사해서 그 사람의 기질이나 성격을 밝히고, 걸어갈 운명도 예측하려는 경험적 지식의 체계를 인상술, 관상학(술) 등이라고도 한다. 이 경우 인상에는 안모만이 아니라 신체의 형상, 자세, 동작 등도 포함되는 경우가 있으며, 영혼과 신체는 서로 공감 · 조응하는 것으로, 사람의 기질이나 성격은 신체의 외면에 반영된다는 생각이 근저에 있다.

형태심리학이란 정지된 상태의 얼굴 생김새나 안면이 움직일 때 나타나는 안면 근육의 특징과 느낌을 관찰하고 연구하는 학문이다. 정지된 얼굴의 골격은 개개인의 잠재적 능력과 가능성에 대한 평가를 하며, 움직이는 얼굴 상태는 근육의 상황에 따라 기질과 성격을 알아볼 수 있게 은근한 암시를 준다. 즉, 다른 감정에 관련된 신체 기관과 비교해 볼 때 지성의 폭을 나타낸다.

1) 인상 형태학

인상학은 외모의 사회적 의미를 다루는 학문이다. 정지된 얼굴의 골격을 통하여 개개인의 잠재적 능력과 가능성에 대한 평가하기도 한다. 즉, 다른 감정에 관련된 신체 기관과 비교해 볼 때 지성의 폭을 나타낸다. 움직이는 얼굴 상태는 근육의 상황에 따라 기질과 성격을 알아볼 수 있게 은근한 암시를 준다. 다음 얼굴의 상단부, 중단부, 하단부의 세 영역은 높이와 넓이 간의 하모니가 그 부분에 해당하는 요소들의 우열을 암시한다. 가장 독특한 측면에서 극단적인 두 가지의 형태학 유형을 관찰한다. 즉, 삼각형의 얼굴형은 감정적이며, 본능적이고 감동하기를 잘하는 편이며, 역삼각형 얼굴형은 정신력이 강하며 지적 생활을 표현한다.

얼굴 형태에서 크게 상단부, 중단부, 하단부 세 영역으로 나뉘며, 상단부는 지적 단계, 중단부는 감성 단계, 하단부는 본능 단계를 의미한다.

얼굴 형태 분할 영역

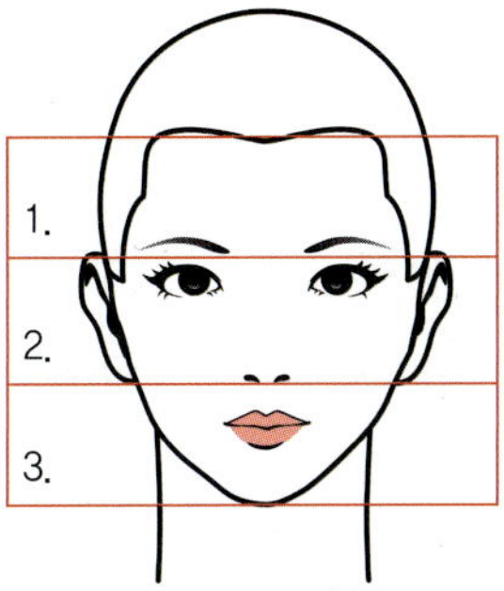

1 상단부	(지적단계) 정신적 삶, 논리, 지성적 능력, 영혼 등을 나타낸다.
2 중단부	(감성단계) 감수성, 생동감, 의지력, 결단력, 윤리적 기능 등을 나타낸다.
3 하단부	(본능단계) 물리적, 육체적, 물질적 취미, 본능, 욕구 등을 나타낸다.

세 영역의 암시 내용

영 역	내 용
상단부	• 이마의 상층 부위에서 확장된 경우 : 꿈이 크며, 명예, 명성, 이상주의자다. • 이마의 중단 부위에서 확장된 경우 : 기억력이 우수하며 말수가 많다. • 이마의 하단 부위에서 퍼진 경우 : 관찰력이 뛰어나고 주의력이 깊으며 탐구가적 기질이 있다.
중단부	• 중간 부분이 높이보다도 넓이가 상대적으로 퍼진 경우 : 격렬하고도 정열적인 감정들이 우세하다. • 중간 부분이 높고 중앙 부분이 퍼진 경우 : 의지력과 결단력이 있으며 지배력, 지도력이 있다. • 중간 부분이 날카로운 옆모습의 형태 : 관찰자로서 매우 활동적이며 현실론자이며 실용적이다. • 중간 부분이 넓고 높게 펼쳐진 상태 : 매우 정적이며 사랑, 인간성에 의미를 둔다.
하단부	• 하단 부분이 넓은 상태 : 건강과 피곤에 지치지 않음을 나타낸다. • 하단 부분이 얼굴에서 차지하는 면적이 넓고 높은 상태 : 힘이 좋고 신체적 잠재력이 있다. • 하단 부분이 좁은 상태 : 물질적, 관능적, 본능이 부족하며 인내심이 부족하다.

2) 얼굴형에 따른 심리학적 분석

얼굴형에 따라 심리적인 양상은 다르게 나타나며, 계란형의 얼굴은 대체적으로 성격이 느리고 온화하다. 둥근 얼굴은 사교적이며, 네모난 얼굴을 활동적이다. 삼각형의 얼굴은 현실주의자이며, 육각형의 얼굴은 신중함이 부족하다.

얼굴형에 따른 심리학적 분석

얼굴형	심리적 분석
균형 잡힌 계란형의 얼굴	가장 이상적인 얼굴형으로 인식되며 이런 얼굴의 윤곽과 비율은 다른 얼굴형을 수정하기 위한 기본 모델이 된다. 어떠한 헤어스타일도 소화할 수 있으며 볼과 턱이 부드러운 느낌이며 살이 많이 찌지 않은 상태의 매력과 우아함의 하모니를 이룬 윤곽을 갖추고 있으며 성격은 비교적 느리고 온화하고, 부드러우며, 매력적인 존재이길 원하며 논리적인 것을 좋아한다.
이마가 넓은 계란형의 얼굴	관념적으로 우울해하며 총체적 관점에서 볼 때 지적인 느낌을 좋아한다. 정신적 우월성과 주제에 접근하는 것에 대한 인식이 높으며, 늘 새로운 지식으로 채우기를 좋아한다. 이러한 면이 여러 조언을 주의 깊게 듣고 따르게 하는 소지를 만들어준다.
긴 계란형의 얼굴	균형 이룬 곡선과 함께 부드러우며 공상하기를 좋아하며 게으른 면도 있다. 긴 턱을 가진 사람이라면 변덕스러운 반면 감각적인 측면이 있다. 매우 긴 계란형은 환상적이며 질서를 잃은 듯한 매력을 좋아하는 성격이며 순진하며 순종적이기를 바란다.
둥근 얼굴	중간 부분과 하단 부분의 폭이 넓어지므로 현실주의자의 면모와 물질의 영역에서 능률적임을 보여준다.
네모난 얼굴	직선의 헤어라인과 직사각형의 턱선을 가진 넓은 얼굴이다. 성실하고 운동가적 타입으로 이 얼굴형은 활동적 에너지가 좋고 고집이 세고 실용감각과 기억력, 질서, 체계 등이 좋다.
삼각형의 얼굴	조직적이고 기획력이 좋음은 넓은 이마에서 싹튼다. 무엇보다도 자신의 야망, 명성 등의 목표를 얻기 위한 일의 각 요소들을 컨트롤하고 계획을 세우기까지 논리적이며 타고난 신중함의 소유자이다. 총체적인 면은 자발적이고 거만하고, 조심성 있고, 사려 깊고, 집중력이 있으며, 논리를 좋아하고 가설은 싫어하며 유능하고 강인한 현실주의자이다.

얼굴형	심리적 분석
사다리꼴형 삼각형 얼굴	중간 부분과 하단 부분의 폭이 넓어지므로 현실주의자의 면모와 물질의 영역에서 능률적임을 보여준다.
장방형 얼굴	공허한 분위기의 뺨을 가진 길고 가는 얼굴형으로 종종 엄격하고 굽힐 줄 모르는 공정성을 갖추고 있으며, 신체적인 활동성이 약한 면이 있다. 조절된 범위 안에서 면밀한 시스템에 적응할 수 있는 줄기찬 체력을 갖출 필요가 있으며, 권능과 지적 우월감을 좋아하는 성향이기 때문에 형식을 갖춘 증거들을 제시하면서 논리적으로 이야기하는 것이 좋다.
육각형 얼굴	좁은 이마, 광대뼈는 과도하게 넓으며 턱의 선은 가늘다. 충동과 본능적인 힘들에 지배되도록 놓아두면 이 타입의 얼굴은 변덕스럽고 자발적인 기질을 드러낸다. 쉽게 현혹되어서 하나의 극단적인 것에서 다른 극단으로 옮겨간다. 성질을 잘 내는 무모한 이 유형은 거의 남의 반대를 받는 일은 용납하지 못한다. 개인적인 영역에서 침입을 당하는 것과 지나치게 솔직한 충고들은 잘 견디어 내지 못한다. 천성적으로 독특하고 경계심 있는 인물로서 본능 따위를 억제하기 힘들며 신중함이 부족하다. 이런 타입에는 애정 어린 태도로 설득력 있고 부드럽게 충고하여야 한다.
조금 긴 육각형의 얼굴	흔히 여성적인 기질이며 외관상 스스로 그 어떤 것으로도 영향받기를 꺼리는 예외적 존재이며 개인주의자로 보일 수 있다. 이 유형은 모든 충고에도 불구하고 자신이 원하고 해석하는 대로 행동한다. 침착하지 못한 성격으로 은밀하고 매력적이라 할 수 있으며, 감각적인 즐거움을 추구하고 삶의 구체적이고도 정상적인 면만을 추구한다.
사다리형의 얼굴	일반적으로 마음이 트이고 밝으며 침착하고 보수적이기도 한 인물로 보이며 달변가이다. 직함이 있거나 유명한 사람들이 이 유형의 고려대상이다. 권위와 사회적 규범을 매우 존중하는 이 유형은 스스로 질서와 조직으로 둘러싸여 있다. 사교성이 있어 부추겨 주는 것을 좋아한다.

CHAPTER 05

메이크업 색채의 기본 개념

1 색의 분류와 3요소

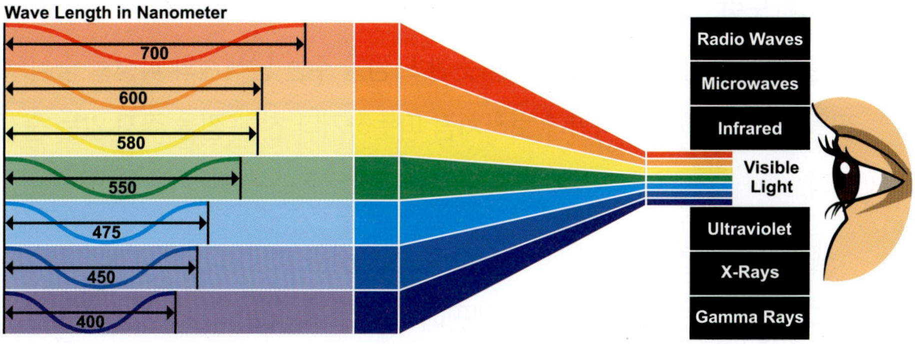

빛의 분류

색이란 빛의 파장에 대한 눈의 반응으로 색상, 명도, 채도의 속성을 가지는 것으로, 눈으로 인지할 수 있는 것은 망막에 있는 원추세포 중 색상을 구분하는 영역대가 있으며, 적, 녹, 청원추 세포로 나뉜다.

빛을 파장별로 나눈 것을 스펙트럼(spectrum)이라고 하며, 이 중에서 '가시광선'은 특정 주파수 영역대(380~750nm)의 전자기파만이 색으로 감지된다. 시각 능력의 한계 때문에 인간은 그 외의 주파수들을 볼 수 없다. 또한 빨간색일수록 파장이 길고(780nm), 보라색일수록 파장이 짧다. 빨간색보다 긴 파장의 빛을 적외선(빨강(赤) 바깥(外)쪽의 빛이라 하며, 보라색보다 짧은 파장의 빛을 자외선(보라(紫) 바깥(外)쪽의 빛이라 한다. 앞에서 설명했듯이 이들은 가시광선 영역대를 벗어나는 주파수를 지니므로 눈으로 볼 수 없다.

1) 색의 3속성

(1) 색상

빨강, 노랑, 초록, 파랑 등 어떤 색과 다른 색을 구별하는 고유한 속성을 말한다. 색상은 주황, 빨강을 중심으로 한 따뜻한 느낌을 주는 난색계와 파랑을 중심으로 찬 느낌을 주는 한색계, 녹색이나 보라처럼 따뜻하거나 찬 느낌을 주지 않는 중성계로 나뉜다.

색을 보기 편하게 구분해서 원으로 표시한 것을 색상환이라고 한다. 색상환의 종류는 다양하며 색상환에서 서로 반대편에 위치한 색은 보색이라고 한다.

무채색과 유채색

물체색(物體色)에는 흰색·회색·검정과 같이 채색이 없는 무채색(achromatic color)과 이를 제외한 모든 색, 즉 빨강·파랑·초록 등과 같은 채색을 갖는 유채색(chromatic color)이 있다. 무채색은 색상과 채도는 없고 명도만을 지니며, 유채색은 세 속성을 전부 지니고 있다. 빛의 색인 광원색의 성질도 기본적으로 물체색과 같다. 밝기를 물체 고유의 명도라는 형태가 아니라 빛의 밝기로서 가지고 있으므로 측광량(測光量)으로서 분류하는 점만이 다르다.

(2) 명도

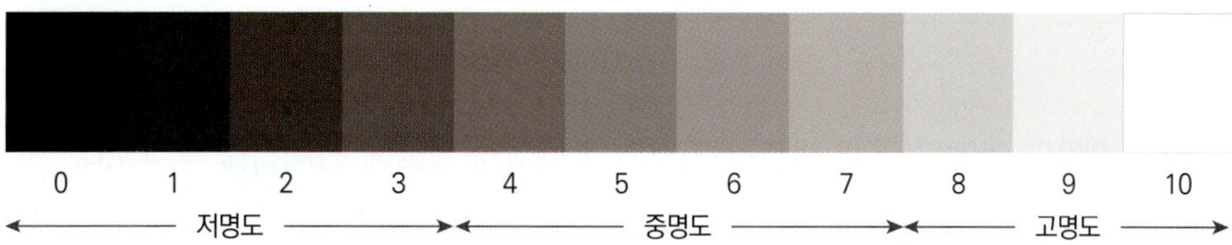

색의 밝고 어두운 정도, 즉 색의 밝기를 말한다. 사물이 빛을 반사하는 정도라고도 이해할 수 있는데, 흰색의 경우 모든 빛을 반사하여 하얗게 보이고, 검은색의 경우 모든 빛을 흡수하여 어둡게 보인다. 유채색과 무채색 모두를 포함하며, 검정에 가까울수록 명도가 낮고, 흰색에 가까울수록 명도가 높다.

(3) 채도

색상의 진하고 엷음을 나타내는 것을 포화도라고 하며, 아무것도 섞지 않아 맑고 깨끗하며 원색에 가까운 것을 채도가 높다고 표현한다. 예를 들어, 칸나꽃의 빨강과 팥의 빨강은 비슷한 명도를 가지지만 칸나 쪽이 훨씬 선명하며, 채도가 높다고 한다. 채도는 스펙트럼색에 가까울수록 높아지며, 한 색상 중에서 가장 채도가 높은 색을 그 색상 중의 '순색'이라 한다. 흰색과 검은색은 채도가 없기 때문에 '무채색'이라 한다.

2 배색에 의한 이미지

메이크업에 있어서 색채는 피부가 돋보이게 얼굴에 입체감을 부여하며, 의상과 헤어스타일의 조화를 통하여 개성을 부각시키고 상황에 따른 메시지를 전달한다.

1) 색상 배색

(1) 동일색상 배색

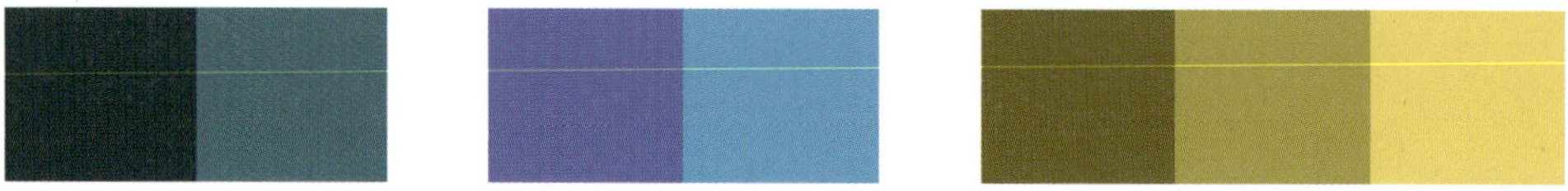

동일한 색상의 범위에서의 배색을 의미한다. 예를 들어, 선명한 파랑과 은은한 파랑, 밝은 파랑과 연한 파랑, 강한 노랑과 차분한 노랑 등의 배색을 의미한다. 동일색상 배색은 비교적 안정적이며, 조화로운 이미지를 준다.

(2) 유사색상 배색

색상환에서 인접해 있는 색상과의 배색을 의미한다. 예를 들어, 빨강을 기준으로 오렌지와의 배색이나 자주색과의 배색을 의미한다.

유사색상끼리는 공통된 이미지를 갖고 있기 때문에 비교적 안정적인 이미지를 주지만, 색상의 차이가 너무 적을 경우는 오히려 조화롭지 못하다.

(3) 반대(보색)색상 배색

색상환에서 반대에 있는 색상의 배색을 의미한다. 예를 들어, 보라와 노랑, 오렌지와 파랑, 초록과 빨강 등의 배색을 의미한다. 이미지 차이가 큰 색상끼리의 배색으로 선명하고 역동적이며, 강한 이미지를 준다.

2) 명도 배색

색상의 명도의 차이를 이용한 배색을 의미한다. 명도차가 작은 배색은 변화가 적고 단조로운 이미지를 주고 명도차가 클수록 명확하고 분명한 이미지를 준다.

3) 채도 배색

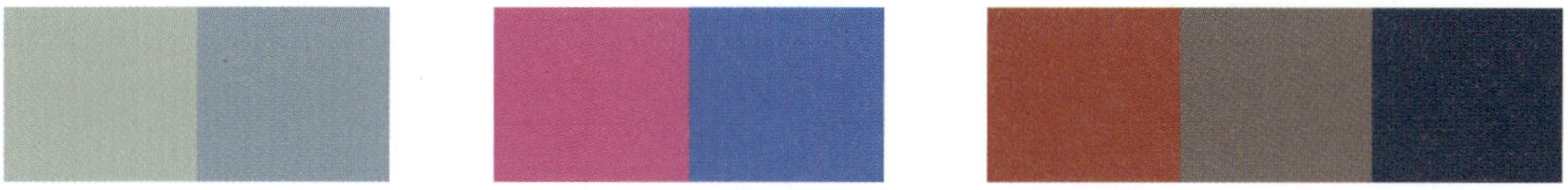

색상의 채도의 차이를 이용한 배색을 의미한다. 고채도 색상끼리의 배색은 화려하고 강한 이미지를 주고, 채도 차이가 작은 배색은 안정감을 주며, 저채도와 고채도의 배색은 화려하지만 안정감을 준다.

4) 색조 배색

(1) 동일색조 배색

동일색조끼리의 배색을 의미한다. 예를 들어, 밝은 색조의 오렌지, 밝은 색조의 노랑, 밝은 색조의 초록 배색을 의미한다.

동일색조 배색은 색상의 차이가 있는 배색을 할 때 효과적이며, 어떤 색조를 배색하느냐에 따라 이미지의 차이가 크다.

(2) 유사색조 배색

유사색조 배색은 인접해 있는 색조끼리의 배색을 의미한다. 예를 들어, 밝은 색조와 강한 색조, 강한 색조와 선명한 색조의 배색을 의미한다.

유사색조 배색은 무채색도 포함시킨다.

즉, 연한 색조와 흰색, 어두운 색조와 검정은 유사색조 배색이다.

(3) 대비색조 배색

색조표에서 멀리 떨어져 있는 색조끼리의 배색을 의미한다. 예를 들어, 연한 색조와 진한 색조, 맑은 색조와 어두운 색조 등의 배색을 의미한다. 명도와 채도가 큰 배색으로 대비가 강하게 느껴지는 이미지이다.

5) 기타 배색

(1) 그러데이션 배색

그러데이션(gradation)은 일정한 규칙을 가지고 변화하는 연속 리듬을 나타내는 배색방법이다. 세 가지 색 이상을 사용하는 배색에서 볼 수 있으며, 색상을 많이 사용할수록 그러데이션 효과가 크게 느껴진다. 색상, 명도, 채도, 색조에 따라 일정한 단계로 변화시켜서 배색해준다. 화려함과 입체감을 표현할 수 있다.

(2) 세퍼레이션 배색

세퍼레이션(separation) 배색은 색상과 색상 사이를 분리시켜 줌으로써 강약을 나타내는 배색이다. 색상의 대비가 너무 강할 때 사용하여 완화시켜 주는 역할을 하며, 주로 흰색과 검색이 사용된다. 예를 들어, 스테인드 글래스 공예에서 볼 수 있다.

(3) 반복 배색

반복(repetition) 배색은 두 가지 색 이상으로 일정한 패턴을 반복하는 배색이다. 반복의 배색은 명쾌하고 재미있는 느낌을 준다. 예를 들어, 체크 무늬, 스트라이트 무늬, 퀼트, 타일 등에서 볼 수 있다.

(4) 액센트 배색

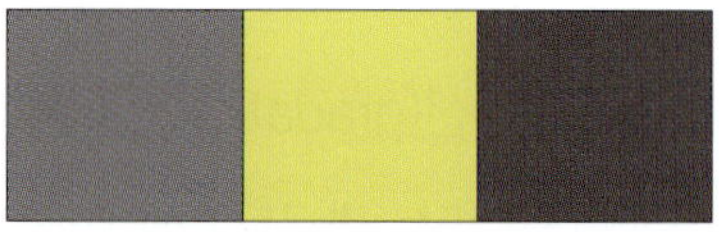

액센트(accent) 배색 단조로운 배색을 강조가 되는 색상을 첨가해서 시선을 끄는 배색이다. 액센트 색상은 시선을 끄는 역할이므로 주조 색상과 반대되는 경우가 많다. 예를 들어, 검정색 정장에 빨강색 스카프가 액센트 역할을 한다.

THE BEAUTY MAKE-UP

CHAPTER 06

메이크업과 조 명

1 빛의 성질 및 특성

1) 빛과 색

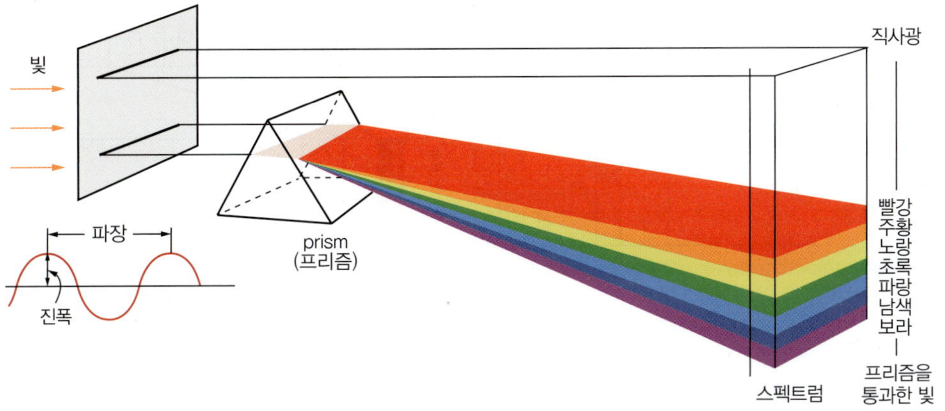

뉴턴의 분광실험을 통한 스펙트럼 현상

17세기 영국의 물리학자 뉴턴(Newton, 1642~1727)은 프리즘을 이용한 실험에서 백색 광선을 프리즘에 통과시켜 빨강, 주황, 노랑, 초록, 파랑, 남색, 보라의 일곱 가지 다른 빛(색광)으로 나타나는 것을 밝혔다. 이것은 빛이 파장에 따라 굴절을 달리 하여 여러 가지 다른 빛으로 나타나는 현상으로, 파장이 길면 굴절률이 작고 파장이 짧으면 굴절률이 크기 때문에 각각 다른 색채(색광)로 나타나는 것이다.

이때 나타나는 무지개색의 연속되는 색띠를 스펙트럼이라고 한다. 이러한 굴절 현상은 진공에서는 파장에 관계없이 굴절률이 모두 같지만, 물질 속에서는 파장에 따라 굴절률이 달라지기 때문에 일어나는 현상이다.

또한 스펙트럼의 색광 모두를 볼록렌즈를 이용하여 모이게 하는 실험을 한 결과, 모든 색광을 모으면 다시 원래의 빛(백색광)을 얻을 수 있다는 것도 밝혔다.

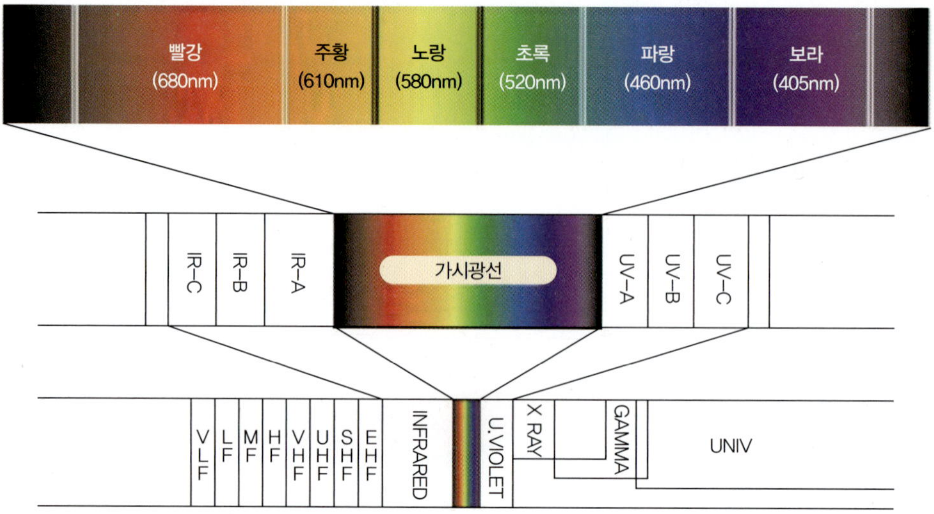

전자기파의 종류와 가시광선의 위치

눈으로 지각할 수 있는 빛의 영역은 전자장파 에너지 스펙트럼 중 극히 작은 부분으로 약 380~780nm까지의 가시광선 영역이며, 광선의 파장에 따라 서로 다른 색감을 나타낸다. 그리고 380nm보다 짧은 파장의 영역을 자외선(ultra violet), 780nm보다 긴 파장의 영역을 적외선(infra red), 전파 등으로 부르며, 우리가 눈으로 볼 수 없으므로 빛이라 부르지 않는다.

빛은 일정한 주기의 파동 운동을 하는데, 매질이 없으면 파동 운동의 일정한 주기가 그대로 전달되지만, 매질이 있으면 매질의 영향으로 파동 운동이 산란, 굴절, 회전 등과 같은 여러 가지 현상으로 반응하여 변화한다.

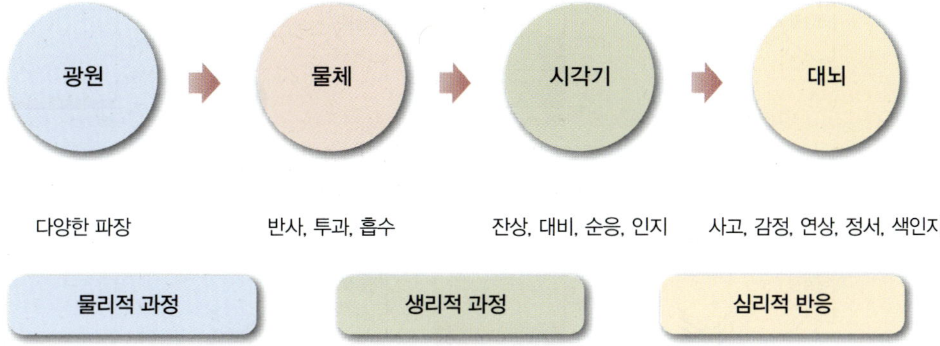

색채의 지각 과정[1)]

색을 지각하는 과정은 광원으로부터 방사된 빛이 물체에 닿으면 물체 표면의 특성에 따라 특정한 빛의 파장을 흡수하거나 반사 또는 투과시키는 현상이 일어나는데, 그 파장의 반사 또는 투과의 비율 차이로 인해 색이 달라진다. 이러한 물체의 색(색감각)은 눈으로 들어와 망막을 자극하여 신경 흥분이 일어나고, 다시 제 1시중추에 전달되어 순응, 잔상, 대비 등과 같은 조건 반사적인 현상이 일어난다.

2) 물체와 색

물체의 대부분은 물체 자체가 색을 발하지 않고 빛을 반사하거나 투과하여 색을 나타내는 물체색(object color)이지만, 물체가 스스로 빛을 발산하여 색을 나타내는 광원색(light source color)이 있다. 물체색에는 불투명한 물체의 표면에 비친 빛이 반사되거나 흡수되었을 때 나타나는 표면색(surface color)과 투명한 물체에 비친 빛이 투과되어 나타나는 투과색(transparent color)이 있다.

1) 출처 : 한국색채심리연구원

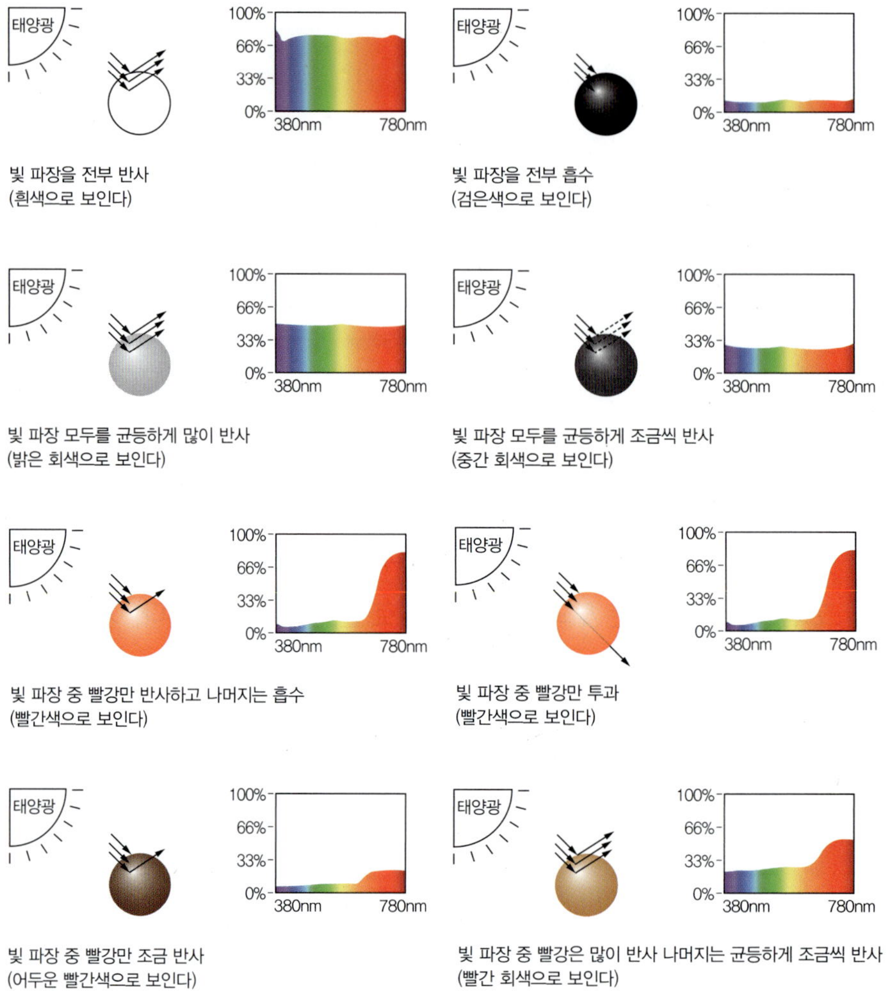

물체색이 보이는 원리[2)]

대부분의 물체색은 한 가지 파장에 의해 색이 생성되는 것이 아니라 다양한 파장의 반사, 흡수, 투과 등이 동시에 일어나 여러 가지 색으로 보인다. 대부분의 빛의 파장을 반사시켜 버리면 그 물체는 희게 보이고, 반대로 대부분의 빛의 파장을 흡수하게 되면 그 물체는 검게 보인다. 그러나 빛의 파장을 완벽하게 반사시키거나 흡수하는 물체는 없으므로 대개 88% 정도 반사하면 흰색, 3% 정도만 반사하면 검은색으로 간주한다.

2) 출처 : 네이버지식백과

3) 물체의 색과 조명

광원에 의한 색의 변화[3]

물체의 색은 그 자체가 고유색을 가진 게 아니라 빛을 받아 물체 표면에 비친 빛이 각 파장에 따라 어떠한 비율로 반사되는가에 따라 색채가 결정된다. 그러나 실제로 우리들이 생활 주변에서 물체를 본다는 것은 매우 복잡한 상태로, 태양광이 아닌 인공 광원에 의해 물체를 보는 경우가 많다.

물체의 색은 태양광이든지 인공 광원이든지 간에 조명광에 의해서 보여지는 것이므로, 백화점이나 상점에서 상품을 구입할 때 조명광으로 인해서 물체의 색을 잘 판단하지 못하는 경우가 있다. 같은 물체의 색일지라도 조명광이 달라지면 물체색이 다르게 느껴지는 경우가 있는데, 이것을 광원의 연색성이라고 한다. 반대로 빛의 스펙트럼 상태가 서로 다른 두 개의 색이 특정한 조건에서 같은 색으로 보이는 것을 조건 등색(metamerism, 메타메리즘)이라고 한다. 조건 등색은 물리적으로는 다르지만 시각적으로는 구별되지 않는다.

3) 출처 : 네이버지식백과

2 메이크업과 빛의 명암효과

태양광

형광등

백열등

메이크업을 할 때 우리는 T·P·O를 고려하여 외출할 곳의 상황이나 그곳에서 행할 역할에 알맞은 메이크업을 해야 한다. 그중에 고려해야 할 부분은 그 장소의 광원 부분이다. 일상에서 가장 대표적으로 노출되는 빛은 태양광, 형광등, 백열등 등이 있다.

메이크업과 빛의 명암

빛의 파장에 따라 메이크업 발색은 다르게 나타나며, 태양광에서는 짙어 보이므로, 가벼운 메이크업이 적합하고, 형광등에서는 입체적인 피부 표현을 한다. 또한 백열등에서는 하이라이트를 신경 써서 메이크업을 하도록 한다.

빛의 특징에 따른 메이크업

특 징	빛에 따른 메이크업 현상
태양광	낮의 태양광에서는 모든 파장을 광선이 여러 광선을 포함하므로 모든 색이 선명해 보이긴 하지만, 반사광과 밝기로 인하여 피부가 하얗게 떠보이거나 반대로 짙어 보이는 경향이 있다. 그러므로 실내에서 메이크업을 하더라도 밝은 곳에서 마무리를 체크하는 것이 좋다.
형광등	형광등은 태양광보다 파장의 세기나 길이가 균일하지 않으며 청색과 녹색의 광선 파장이 가장 세다. 사무실이나 주택 등의 장소에서는 메이크업이 창백해 보인다. 그러므로 그러한 장소를 위한 메이크업을 할 경우 입체적인 피부 표현과 컬러감 있는 치크와 립을 선택하고 노란빛과 채도가 낮은 컬러는 피해서 메이크업을 한다.
백열등	백열등은 적색광선으로 갈수록 세기와 파장이 커져서 저녁노을 속에 있는 듯한 느낌도 들 수 있으며, 호텔라운지나 홀, 결혼식장, 레스토랑에 주로 쓰이며 따뜻하고 온화한 분위기를 연출한다. 자칫 피부가 어두워 보일 수 있으므로 하이라이트 커트롤을 신경 쓰고 아이브로우, 아이라인, 마스카라, 아이섀도를 조금 또렷하게 표현해준다. 아이섀도는 블루, 그린 등의 붉은기를 포함하지 않는 섀도는 피한다.

CHAPTER 07

메 이 크 업 디자인 요소

1 점, 선, 면의 조화(The Harmony of Points, Lines and Faces)

형태는 우리의 감각 중에서 시각과 촉각에 의해 인식되기 때문에 색과 함께 감각적 경험을 형성하는데 중요한 요소이다. 일반적으로 형태의 구성 요소들은 점, 선, 면, 입체가 있으며, 형태는 디자인의 시각구성을 나타내는 넓은 의미의 단어로서 메이크업에서는 형을 의미하며, 컬러나 결, 패턴 등 제반 의미를 내포하고 있다.

점은 눈으로 볼 수 있는 조형의 가장 작은 형태이다. 점이 모이면 선이 된다. 선이 모이면 면을 이룬다. 면이 모이면 입체가 된다. 메이크업 디자인에서 점, 선, 면의 조형 디자인은 안정감과 형태 보완, 이미지 전달의 효과가 있다.

1) 점(Points)

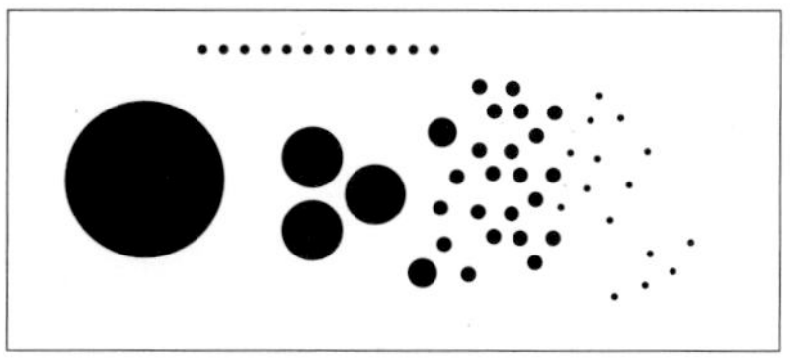

점의 표현 이미지

점은 모든 조형예술의 최초의 요소로서 시조적 의미를 지니고 있으며 최초의 점은 텅 빈 공간에서 외롭게 존재하는 부유물 같은 것이지만, 그 점이 생기면 무게와 긴장감이 생기는 느낌이다. 우리는 모양이 아주 미세한 것부터 크고 작은 둥근형, 삐뚤어진 형을 모두 점으로 인식한다. 메이크업에서 점은 선을 그리기 위한 가이드이며 미세한 라인을 연결할 때 중요한 역할을 한다.

점은 조형 활동에서 시동, 교차, 기타 여러 가지 표정을 지니며, 메이크업에서는 포인트의 집중의 느낌을 준다.

2) 선(Lines)

점이 움직이면 점의 정지는 파괴되고 점이 처음 움직임을 시작한 시점부터 끝나는 위치까지의 점의 연장선을 선이라 한다. 그래서 기하학에서는 수많은 점들의 집합을 선이라 정의한다. 선 굵기의 변화로 농담과 운동감을 준다. 또한 선은 무한한 다양성을 가지고 있으며, 공간에서의 연출에 따라서 심리적인 시각적 효과를 준다. 예를 들면, 눈은 아래로 움직이는 수직선보다 수평선에서 더 잘 순응하며 수직은 고도를 증가시키지만 수평선은 넓이를 증가시키는 효과를 준다. 심리적으로 본 선의 시각적 효과는 점보다 훨씬 강한 시각적 효과를 준다. 메이크업에서 선의 방향과 굵기 곡선 등의 형태는 이미지 표현에 중요한 작용을 한다.

선에 따른 메이크업 이미지

종류	모 양	느 낌	메이크업 이미지
직선	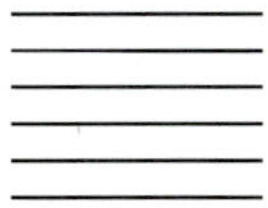	〈수평선〉 넓음, 안정, 평화, 휴식, 조용함	
	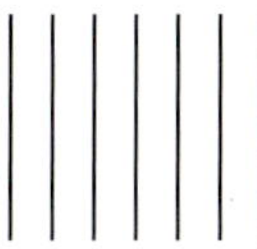	〈수직선〉 엄숙, 엄격, 길게 느껴짐	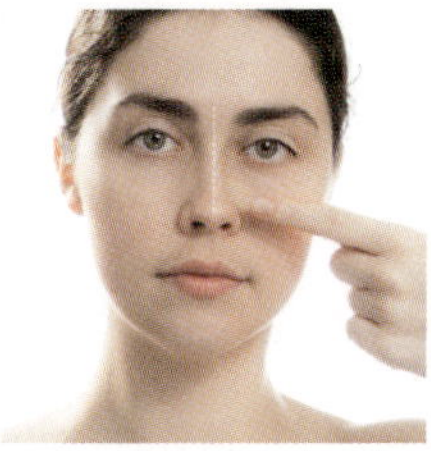
	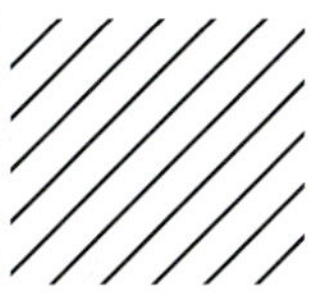	〈사선〉 움직임, 운동감, 방향감, 불안정, 속도감	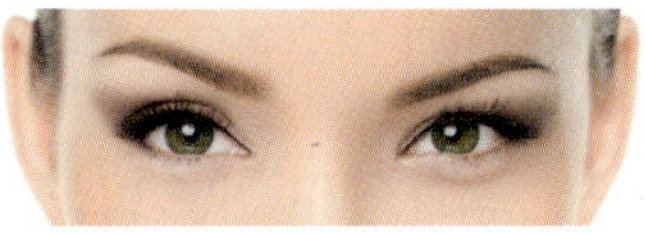
곡선		〈원형, 기본 곡선〉 균형, 부드러움	
		〈자유곡선〉 무질서, 자유로움	

3) 면(Faces)

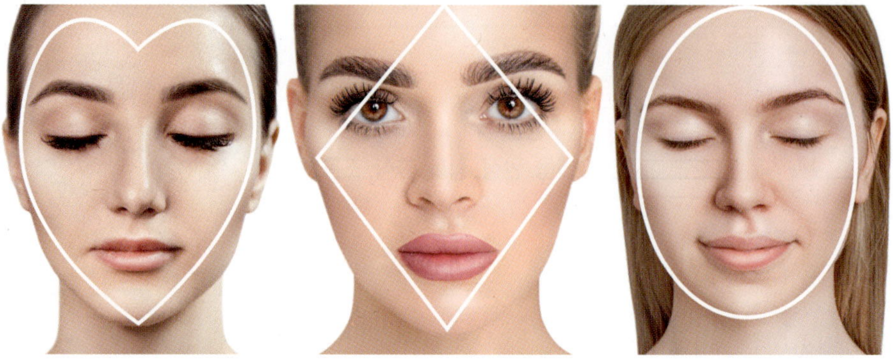

면은 주로 선의 이동이나 폭의 확대 등에 의해서 성립되며 원근감과 질감을 나타내고, 색채 효과에 대한 공간감이나 입체감을 나타낸다. 면에는 평면과 곡면이 있고 단곡면과 복곡면으로 구분하며 모든 면에서 가장 단순한 면은 평면이다.

점과 선이 어떤 방식으로 만나는가에 따라 평면, 곡면 등 다양한 면이 만들어지는데, 이렇게 만들어진 면은 길이와 넓이를 갖게 된다. 면은 그 자체로는 깊이를 가지고 있지 않지만, 면에 색채 효과를 주어 공간이나 입체의 느낌을 주는 것은 가능하다.

또한 주어진 공간을 나누거나 두 개 이상의 면을 겹쳐서 새로운 면을 만들어 낼 수 있다. 점, 선, 면이 만나 이루는 윤곽선을 따라 형성되고 보여지는 모양이 원형, 삼각형, 사각형이며 사물을 둘러싸고 있는 윤곽이 바로 사물의 모양이다. 면은 선들이 누적되어서 결국은 선들로 둘러싸인 내부를 말하고, 이때 면의 경계를 이루는 윤곽선으로 인해 지각되는 모양이 바로 '형'이다.

인체 중에 얼굴은 특히 입체적인 형태를 나타내므로 면들을 채우는 과정을 거쳐야 형태의 윤곽을 완성할 수 있다.

4) 착시효과(Optical Illusion Effect)

시각적 착각(착시효과)

메이크업 착시효과

착시효과란 시각적인 착각을 일으킬 때 나타나는 효과로서 메이크업 기술에 응용하면 대단한 효과를 얻을 수 있다.

(1) 색의 착각

검은색과 흰색은 같은 원이지만 검은색 원은 작게 보이는데 이를 수축색이라 하고, 흰색 원은 상대적으로 크게 보여 팽창색이라 한다. 이러한 원리는 메이크업에서 기본적으로 응용이 많이 쓰이고 있으며, 얼굴형의 입체감 보완이나 치크, 노즈, 립메이크업에 면 처리 메이크업할 경우 많이 활용된다. 수축색인 어두운 색은 얼굴의 윤곽을 또렷하고 확실하게 음영을 주며, 팽창색인 밝은색은 얼굴의 입체감을 부여하여 또렷한 얼굴형 보완에 도움을 준다. 이때 경계를 자연스럽게 표현하기 위하여 그러데이션 기법을 활용한다.

(2) 선의 착각

화살표의 양끝 방향에 따라 같은 길이의 화살표 모양은 크기나 길이가 달라보인다. 또한 컬러의 가미를 통해 확장과 수축의 효과를 볼 수 있다. 이렇게 선의 착시효과는 시각적으로 집중시키거나 인위적으로 특정 부분을 강조하거나 축소되어 보이는 착각을 일으키며, 메이크업 디자인에 적용할 수 있는 무한한 가능성을 발견할 수 있다.

선 방향의 착각	선 색의 착각
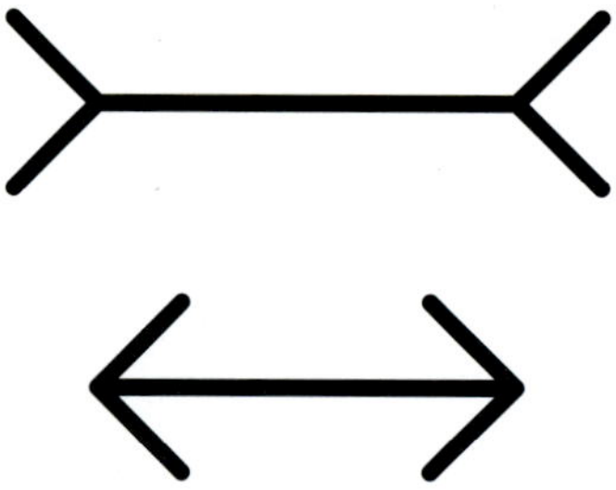	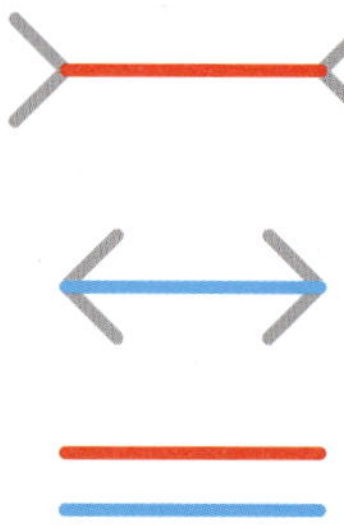

눈썹선에 따른 착시효과와 분석

눈썹선에 따른 착시효과	효과분석
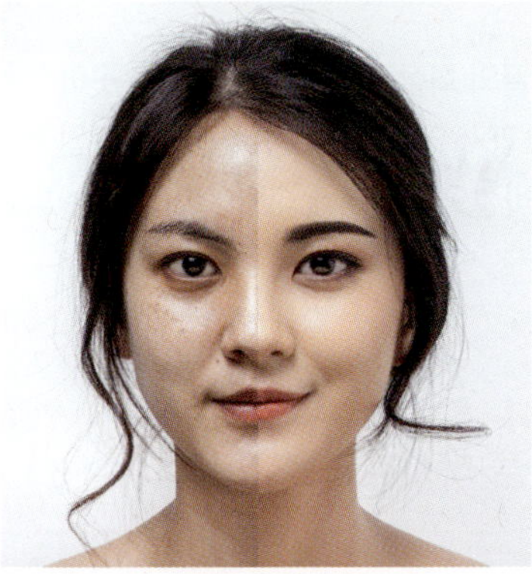	가로형으로 일자에 가까운 선의 느낌은 얼굴폭이 넓어 보인다. 좌우의 방향을 가리켜 가로 폭을 늘리게 하므로 부드러운 인상을 줄 수 있다.
	눈썹산을 높이 그리고 다시 하향으로 향하는 선은 상하의 방향을 다 가리키므로 얼굴이 갸름해 보이는 효과가 있고, 눈을 감싸주는 형태여서 입체적인 턱선 효과를 준다.
	눈썹이 상향으로 올라간 선은 볼선이 상대적으로 홀쭉해 보이므로 사선의 방향은 턱선의 슬림한 효과를 준다.

선의 착각과 아이라인선에 따른 착시효과와 분석

아이라인선에 따른 착시효과	효과분석
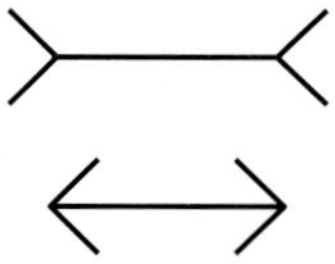	같은 길이지만 양쪽 끝의 화살표 방향이 가리키는 곳이 다르므로 위의 선이 더 길어 보이는 효과가 있다. 눈의 폭이 좁거나 눈썹이 좁은 경우 아이라인의 양쪽 끝선을 바깥으로 향하게 하면 길어 보이는 효과가 있다.

립라인 선에 따른 착시효과와 분석

립라인 선에 따른 착시효과	효과분석
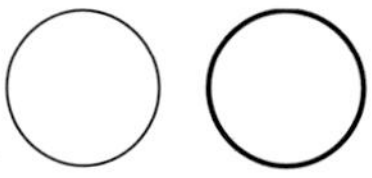	왼쪽 첫 번째 원과 두 번째 원은 같은 크기이지만 선의 두께에 따라 오른쪽이 더 크고 선명해 보인다. 립메이크업할 경우 립 라인을 그리고 안쪽에 컬러를 바르면 또렷한 립을 완성할 수 있다, 동색계로 농담을 조절하여 컬러 하모니를 연출할 수도 있다.

(3) 대비의 착각

메이크업의 착시효과

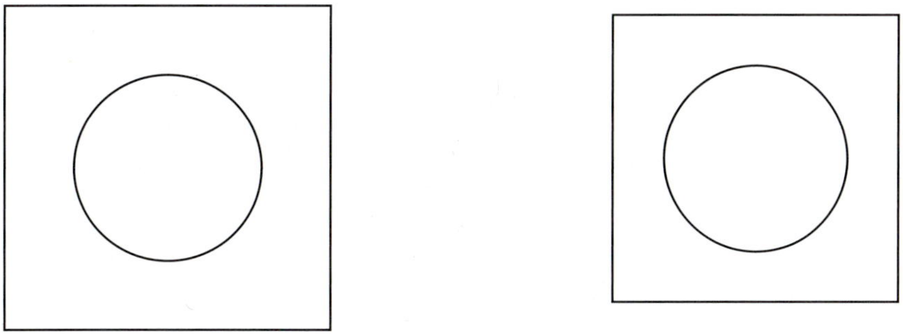

대비의 착각

위의 첫 번째 그림과 두 번째 그림의 원은 같은 크기이나 배경의 크기에 따라 원의 크기가 달라 보인다. 눈썹의 길이, 굵기, 형태, 모양에 따라 간격을 조절하면 눈이 커 보이는 착시 효과를 줄 수 있다.

2 메이크업 색채와 톤(Make-up Color and Tone)

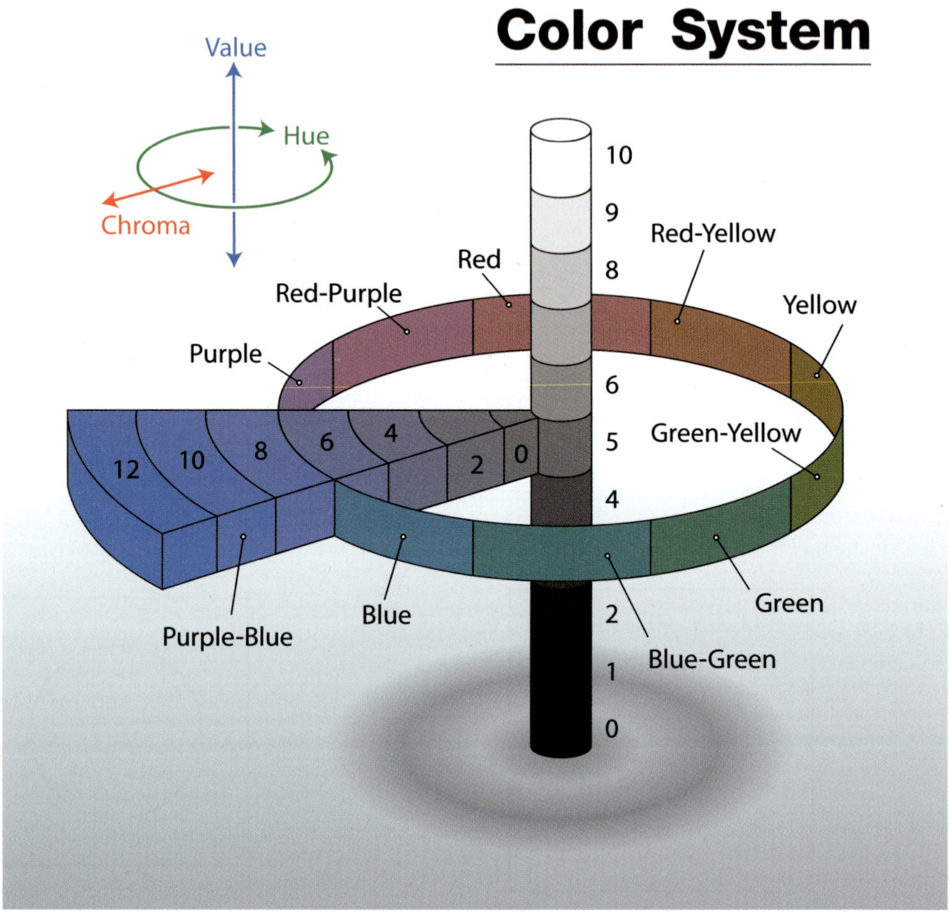

1) 색의 이미지 스케일

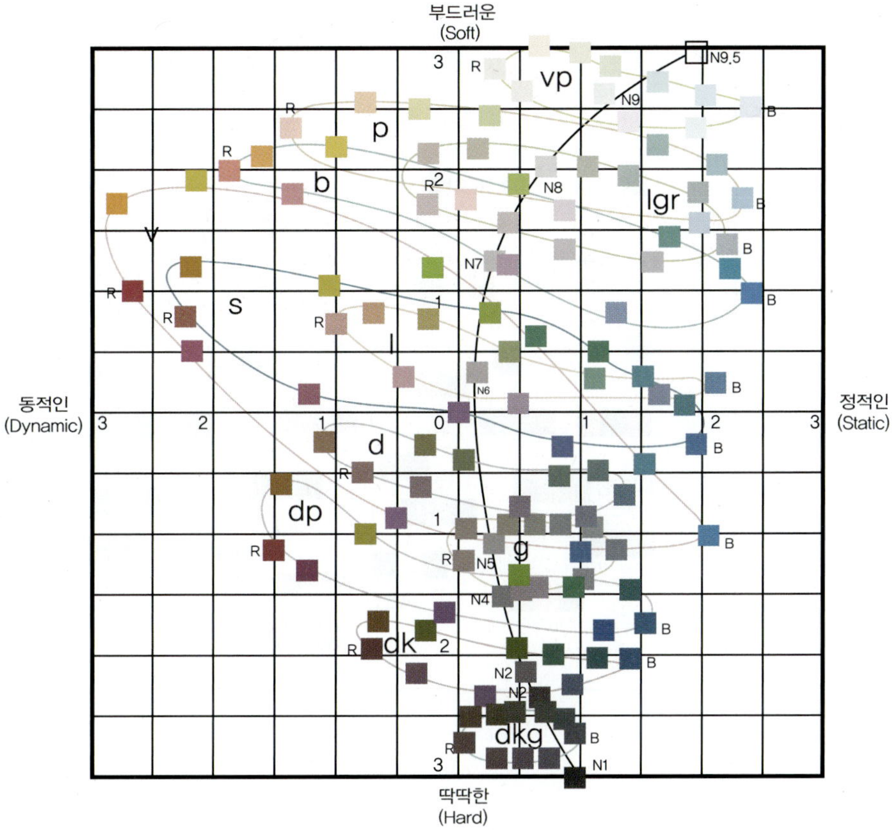

단색 이미지 스케일

단색 이미지 스케일(image scale)은 모든 색상을 그 이미지의 차이에 따라 심리적 판단 인자를 축으로 하는 공간에 위치시켜 한눈에 파악할 수 있는 색채 감성 공간이다. 즉, 빨강과 파랑, 노랑과 초록 등과 같이 각각의 색에서 느껴지는 이미지의 차이를 공간상의 거리의 차이 또는 그 색이 위치하고 있는 위치와 같은 시각적 정보로 한눈에 비교해 볼 수 있게 제시한 것이다.

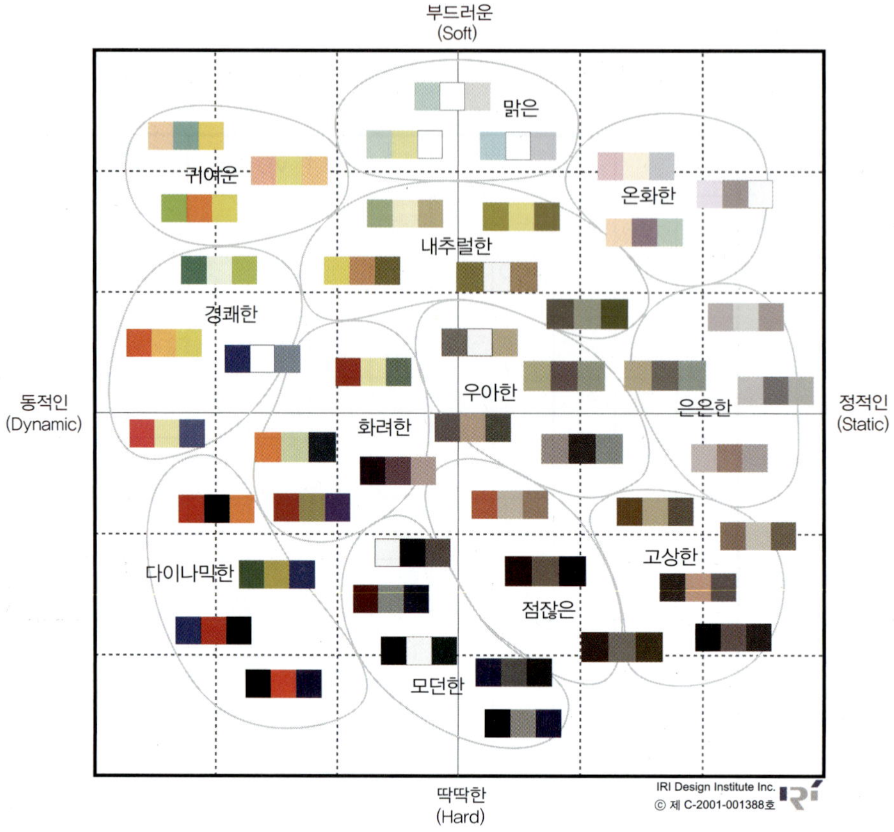

배색 이미지 스케일

배색 이미지 스케일은 이미지의 미묘한 차이를 표현할 수 있는 최소의 기본 단위인 3색 배색을 이용하여 만들어졌으며, 비슷한 느낌의 배색을 함께 묶어 각각의 그룹에 귀여운, 맑은 등의 키워드를 부여한 후 몇 개의 그룹을 만들어서 배색이 가진 특징을 알기 쉽도록 하고 또 그 느낌의 차이를 명확히 할 수 있도록 제시한 것이다.

2) 이미지 배색

이미지 배색은 색상과 톤의 배색에 따라서 이미지를 표현하는 것이다. 배색을 할 때 톤과 색상 대비를 효과적으로 구분하여 이미지를 연출하므로, 색상을 명시하지 않아도 색채 이미지 하나로 감성어가 전달된다. 색채는 서로 다르게 배색되어 보이는 효과에 따라서 끝없는 변화의 메시지를 전달한다. 이러한 이미지 배색은 언어로 이미지 표현이 가능하며, 반대로 감성을 표현한 언어는 다시 이미지 배색으로 연출할 수 있다.

(1) 클래식 이미지(Classic Image)

클래식 이미지 배색 및 패션 이미지[1]

클래식 이미지는 '고전적' 또는 '전통적'이라는 의미가 있으며, 보수적이며 품격이 높고 고상하고 중후한 느낌이 있다. 클래식 이미지에 어울리는 색상은 깊이감이 있는 어두운 색조가 주를 이루는데, 마음에 풍요로움과 따뜻함을 느끼게 하는 갈색 계통을 중심으로 베이지, 다크 브라운, 와인, 금색, 다크 그린 등의 중후하고 격조 있는 색조가 좋다.

톤은 딥톤, 덜톤, 그레이시톤이 주를 이룬다. 배색은 따뜻한 색상 위주로 배색하고 대비를 약하게 하며, 차가운 색을 사용할 때에는 금색과 같은 화려한 색상을 곁들여 장식하되 너무 지나치지 않게 주의해야 한다. 또 진한 색과 어두운 색의 조화로 이미지를 표현한다.

1) 출처 : https://terms.naver.com/entry.naver?docId=2797624&cid=55595&categoryId=55595

(2) 내추럴 이미지(Natural Image)

내추럴 이미지 배색 및 패션 이미지[2)]

내추럴 이미지는 자연스러운, 자연의, 천연의, 가공하지 않은 등의 의미로서, 자연을 가장 많이 닮은 자연스러운 이미지라고 할 수 있다. 자연이 포용하고 있는 온화함과 정다운 모습이 반영된 이미지로서 꾸미지 않은 자연 그대로의 순수한 아름다움을 말한다.

내추럴 이미지에 어울리는 색상은 소재가 지닌 본래의 자연스러운 색을 기본으로 하여 주황 계열을 중심으로 한 소박하고 편안함을 느끼게 하는 색상이 주조색이 되고, 베이지, 아이보리, 옐로, 옐로 그린, 올리브 그린, 그린, 브라운, 카키 계열의 조화로 자연스러운 느낌을 더한다.

---

2) 출처 : https://terms.naver.com/entry.naver?docId=2797624&cid=55595&categoryId=55595

(3) 엘레강스 이미지(Elegance image)

엘레강스 이미지 배색 및 패션 이미지[3]

엘레강스 이미지는 사람의 기품을 표현하는 말로서 품위 있는, 여성스러운 우아함, 기품이 있는, 고상함이라는 의미로, 우아하고 고상하며 세련된 이미지이다.

엘레강스 이미지에 어울리는 색상은 인디언 핑크, 와인, 퍼플 등이고, 톤은 부드러운 라이트 그레이시톤(light gracy tone)이 적합하다. 배색은 채도가 낮은 부드러운 색조와 약간 어두운 톤의 보조색을 조화시키면 섬세한 느낌을 효과적으로 표현할 수 있다. 또 대비를 약하게 함으로써 온화하고 은은한 느낌으로 표현한다. 그레이시 톤과 비슷한 중명도의 무채색 배색은 화려함을 배제하면서도 품위 있고 흐르는 듯한 곡선 느낌의 온화함을 보여주고, 보라, 와인, 베이지 브라운 등의 배색은 좀 더 우아하면서 고풍스러운 이미지를 표현할 수 있다.

---

3) 출처 : https://terms.naver.com/entry.naver?docId=2797624&cid=55595&categoryId=55595

(4) 로맨틱 이미지(Romantic Image)

로맨틱 이미지 배색 및 패션 이미지[4]

로맨틱 이미지는 여성다운 부드러움, 우아함, 귀엽고 사랑스러운 이미지로 꿈꾸는, 공상적, 비현실적, 소설 같은, 전기적, 낭만적인 의미로 어딘지 모르게 감미로운 분위기를 표현한다.

로맨틱 이미지에 어울리는 색상은 가볍고 감미로운 느낌을 주는 색채 그룹의 색상을 중심으로 하며, 레드에 다양한 양으로 혼색한 색들이 주조를 이룬다. 핑크는 로맨틱 이미지의 대표 색상으로 부드럽고 고요한 이미지를 지니고 있다. 또 다양한 밝은 색을 주조로 하며 가볍고 부드러운 느낌의 핑크, 피치, 옐로, 바이올렛 보라 등의 파스텔 색상이 적당하다. 톤은 화이트톤(whity tone), 페일톤(pale tone) , 라이트톤(light tone)이 주를 이룬다.

---

4) 출처 : https://terms.naver.com/entry.naver?docId=2797624&cid=55595&categoryId=55595

(5) 프리티 이미지(Pretty Image)

프리티 이미지 배색 및 패션 이미지[5]

프리티 이미지는 귀엽고 소녀적이며 화사하고 부드러운 이미지로, 부드럽고 로맨틱한 이미지보다는 약간 더 화려한 느낌을 주며 귀엽고 달콤한 이미지를 갖고 있다.

프리티 이미지에 어울리는 색상은 따뜻한 계열의 밝고 부드러운 옐로, 오렌지, 옐로그린, 핑크 등이고, 톤은 소프트톤(soft tone), 라이트톤(light tone), 페일톤(pale tone) 등이 주류를 이룬다. 배색은 소프트톤, 라이트톤, 페일톤의 기본 색상의 반대 색상인 차가운 계열인 블루, 바이올렛과 같은 색상을 함께 하면 사랑스럽고 달콤한 이미지가 표현된다.

5) 출처 : https://terms.naver.com/entry.naver?docId=2797624&cid=55595&categoryId=55595

(6) 고저스 이미지(Gorgeous Image)

고저스 이미지 배색 및 패션 이미지[6]

고저스 이미지는 사치스러우며 호화롭고 찬란한 이미지로, 상류층의 고급스러우면서도 눈에 띄는 화려한 분위기의 연출을 말한다. 화려하고 윤기 있는 호화스러운 이미지의 배색으로, 선명하고 깊이 있는 톤을 사용하여 충실한 감각과 장식적인 느낌을 연출한다.

고저스 이미지에 어울리는 색상은 화려한 감각과 장식적인 느낌을 주는 저채도의 따뜻한 계열의 색상을 중심으로 골드, 베이지, 카멜, 레드, 오렌지, 옐로, 딥 퍼플 등이고, 톤은 스트롱톤(strong tone), 덜톤(dull tone), 딥톤(deep tone) 등이 주류를 이룬다. 배색은 선명하고 깊이 있는 톤을 사용하거나 짙은 톤의 어두운 색조로 조화시키면 원숙미와 안정감을 느끼게 한다.

---

6) 출처 : https://terms.naver.com/entry.naver?docId=2797624&cid=55595&categoryId=55595

(7) 댄디 이미지(Dandy Image)

댄디 이미지 배색 및 패션 이미지[7]

댄디 이미지는 멋있는, 날씬한, 세련된 등의 의미가 포함되어 있는 남성적인 이미지로, 격조와 침착감, 안정감, 남성적인 거침 등을 주로 전달하는 이미지이다. 또 역할 상승과 활동성을 상징하고, 자립성이 강한 여성의 이미지로 도회적인 이미지이기도 하다.

댄디 이미지에 어울리는 색상은 블랙, 그레이, 네이비 블루 계열이고, 톤은 그레이시톤(grayish tone), 다크 그레이시톤(dark grayish tone), 딥톤(deep tone)의 어두운 색조가 어울린다.

7) 출처 : https://terms.naver.com/entry.naver?docId=2797624&cid=55595&categoryId=55595

(8) 모던 이미지(Modern Image)

모던 이미지 배색 및 패션 이미지[8]

모던 이미지는 현대적, 근대적이라는 의미를 갖고 있으며 도회적 감성을 표현하고, 기능적이면서 심플하고 기하학적이며 장식을 배제한 이미지이다. 하이테크한 분위기를 기본 바탕으로 진취적이고 개성적이며 도회적 감성의 근·현대적 이미지를 풍기며, 차갑고 하드한 느낌이다.

모던 이미지에 어울리는 색상은 기본적으로 무채색 계열의 색채와 블루 계열의 차가운 색, 기계적인 색을 중심으로 차가운 분위기와 명확한 느낌을 강조한다. 톤은 딥톤(deep tone)과 다크톤(dark tone)이 주류를 이룬다. 모던 이미지는 색상과 형태의 대비에 의한 이미지를 창출하므로 어떤 배색을 하느냐가 상당히 중요한 역할을 한다. 배색은 일반적으로 차가운 색을 기조로 하여 대담한 색상 대비와 명암 대비를 주어 미래지향적 감각을 느끼게 한다. 또 이질적 색채와 과감한 조화를 시도하는 독특한 배색도 효과적이다.

8) 출처 : https://terms.naver.com/entry.naver?docId=2797624&cid=55595&categoryId=55595

(9) 캐주얼 이미지(Casual Image)

캐주얼 이미지 배색 및 패션 이미지[9]

캐주얼 이미지는 자유분방하고 활동적이며 편안하고 생동감 있는 이미지이다. 유쾌하고 명랑한 분위기에 속도감 있는 감각이 표출된다.

캐주얼 이미지에 어울리는 색상은 밝고 선명한 색상으로 채도가 높은 1차 색이 잘 어울리며, 부드럽고 청명한 색을 배색하면 캐주얼한 느낌을 잘 표현할 수 있다. 톤은 비비드톤(vivid tone), 스트롱톤(strong tone)이 주류를 이룬다. 배색은 밝고 선명한 색상 위주로 스포티하고 대비가 강한 배색으로 하되, 많은 수의 색상을 사용하면 이미지를 망칠 수 있으므로 2~3가지 색상을 한정시켜 젊고 밝은 느낌으로 연출한다.

9) 출처 : https://terms.naver.com/entry.naver?docId=2797624&cid=55595&categoryId=55595

(10) 에스닉 이미지(Ethnic Image)

에스닉 이미지 배색 및 패션 이미지[10)]

에스닉 이미지는 특정 지역의 자연환경, 생활 풍습 등에서 연유한 자연스럽고 민속적인 이미지로, 사람들의 마음속에 있는 자연 또는 향토, 조국에 대한 향수를 내포하고 있다. 전체적으로 토속적이며 이국적인 이미지로 연출하며, 역사와 시대적 의미를 포함하고 있기 때문에 보수적이고 전통적이면서 자연에 가까운 이미지이다.

에스닉 이미지에 어울리는 색상은 어둡지만 선명한 색조의 레드, 오렌지, 그린, 브라운, 퍼플 등을 주조색으로 사용하며, 톤은 비비드톤(vivid tone)과 딥톤(deep tone), 다크톤(dark tone)을 사용한다. 배색은 강한 대비를 중심으로 하면 화려하고 강렬한 이미지가 되지만, 저채도의 색조를 사용하면 차분하게 가라앉은 느낌을 준다.

10) 출처 : https://terms.naver.com/entry.naver?docId=2797624&cid=55595&categoryId=55595

3) 톤(Tone)의 분류

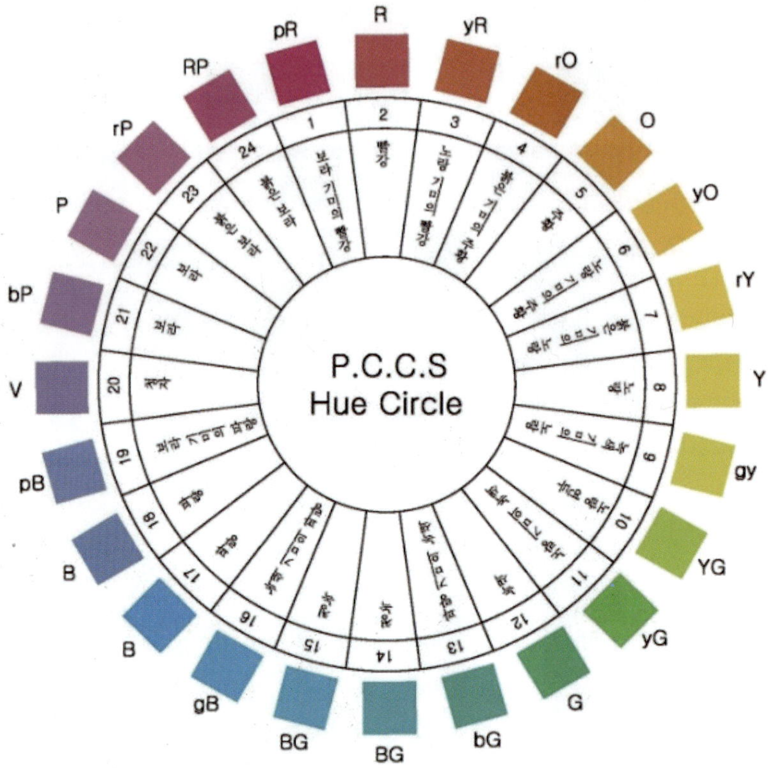

PCCS의 명도와 채도[11)]

톤은 색의 명암, 강약, 농담 등 색조를 말한다. 톤은 등색상면 위에서의 명도와 채도를 복합시킨 것이다. 같은 톤의 색은 색상이 바뀌어도 그 감정효과는 동일하기 때문에, 색의 이미지를 표현한다든지 배색을 고려한다든지 색명을 보다 정확하게 전달할 때 톤을 사용하면 적합하다. 톤의 분류는 PCCS(Practical Color Coordinate System)에서는 유채색에 대해서 페일 톤이나 라이트 톤과 같이 분류하고 무채색에 대해서는 화이트(white), 라이트 그레이(light gray) 등으로 구분되어 기본적인 구성이 이루어지고 있다.

---

11) 출처 : https://terms.naver.com/entry.naver?docId=2797606&cid=55595&categoryId=55595

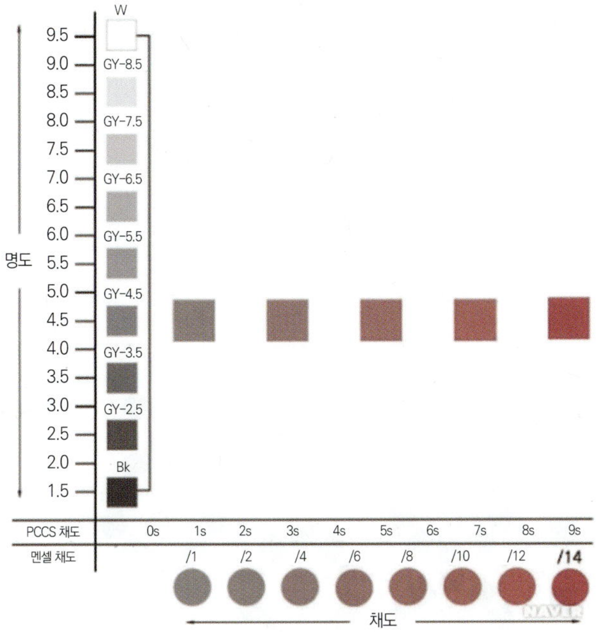

PCCS 명도와 채도

톤은 명도와 채도의 복합 개념이라 할 수 있는 것으로서, 색의 상태 차이를 말한다. 색의 상태 차이란 색상이 같은 계열이라 하더라도 명, 암, 강, 약, 농, 염, 얕음, 깊음의 정도 차이를 나타내는 것을 말한다.

PCCS 톤은 pale(아주 연한), light(연한), bright(밝은), vivid(선명한), strong(강한), soft(부드러운), dull(칙칙한), deep(짙은), dark(어두운), light grayish(연한 회색의), grayish(회색의), dark grayish(어두운 회색의)의 12종류로 나누어진다. 따라서 각 색상마다 12가지 톤으로 나누어 같은 톤으로 색을 묶으면 명도의 차이는 있지만 뚜렷하게 느껴지는 공통의 그룹이 가능하다.

라이트 그레이시 톤(light grayish tone), 다크 그래이시 톤(dark grayish tone)과 같은 저채도에 위치한 톤에서는 색상에 의한 명도 차이는 그다지 없지만, 고채도의 비비드 톤(vivid tone) 의 그룹에서는 명도에 큰 차이가 있는 것을 볼 수 있다.

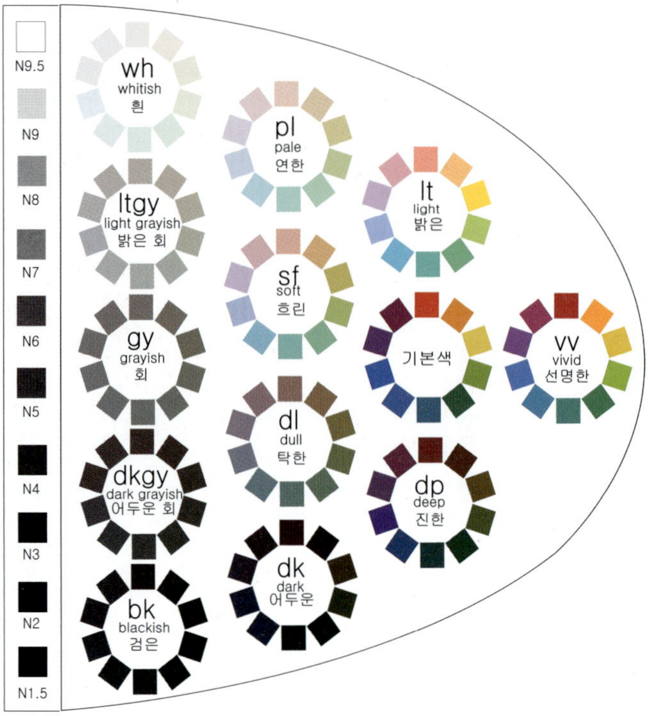

PCCS 컬러 체계

또 색상이 같은 계열의 색이라도 톤이 다르면 감정 효과는 달라지고, 색상이 다른 계열의 색이라도 톤이 같으면 감정 효과는 공통된다. 따라서 톤은 색의 이미지를 표현하거나 배색을 생각하거나 색명을 보다 정확하게 표현할 수 있다.

3 메이크업 질감(Make-up Texture)

질감이란 재질에서 받는 느낌으로 시각적 질감과 촉각적 질감으로 분류된다. 시각적 질감은 눈으로 볼 수 있는 감각이고, 촉각적 질감은 손으로 느껴지는 감각을 의미한다.

1) 시각적 질감(Visual Texture)

시각적 질감은 매트(matt), 글로시(glossy), 펄리(pearly) 등으로 분류할 수 있다.

시각적 질감의 분류와 기능

분 류	기 능
매트 (Matt)	피부 표면과 빛깔이 번들거리지 않는 광택이 없는 상태로 파우더를 사용하여 완성되며, 피부가 깨끗이 정돈된 느낌이 들고 지속력이 우수하지만, 피부가 건조해지거나 주름이 강조되는 단점이 있다.
글로시 (Glossy)	빛의 반사에 의해 표현되는 효과로 번들거리는 광택이나 윤기를 나타낸다. 최근 메이크업 경향인 물광, 윤광 메이크업이 대표적이며, 피부가 건강해 보이는 장점이 있으나 지속력이 다소 떨어지는 단점이 있다.
펄리 (Pearly)	진주빛의 펄감은 화장품의 반짝이는 입자가 빛을 반사하여 나타나는 질감으로 펄 베이스, 펄 파운데이션, 펄 파우더, 펄 아이섀도를 사용하여 반짝임을 표현해준다. 화려함과 생기를 부여하지만 과도하게 사용한 경우에는 지저분해 보일 수 있다.

2) 촉각적 질감(Tactile Texture)

촉각적 질감은 파우더리(powdery), 워터리와 오일리(watery & oily), 크리미(creamy)로 분류할 수 있다.

촉각적 질감의 분류와 기능

분 류	기 능
파우더리 (Powdery)	가루분에 의한 뽀송뽀송한 질감으로 수분이 적어 시각적으로 매트한 표현을 할 수 있다. 페이스 파우더, 아이섀도, 블러셔 등의 케이크 타입이 이에 해당한다.
워터리 & 오일리 (Watery & Oily)	워터리는 수분감에 의한 촉촉함을 표현하고 오일리는 유분감에 의한 매끄러움을 표현한다. 저농도의 질감으로 피부에 무리를 주지 않는 제품으로 얇고 건강한 피부 표현을 할 수 있다. 기초화장품 제품류에 해당된다.
크리미 (Creamy)	크리미는 마사지 크림이나 영양 크림처럼 유분 함량이 많고 고농도의 질감으로 피부에 커버력과 크림 블러셔처럼 기능적인 부분을 표현할 수 있다. 파우더로 마무리하지 않으면 화장이 쉽게 지워지는 단점이 있다.

4 메이크업 이미지(Make-up Image)

메이크업은 색상 톤에 따라 따뜻하거나 차갑거나 지적인 이미지로 다양하게 연출 가능하며, 메이크업 색상에 따라 표현되는 느낌은 다음과 같다.

1) 메이크업 색상과 이미지

메이크업 색상은 크게 따뜻한 이미지와 차가운 이미지로 나눌 수 있다

메이크업 부위와 색상 이미지

부 위	따뜻한 이미지	차가운 이미지
베이스 (Base)	아이보리, 베이지 계열의 파운데이션	핑크 계열의 파운데이션
아이섀도 (Eye shadow)	옐로, 오렌지, 브라운, 카키계열	블루, 핑크, 바이올렛, 와인 계열
아이브로우 (Eye brow)	브라운 계열	그레이, 블랙 계열
치크 (Cheek)	오렌지, 코럴, 브라운 계열	핑크, 바이올렛, 와인 계열
립 (Lip)	오렌지, 코럴, 브라운 계열	핑크, 와인 계열

2) 색상에 따른 메이크업 이미지

(1) 블루(Blue)

하늘과 바다의 색상으로 시원함, 차가움, 상쾌함, 지적인 이미지를 주며, 블루 계열의 아이섀도는 시원하고 밝은 눈매, 지적인 눈매를 연출할 수 있다.

(2) 퍼플(Purple)

고귀하고 위엄을 나타내는 색으로 우아함, 기품, 매혹의 이미지를 주며, 퍼플 아이섀도는 신비하고 화려한 눈매를 연출할 수 있다.

(3) 오렌지(Orange)

따뜻하고 친밀함을 상징하며, 스포티하고 발랄한 이미지, 건강하고 성숙한 이미지 등을 연출할 수 있다.

(4) 핑크(Pink)

귀여운 이미지와 로맨틱 이미지를 표현해주며, 붉은색이 가미된 핑크는 활력과 생기를 연출할 수 있다.

5 메이크업 인스피레이션(Make-up Inspiration)

메이크업 영감과 센스

인스피레이션(inspiration)은 주로 예술창작 과정에서 일어나는 영감(靈感)을 말한다. 이는 창작의 구체적인 움직임이나 동작, 예술형태 등이 어떻게 생성되었는지를 설명하는 근거가 된다. 인스피레이션은 개인적인 주관에 의해 설명되기도 하지만 예술적 창조과정이나 생산적 사고 과정에 의한 이차적인 표현 방법으로도 설명될 수 있다.

현대인들의 높아진 문화적 소비욕구를 충족시켜 예술적 감성이 표현된 디자인을 선호하는 트렌드는 '문화의 시대', '감성의 시대'를 맞이하여 요구되는 요소이다.

특히 메이크업은 일상생활과 예술적인 아트까지 스펙트럼이 넓은 분야로서 창의적이고 차별화된 이미지를 덧입힘으로써 디자인과 고급스러움을 극대화시킬 수 있는 중요한 요소로 작용하고 있고, 이는 개인의 아이덴티티와 동일시하는 현대인들에게 큰 호응과 감성을 일으킬 수 있다.

패션, 미술, 조형 등에서 추상적 이미지를 활용하여 메이크업에 적용하면 훌륭한 영감과 센스를 얻을 수 있다.

1) 구성 활용

메이크업 디자인 재구성

메이크업의 디자인 요소인 형태, 색상, 질감 등을 기본적인 요소들을 재구성과 재배치를 활용하여 미적 감지력과 새로운 이미지를 도출해낼 수 있는 센스를 갖출 수 있다.

2) 문양 활용

메이크업 문양 적용

기하학적 패턴이나 추상 패턴, 흑백의 대비, 사진 이미지의 변형, 애니메이션 응용 등을 활용하여 메이크업에 적용함으로써 새로운 디자인과 창의력이 도출된다.

3) 입체 장식 활용

메이크업 입체 장식 적용

조형 작품이나 오브제 등에 영감을 얻어 메이크업에 적용하여 장식물의 부수적인 액세서리 역할을 하여 아트적인 감각을 창조해낼 수 있다.

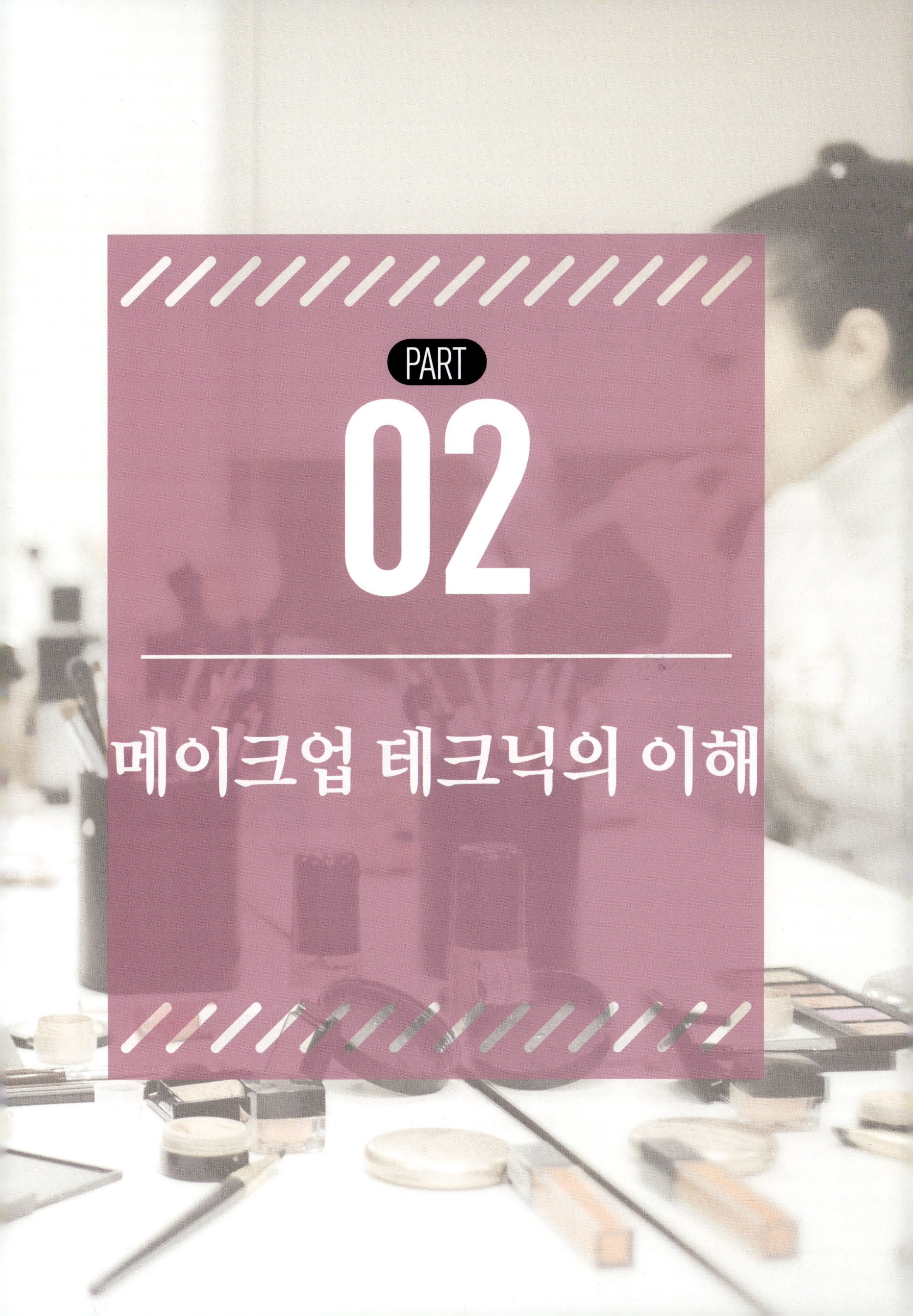

PART 02

메이크업 테크닉의 이해

CHAPTER 01

메 이 크 업 제품과 도구

1 메이크업 제품

1) 메이크업 베이스(Make-up Base)

메이크업 베이스는 피부의 전체 톤을 균일하게 맞추어 파운데이션과 색조 화장품으로부터 피부를 보호한다. 파운데이션의 퍼짐성과 발림성을 좋게 하여 지속력을 높여주고 피부색을 보완해준다.

자외선으로부터 피부를 보호하고 피부 컨디션을 적정하게 조절하여 번들거림을 방지하는 효과가 있다.

제형에 따른 메이크업 베이스 종류와 기능

종 류	기 능
리퀴드 타입(Liquid type)	가장 선호하는 제형으로 가벼운 메이크업이나 지성피부에 적합하다.
크림 타입(Cream type)	커버력이 요구되거나 건조한 피부에 적합하다.
에센스 타입(Essence type)	보습력이 필요한 피부나 건조한 계절인 가을, 겨울에 사용하기 적합하다.
컨트롤 타입(Control type)	커버력과 보습성분이 있어 잡티가 많은 피부에 적합하다.

컬러에 따른 메이크업 베이스 종류와 기능

종류	기능
그린 색상(Green color)	붉은 피부와 잡티가 많은 피부에 적합하다.
블루 색상(Blue color)	붉은 피부를 밝게 표현할 때 적합하다.
핑크 색상(Pink color)	혈색이 부족하고 창백한 피부에 적합하다.
퍼플 색상(Purple color)	노란 피부를 맑게 표현할 때 적합하다.
화이트 색상(White color)	피부톤 조절 없이 피부색 그대로 표현할 때 적합하다.
옐로우 색상(Yellow color)	어두운 피부를 톤 정리할 때 적합하다.
오렌지 색상(Orange color)	선탠한 피부를 균일하게 표현할 때 적합하다.

2) 프라이머(Primer)

프라이머 효과[1]

매끈하고 투명한 피부를 위하여 피부의 모공과 잔주름 등으로 인한 미세한 굴곡을 잡아주는 역할을 한다. 피지의 과다한 분비를 막아주고 빈틈없이 매끄러운 표면을 컨트롤 해준다. 프라이머는 일반적으로 실리콘 오일이나 실리콘 유도체를 함유하고 있다.

1) 출처 : https://www.shutterstock.com/ko/image-photo/clean-gel-on-woman-hand-close-1963354306

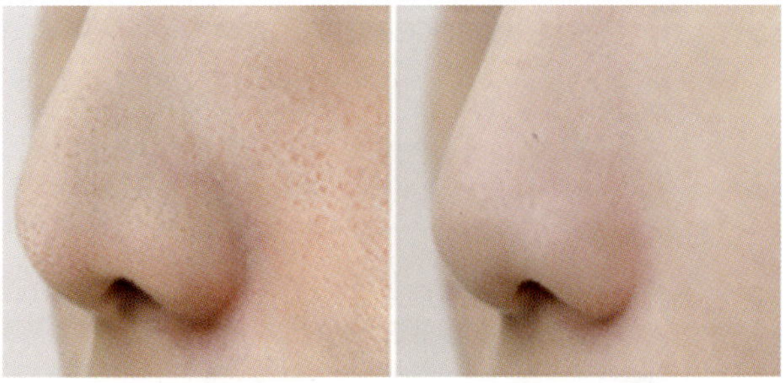

프라이머 적용 전 / 프라이머 적용 후

프라이머 적용 사례[2]

제형에 따른 프라이머 종류와 기능

종 류	기 능
젤 타입 (Gel type)	발림성이 부드럽고 수분감이 많아 건성피부에 적합하다.
로션 타입 (Lotion type)	자외선 차단 기능이 있고 일반적으로 가장 많이 사용하며 모든 피부에 적합하다.
실리콘 타입 (Sillicon type)	모공 커버력이 탁월하여 땀이나 피지에 강하고 지성피부에 적합하다.
아이 전용 프라이머 (Eye care primer)	눈 주위의 잔주름과 화장이 번지는 것을 방지한다.

2) 출처 : https://www.shutterstock.com/ko/image-photo/clean-gel-on-woman-hand-close-1963354306

3) 컨실러(Concealer)

깨끗한 피부 연출을 위하여 눈밑의 다크서클이나 기미, 주근깨 등을 커버하고 피부에 편안하게 밀착하여 지속력과 톤 보정에 효과가 있다. 피부보다 한두 톤 밝은 컬러를 선택하여 파운데이션 전이나 후에 두드리듯이 펴 바른다.

제형에 따른 컨실러 종류와 기능

종 류	기 능
리퀴드 타입 (Liquid type)	내추럴한 커버에 효과적이며 수분 함량이 많아 자연스러운 피부에 적합하다.
크림 타입 (Cream type)	유연하게 발림성이 좋으며 넓은 잡티 커버에 적합하다.
스틱 타입 (Stick type)	커버력이 좋고 붉은 반점이나 뾰루지 등 좁은 잡티 커버에 효과적이며, 포토, 영상, 무대 메이크업 시 유용하게 사용된다.
펜슬 타입 (Pencil type)	결점 부위가 작고 스팟 커버할 때 적합하다.

4) 파운데이션(Foundation)

파운데이션은 피부톤과 질감을 조절하여 피부색을 일정하게 조절해 주며 화사한 느낌을 표현해준다. 깔끔하게 정리된 피부 위에 색조 메이크업을 돋보이게 해준다. 얼굴의 윤곽을 보정하여 입체적이면서 정돈된 느낌을 연출해준다. 자외선, 먼지, 온도, 바람 등 외부 환경의 변화로부터 피부를 보호하는 효과가 있다.

파운데이션 컬러 종류

피부에 바르는 파운데이션 컬러는 베이스(base), 섀딩(shading), 하이라이트(highlight)에 따라 적용 부위와 그 기능이 다르며, 피부톤과 얼굴형 보완에 중요한 역할을 한다.

파운데이션은 제조 방식에 따라 크게 유화형, 분산형, 파우더형, 셀트랩형으로 나뉜다. 유화형은 무스 타입(mousse type), 리퀴드 타입(liquid type), 크림 타입(cream type), 매트 타입(matt type), 썬 타입(sun type), 오일 컨트롤 타입(oil control type)이 있고, 분산형은 스킨 커버 타입(skin cover type), 커버링 타입(covering type), 스틱 타입(stick type)으로 나뉜다. 파우더형은 트윈 케이크(twin cake), 파우더 타입(powder type), 팩트 타입(pact type)이 있다. 아모레 퍼시픽이 개발한 셀트랩(cell-trap) 기술은 쿠션 타입이다.

컬러에 따른 파운데이션 종류와 기능

종류	기능
베이스 컬러 (Base color)	얼굴 전체에 펴 바르는 컬러로 피부톤에 맞추거나 한 톤 밝은 색상이 적합하다.
섀딩 컬러 (Shading color)	베이스 컬러보다 한두 톤 어두운 컬러로 선택하여 수축, 후퇴, 축소되는 착시 효과를 줄 수 있으며, 턱선, 이마 라인, 얼굴 사이드 라인, 코 벽면 등에 사용하기 적합하다.
하이라이트 컬러 (Highlight color)	베이스 컬러보다 한두 톤 밝은 컬러로 선택하여 팽창, 전진, 확대되는 착시 효과를 볼 수 있으며, 이마 중앙, 콧등, 눈밑, 턱 중앙 등에 사용하기 적합하다.

파운데이션 종류와 기능

종류		기능
유화형	무스 타입 (Mousse type)	거품 타입으로 커버력은 약하고 가벼운 느낌의 피부표현을 주는 제품이다. 커버력이 약하여 깨끗한 피부에 적합하다.
	리퀴드 타입 (Liquid type)	물을 베이스로 한 o/w제형으로 사용감이 가볍고 촉촉하여 자연스러운 메이크업을 표현할 때 적합하다. 건성피부, 봄 메이크업, 내추럴 메이크업에 적합하다.
	크림 타입 (Cream type)	피부에 윤기와 탄력을 주고 적당한 커버력과 발색이 좋은 제품이다. 건성피부, 이브닝 메이크업, 가을/겨울 메이크업에 적합하다.
	매트 타입 (Matt type)	유분감이 없는 제형이며 파우더를 생략해도 되는 제품이다.
	썬 타입 (Sun type)	내수성과 지속성이 좋고 자외선 차단제가 함유되어 있어 광선으로부터 피부를 보호해주는 제품이다. 여름 메이크업에 적합하다.
	오일 컨트롤 타입 (Oil control type)	피지를 조절하여 과다한 유분을 조절해 주는 제품이다. 지성피부에 적합하다.

종류		기능
분산형	스킨 커버 타입 (Skin cover type)	무거운 질감으로 피부의 결점을 커버하면서 밀착감이 우수한 고형 파운데이션 제품이다.
	커버링 타입 (Covering type)	기미, 주근깨, 점 등의 잡티나 색소침착 부위, 눈밑 꺼진 부위나 다크서클, 입가의 그늘진 부분에 펴 발라서 표정과 톤을 화사하게 표현할 때 적합하다.
	스틱 타입 (Stick type)	피복력이 우수하여 피부의 결점을 효과적으로 커버하며 신부 메이크업, 파티 메이크업, 무대화장 등에 사용하기 적합하다.
파우더형	트윈 케이크 (Twin cake)	파운데이션과 콤팩트를 합친 제품이다. SPF지수가 표시되어 자외선으로부터 피부를 보호한다. 청량감 있는 메이크업을 원할 때는 퍼프를 물에 적셔 사용하고 퍼프에 물을 적시지 않고 매트하게 사용하기도 한다. 사용이 매우 간편하여 직장여성, 젊은 여성들이 선호하며 신속한 메이크업에 적합하다.
	파우더 타입 (Powder type)	콤팩트와 파운데이션 중간 형태의 제품이다. 가볍고 부드러운 질감이며 빠른 시간에 메이크업을 마무리하기에 적합하다.
	팩트 타입 (Pact type)	피부를 매트하게 만들어주고 피부의 번들거림과 유분을 흡수하여 가볍고 건조한 질감을 표현할 때 적합하다.
셀트랩 (Cell-trap) 스펀지 담지형	쿠션 타입 (Cushion type)	선크림과 메이크업 베이스, 파운데이션 등 기초 메이크업 제품을 특수 스펀지 재질에 흡수시켜 팩트형 용기에 담아낸 멀티 메이크업 제품이다. 아모레퍼시픽이 2008년 '아이오페 에어쿠션'을 첫출시하여 새로운 카테고리를 창출하였고, 균일성과 지속성이 탁월하여 수정화장에도 들뜨지 않는 메이크업에 적합하다.

5) 페이스 파우더(Face Powder)

파운데이션의 번들거림을 막아주고 지속성을 높여주며 광선을 흡수하거나 불규칙하게 반사하여 부드럽게 보이는 효과가 있다. 주성분으로는 활석(talc)에 탄산마그네슘, 규산칼슘 등을 첨가하여 땀과 기름을 흡수하는 역할을 한다. 차분하고 뽀송한 질감을 표현하며 파우더는 크게 피부에 발랐을 때 색상이 나타나지 않는 투명 타입과 색상이 표현되는 반투명 타입으로 분류된다.

다양한 피부 컬러에 매칭되는 파우더를 선택하는 것이 좋다. 파우더의 컬러로는 투명 파우더, 그린 파우더, 핑크 파우더, 오렌지 파우더, 옐로우 파우더, 화이트 파우더 등이 있다.

사용 방법에 따른 파우더 종류와 기능

종류	기능
컴팩트 파우더 (Compact powder)	고형 파우더로 사용이 간편하고 외출 시 수정용으로 사용한다.
루즈 파우더 (Loose powder)	파운데이션의 유분기를 제거하고 지속성을 유지하고 자외선차단 효과가 있다.
펄 파우더 (Pearl powder)	펄이 섞인 제품으로 글로시 메이크업이나 쉬머링 메이크업에 사용된다.
스타 파우더 (Star powder)	펄의 다양한 입자가 섞인 제품으로 화려한 메이크업을 연출할 때 부분적으로 사용된다.
피니시 파우더 (Finish powder)	펄이 들어간 색색의 알갱이로 만들어진 제품으로 메이크업의 마무리 연출용으로 사용된다.

컬러에 따른 파우더 종류와 기능

종류	기능
투명 파우더 (Transparent powder)	파운데이션 색상이 그대로 반영되며 자연스러운 피부에 적합하다.
그린 파우더 (Green powder)	붉은 피부를 중화시켜 밝게 표현할 때 적합하다.
퍼플 파우더 (Purple powder)	혈색이 부족하고 화사한 연출이 필요할 경우 사용되며, 칙칙한 피부나 파티 메이크업에 적합하다.
핑크 파우더 (Pink powder)	창백한 피부에 혈색을 부여하고 화사한 피부를 표현할 때 적합하다.
오렌지 파우더 (Orange powder)	어두운 피부에 밀착감을 높이고 윤곽이 차분해 보이는 효과가 있다. 방송용 메이크업이나 사진 촬영에 깔끔해 보이는 피부를 표현할 때 적합하다.
옐로우 파우더 (Yellow powder)	검은 피부를 톤 정리할 때 적합하다.
화이트 파우더 (White powder)	주로 하이라이트 연출할 경우나 분장 시 입체감을 표현할 때 적합하다.

6) 아이브로우(Eyebrow)

눈썹은 얼굴의 인상에 중요한 영향을 미치며, 눈썹의 형태와 색상, 숱의 많고 적음, 길이를 고려하여 이미지 변화와 개성을 표현한다.

아이브로우는 사용 방법에 따라 펜슬 타입, 마스카라 타입, 에보니 타입으로 나뉘며, 연출 목적에 따라 적절하게 선택한다. 또한 아이브로우 컬러는 블랙 계열, 그레이 계열, 브라운 계열로 연출할 수 있는데, 이미지나 인상을 다양하게 표현하는데 적합하다.

사용 방법에 따른 아이브로우 종류와 기능

종 류	기 능
펜슬 타입 (Pencil type)	연필 타입으로 색상이 다양하고 사용이 편리하다.
마스카라 타입 (Mascara type)	브러시를 이용하고 자연스러운 눈썹 표현이 가능하며, 숱이 많을 경우 이미지에 맞는 컬러를 선택하여 컬링하여 내추럴한 눈썹을 연출할 수 있다.
에보니 타입 (Ebony type)	섬세하고 지속력이 좋으며 눈썹 가이드 연출 후 아이섀도를 덧발라 자연스럽고 다양한 눈썹 모양의 연출이 가능하다.

컬러에 따른 아이브로우 종류와 기능

종 류	기 능
블랙 계열 (Black series)	강렬한 인상을 줄 때 사용된다. 헤어 컬러가 블랙이거나 흰 피부에 적합하다.
그레이 계열 (Gray series)	안정적이고 모던한 느낌을 줄 때 사용된다.
브라운 계열 (Brown series)	우아하고 세련된 느낌을 주며 다양한 이미지 메이크업에 연출된다. 헤어 컬러가 브라운 계열인 경우 적합하다.

7) 아이섀도(Eye Shadow)

얼굴 부위 중 색상과 질감 표현이 가장 자연스럽게 연출되는 부위이며, 개성을 가장 잘 표현할 수 있는 곳이다. 피부색과 눈동자색, 의상 컬러, 헤어 스타일 등을 고려하여 자유롭고 창의적으로 표현한다. 다양한 색감과 대비를 주어 입체감과 표정있는 눈매를 연출할 수 있고, 눈매를 보정하여 보다 아름다운 이미지를 나타낼 수 있다.

아이섀도는 제조 방식에 따라 제형이 달라지는데, 케이크 타입 크림 타입, 파우더 타입, 펜슬 타입으로 나뉜다.

또한 다양한 컬러의 아이섀도는 내추럴하거나 화사하거나 시크한 이미지 표현에 다양하게 사용되며, 핑크 계열, 오렌지 계열, 블루 계열, 그린 계열, 바이올렛 계열, 브라운 계열, 그레이 계열 등이 있다.

제형에 따른 아이섀도 종류와 기능

종 류	기 능
케이크 타입 (Cake type)	가장 보편적으로 사용되는 제품이며 밀착감이 우수하다. 휴대하기도 간편하고 색상이 다양하다. 그러데이션을 하면 여러 가지 색상이 잘 어우러져 다양한 표현이 가능하다.
크림 타입 (Cream type)	유분이 함유된 제품으로 발림성이 우수하여 발색력이 좋고 지속력이 뛰어나다. 장시간 메이크업할 경우 효과적이나 뭉치지 않게 잘 펴 발라야 한다.
파우더 타입 (Powder type)	가루제품으로 주로 하이라이트 표현 시 많이 사용한다. 펄이 섞인 제품도 활용되고 있으며, 바디 페인팅, 판타지 메이크업에 효과적으로 사용된다.
펜슬 타입 (Pencil type)	단색의 포인트 섀도를 표현할 경우 많이 사용되며, 휴대가 간편하고 발색력이 우수하다. 색상이 다양하지 못하여 그러데이션 없이 부분적으로 사용하는 경우가 많다.

컬러에 따른 아이섀도 종류와 기능

종 류	기 능
핑크 계열 (Pink series)	소녀다움과 어려보이는 느낌이 강조되며 흰 피부에 적합하다.
오렌지 계열 (Orange series)	따뜻한 느낌을 주고 밝고 건강한 이미지를 준다. 까무잡잡한 피부에 적합하다.
블루 계열 (Blue series)	시원하고 차가운 느낌을 주고 젊고 깨끗한 이미지를 준다. 쿨톤 메이크업에 적합하다.
그린 계열 (Green series)	생기있어 보이며 신선한 느낌을 준다. 보조색이나 포인트색으로 적합하다.
바이올렛 계열 (Violet series)	귀족적이며 우아한 느낌이며 여성미가 강조된다. 흰 피부에 잘 어울리고 화려한 메이크업에 적합하다.
브라운 계열 (Brown series)	입체감이나 음영을 주는데 주로 사용된다. 자연스럽고 차분한 색상으로 모든 피부에 다 어울린다.
그레이 계열 (Gray series)	시크한 느낌과 대비가 강조되는 표현에 사용되며 스모키 메이크업에 적합하다.

8) 아이라이너(Eye Liner)

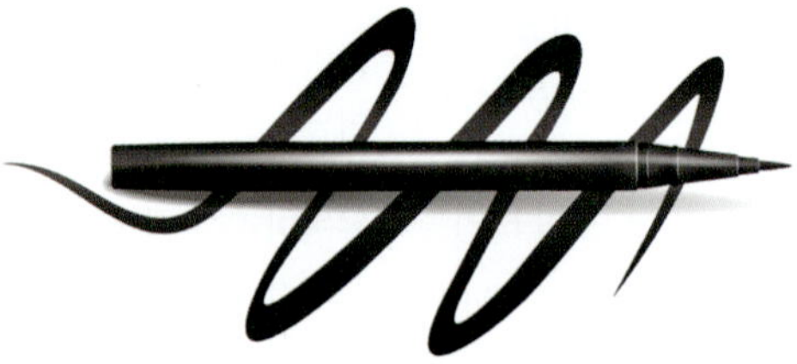

아이라이너는 선의 길이와 두께로 눈매를 변화시키는 역할을 하며 속눈썹이 난 부위에 가는 선을 그리고 메꿔서 눈매를 또렷하게 강조하는 제품으로, 눈의 형태를 수정하는데 효과적이다. 기본 색상은 블랙이 가장 널리 사용되며 분위기에 따라 브라운, 퍼블, 블루 등이 사용된다.

아이라이너는 제형에 따라 펜슬 타입, 리퀴드 타입, 케이크 타입, 젤 타입, 아이섀도 타입이 있으며, 블랙, 브라운, 그레이, 블루, 바이올렛 컬러로 효과적으로 연출할 수 있다.

제형에 따른 아이라이너 종류와 기능

종 류	기 능
펜슬 타입 (Pencil type)	그리기 쉬워 초보자에게 적합하고 수정은 비교적 쉽지만 정교하게 표현하기가 어렵고 잘 지워지거나 번지기 쉽다. 내추럴한 메이크업할 때 적합하다.
리퀴드 타입 (Liquid type)	번지지 않고 내수성, 방수성이 좋아 지속력이 좋다. 수정은 비교적 어려우며 섬세한 눈매 연출이 가능하고 고도의 테크닉이 요구된다.
케이크 타입 (Cake type)	물에 섞어서 브러시로 그리며 선명하고 번들거리지 않는다. 수분이 날아가면서 컬러가 밀착된다. 브러시는 짧은 플랫모로 탄력성이 좋은 것을 선택하는 것이 좋다.
젤 타입 (Gel type)	케이크 타입과 달리 오일리하며 마르는데 시간이 더 소요된다. 그러나 마른 후에는 지속성과 내수성이 강하며, 깔끔한 눈매가 연출된다. 브러시는 케이크 타입 브러시와 마찬가지로 짧은 플랫모를 선택하는 것이 좋다.
아이섀도 타입 (Eye shadow type)	가장 자연스럽게 표현되며 브라운, 블랙 등 다양한 컬러로 라인을 연출할 수 있다. 부드러운 눈매와 개성있는 눈매 연출에 효과적이다.

컬러에 따른 아이라이너 종류와 기능

종 류	기 능
블랙 (Black)	선명하고 또렷한 눈매를 나타낼 때 쓰이며 가장 일반적으로 많이 사용된다.
브라운 (Brown)	아이라인이 부담스러운 눈이나 이미지가 강한 눈을 자연스럽게 표현해야 할 경우에 적합하다.
그레이 (Gray)	세련된 분위기 연출, 개성있는 표현에 사용되나 자칫 나이 들어 보일 수 있다.
블루, 바이올렛 (Blue, Violet)	의상 색상에 맞추거나 메이크업에 개성있는 연출을 할 경우에 사용되며 포인트 메이크업에 적합하다.

9) 마스카라(Mascara)

마스카라는 컬링과 진하기를 이용하여 더욱 길고 풍성한 눈매 연출을 하여 또렷한 눈매를 완성하고 깊이있는 눈매를 표현한다. 기본 색상은 블랙이 가장 널리 사용되며 분위기에 따라 투명, 브라운, 퍼블, 블루 등이 사용된다.

마스카라의 종류에는 기능에 따라 컬링이 잘 되는 컬링 마스카라, 숱이 풍성하게 표현되는 볼륨 마스카라, 속눈썹이 길어 보이는 효과가 있는 롱래시 마스카라, 자연스러운 컬링의 내추럴 마스카라, 땀과 물에도 지워지지 않는 워터프루프 마스카라가 있다. 색상도 블랙, 브라운, 블루, 바이올렛, 투명 등으로 이미지에 따라 적절하게 적용한다.

마스카라 종류와 기능

종류	기능
컬링 마스카라 (Curling mascara)	부착력과 강도가 뛰어나고 속눈썹을 올려주는 효과가 있다.
볼륨 마스카라 (Volume mascara)	속눈썹이 보다 풍성하게 연출되므로 숱이 적은 사람이 효과적이다.
롱래시 마스카라 (Long lash mascara)	제품 성분에 섬유소(fiber)가 함유되어 있어 자연 속눈썹 끝을 더 길게 보여지는 효과가 있다.
내추럴 마스카라 (Natural mascara)	자연스러운 속눈썹 화장을 원할 경우에 적합하다.
워터프루프 마스카라 (Waterproof mascara)	건조가 빠르고 얇은 피막을 형성하여 지속력이 강하고 땀이나 물에도 잘 지워지지 않는다. 제거 시 클렌징 오일이나 아이 리무버를 사용해서 꼼꼼히 지워야 한다. 여름철에 효과적이다.

컬러에 따른 마스카라 종류와 기능

종류	기능
블랙 (Black)	선명하고 깊이있는 눈매를 나타낼 때 쓰이며 가장 일반적으로 많이 사용된다.
브라운 (Brown)	큰 눈이나 이미지가 강한 눈을 자연스럽게 표현해야 할 경우에 적합하다.
블루 (Blue)	개성있는 표현에 사용되며 메이크업과 조화롭게 사용 시 청량감을 줄 수 있다.
바이올렛 (Violet)	우아하고 화려한 이미지를 나타낼 때 적합하다.
투명 (Clear)	숱이 많은 속눈썹, 처진 눈썹, 남자 메이크업, 컬러 마스카라 전 처리 등으로 사용되면 색상이 없으므로 화장기 없는 얼굴이나 자연스러움을 원할 경우에 적합하다.

10) 립 메이크업(Lip Make-up)

립 메이크업의 역사는 오래되었으며 입술에 색감을 주어 건강하고 매력적인 효과를 주며, 외부의 자극이나 자외선으로부터 입술을 보호한다. 이미지를 결정하는데 중요한 작용을 하며 색, 질감, 형태, 표현 방법 등에 따라 다양하게 연출된다. 피부색, 아이섀도, 의상 등을 충분히 고려하여 조화로운 립 메이크업을 선택하는 것이 좋다.

립 메이크업 제품은 립스틱, 립글로스, 립라이너, 립밤, 립틴트로 분류할 수 있다.

피부톤에 따라서는 웜톤은 오렌지, 레드, 코랄 계열 립 컬러가 잘 어울리며, 쿨톤은 핑크, 퍼플, 파스텔 계열의 립 컬러가 잘 어울린다.

립 메이크업 종류와 기능

종류	기능
립스틱 (Lip stick)	스틱 형태의 가장 일반적인 제품으로 사용이 편리하며 색상과 질감이 다양하다. 온도 변화에 민감하지 않고 시간이 경과해도 균일하게 남아있는 것을 선호하며, 식사 후에도 지워지거나 번지지 않는 기능성 제품들도 많아지면서 기능이나 사용감 측면에서 세분화되고 있다. 발색력이 뛰어나며 입술 모양을 변화시켜 다양한 이미지를 연출할 수 있다.
립글로스 (Lip gloss)	오일 함량이 많고 소량의 색소를 포함하고 있어서 채색 효과보다는 입술색 보강과 광택, 촉촉함을 부여하여 입술을 보호해주고 윤기를 부여해준다. 은은한 메이크업에 효과적이다.
립라이너 (Lip liner)	주요 목적은 입술 바깥선을 보완하여 립스틱이 번지는 것을 막아주고 입술 주위의 잔주름을 커버하는 것이다. 비뚤어진 입술 형태나 입술 윤곽을 또렷이 해주는 등 주로 입술의 형태 수정이나 보완에 효과가 있다.
립밤 (Lip balm)	바세린 성분이 주요 성분으로 입술의 보습이나 케어용으로 적합하다.
립틴트 (Lip tint)	액상 타입으로 바르면 입술을 물들이는 제품으로 지속력이 길지만, 건조할 수 있으므로 틴트 사용 후 립스틱이나 립글로스를 덧바르는게 효과적이다.

컬러에 따른 립 메이크업 종류와 기능

종류	기능
핑크 계열 (Pink series)	귀엽고 청순한 이미지로 연출되며 여성스러운 표현에 적합하다.
레드 계열 (Red series)	강렬하고 정열적인 이미지로 연출되며 상대적으로 피부가 깨끗해 보인다.
오렌지 계열 (Orange series)	건강하고 발랄한 이미지로 연출되며 웜톤인 경우에 효과적이다.
브라운 계열 (Brown series)	차분하고 자연스러우며 세련되어 보인다.
퍼플 계열 (Purple series)	우아하고 여성미가 강조되어 품위있어 보이나 조화롭지 않을 경우에는 자칫 촌스러워 보일 수 있다.

11) 블러셔(Blusher)

블러셔는 건강하고 화사한 이미지를 결정하는데 중요한 역할을 하며 혈색을 주어 건강하고 여성스러움을 표현하고, 입체감 있는 이미지를 연출할 수 있다. 색상은 피부색, 아이섀도, 립 메이크업 등을 충분히 고려하여 조화로운 컬러를 선택하는 것이 좋다.

블러셔의 제형은 케이크 타입과 크림 타입이 대표적이며, 핑크, 오렌지, 브라운, 퍼플 계열의 컬러를 선택하여 혈색과 이미지를 부여한다.

제형에 따른 블러셔 종류와 기능

종 류	기 능
케이크 타입 (Cake type)	파우더를 압축한 형태로 발색이 좋고 혈색을 주거나 윤곽 수정 시 사용한다.
크림 타입 (Cream type)	파우더를 바르기 전에 터치하여 자연 발색 효과를 볼 수 있다. 스펀지로 경계가 생기지 않게 잘 펴발라 주어야 하며 색상은 다양하지 않다.

컬러에 따른 블러셔 종류와 기능

종 류	기 능
핑크 계열 (Pink series)	귀엽고 청순한 이미지로 연출되며 여성스러운 표현에 적합하다.
오렌지 계열 (Orange series)	건강하고 발랄한 이미지로 연출되며 웜톤인 경우에 효과적이다.
브라운 계열 (Brown series)	차분하고 자연스러우며 부드러운 연출에 효과적이다.
퍼플 계열 (Purple series)	우아하고 여성미가 강조되어 품위 있어 보인다.

12) 인조 속눈썹(False Lashes)

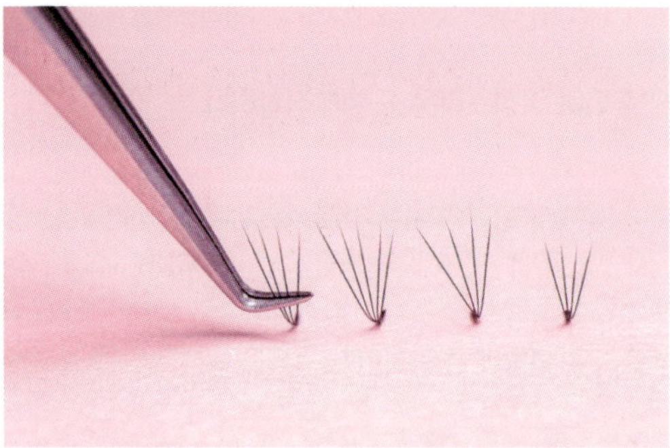

인조 속눈썹은 가공된 속눈썹으로, 현대인에게 대중화를 이루고 있다. 인조 속눈썹을 붙이는 것은 메이크업 디자인의 목적에 맞게 추가로 하는 아이 메이크업 기술 중 하나이다.

인조 속눈썹의 길이와 굵기, 모양, 형태 등에 따라 속눈썹이 더 길고 풍성해질 뿐만 아니라 눈매가 더 또렷하고 커 보이는 효과가 있어 아이 메이크업 이미지 연출에 큰 영향을 미친다.

인조 속눈썹 종류와 기능

종 류	기 능
스트립 래시 (Strip lash)	눈 모양으로 휘어진 띠에 인조 속눈썹이 붙어 있는 형태로 눈 길이에 맞게 띠를 잘라 사용한다. 속눈썹의 길이와 모양, 색상 등이 다양하여 메이크업 디자인과 이미지에 맞추어 선택한다.
인디비주얼 래시 (Individual lash)	인조 속눈썹 한 가닥 또는 2~3가닥이 한 올을 이루는 형태로 본래의 속눈썹 사이사이에 붙인다. 필요한 만큼 양을 조절할 수 있어 자연스러운 이미지 표현에 적당하다. 스트립 래시를 가닥가닥 잘라 사용하기도 한다.
연장용 래시 (Extension lash)	기존 속눈썹 위에 인조 속눈썹을 한 올 한 올 연장해 붙여 기존의 짧은 속눈썹을 더 길어 보이도록 하는 인조 속눈썹이며, 취급 방법에 따라 2~4주 정도 지속가능하다.

2 메이크업 도구

1) 스펀지(Sponge)

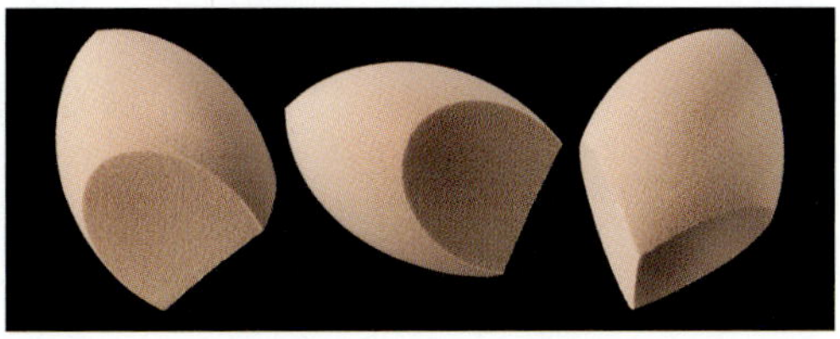

메이크업 베이스와 파운데이션을 얼굴에 골고루 펴 바르고 커버력과 밀착력을 높이기 위해 주로 사용한다. 탄력있고 밀도가 높은 제품이 밀착력을 높이며, 라텍스 재질은 화장품의 유수분을 흡수하여 지속력을 높이고 그러데이션을 쉽게 할 수 있다

소재에 따른 스펀지 종류와 기능

종 류	기 능
라텍스 스펀지 (Latex sponge)	천연 생고무가 주원료이며 더러워지면 세척보다는 가위로 잘라서 사용한다.
합성 스펀지 (Synthetic sponge)	인조 원료로 만들어져서 유분의 흡수력은 떨어지나 탄력성은 좋다. 비누로 세척 후 물에 적시거나 건조상태로 사용 가능하다.
해면 스펀지 (Wool sponge)	천연 스펀지로 물에 담그면 부드러워진다. 라텍스 스펀지보다 피부자극이 적으며 피부 정돈 및 세척 시에도 사용한다.

스펀지 세척하는 방법

- 폼클렌저를 스펀지에 직접 묻혀 양손으로 쥐고 엄지손가락으로 눌러 거품을 낸다.
- 충분히 거품이 나고 얼룩이 지워지면 흐르는 미온수에 잘 헹군다.
- 잘 주물러 스펀지 속까지 헹구고 마른 타월로 감싸 가볍게 두드려 물기를 뺀다.
- 통풍이 잘되는 그늘에 세워 두면 건조가 빠르다.

2) 퍼프(Puff)

벨벳 타입 퍼프는 고운 입자 파우더를 사용할 때, 면 퍼프는 땀과 유분 흡수에 강하다. 에어 타입 퍼프는 쿠션 안에 공기층이 존재하여 들뜨거나 뭉침 없이 파우더가 밀착된다. 파우더를 바를 때에는 퍼프로 발라 주며, 최대한 자극 없는 사용감이 부드러운 제품을 고르는 것이 좋다.

면 퍼프 세척하는 방법

- 미지근한 물에 퍼프를 충분히 적시고, 적당량의 클렌저를 면 퍼프에 묻힌다.
- 양손으로 퍼프를 잡고 엄지손가락만 이용해 펼쳐가며 오염된 부분을 씻어낸다. 어느 정도 거품이 나면 주무르고 비벼가며 씻는다. 이때 과도하게 주무르거나 비비면 퍼프가 뭉칠 수 있으니 주의한다.
- 흐르는 미온수에서 맑은 물이 나올 때까지 거품을 없앤다. 마른 타월을 이용해 퍼프를 감싸 두드려서 물기를 없앤 후 통풍이 잘되는 그늘에서 건조한다.

3) 눈썹 가위(Eyebrow Scissors)

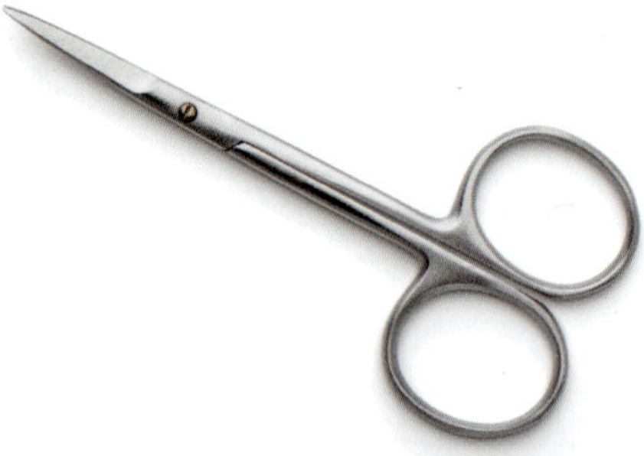

눈썹 수정 시 눈썹 모양을 정한 후 그 형태에 맞는 길이, 모양 등을 만들 때 사용한다. 날이 샤프하고 세밀하며 알코올로 소독한다.

4) 눈썹 칼(Eyebrow Knife)

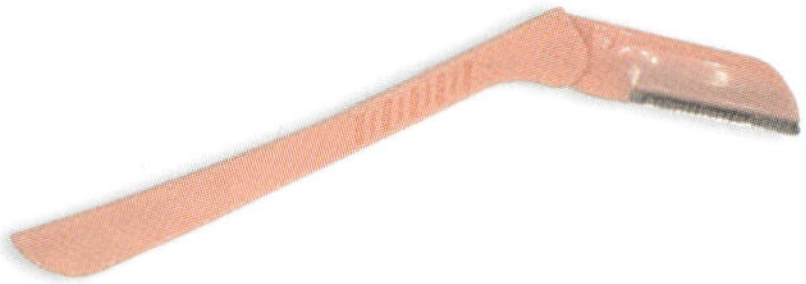

눈썹 수정 시 불필요한 눈썹과 잔털을 털의 반대방향으로 제거한다.

5) 눈썹용 핀셋(Eyebrow Tweezer)

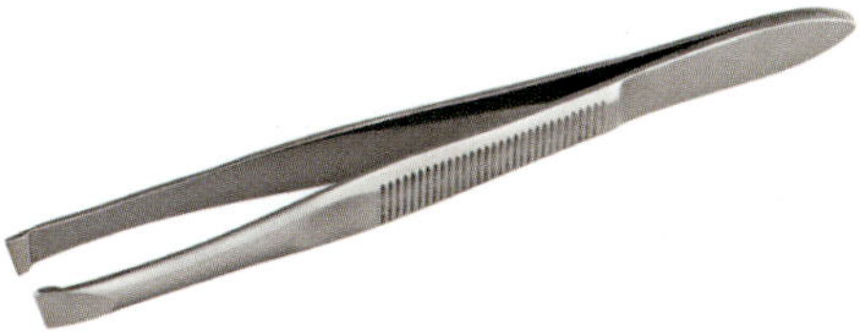

눈썹 수정 시 눈썹 모양을 정한 후 그 형태에 맞는 길이, 모양 등을 만들 때 사용한다. 날이 샤프하고 세밀하며 알코올로 소독한다.

6) 아이래쉬 컬러(Eyelash Curler)

속눈썹을 올려줄 때 사용하는 도구로 눈이 크고 선명하게 보이는 효과가 있다. 속눈썹이 꺾이지 않도록 3회로 나누어서 올려주며 사용 후 알코올로 소독한다.

7) 스파츌라(Spatula)

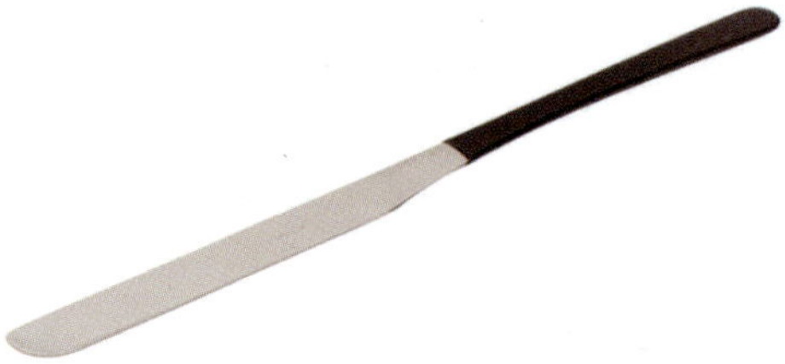

파운데이션, 로션, 크림, 립스틱 등의 제품을 위생적으로 덜어 쓰기 위해 사용한다. 짧을수록 손에 힘이 잘 실려 편하게 사용할 수 있다.

8) 팔레트(Palette)

파운데이션이나 립스틱을 색상별로 담아 조색할 때 사용 시술자의 피부색에 따라 정확한 진단을 위하여 팔레트에서 색상을 섞는 것이 오차범위를 줄일 수 있고 위생적이다.

9) 연필깎기(Pencil Sharpner)

펜슬 제품을 사용할 때 끝부분이 무뎌지면 펜슬을 깎는데 사용한다.

10) 면봉(Cotten Swab)

메이크업 시 아이브로우, 아이섀도, 아이라인, 립 라인 등 세밀한 부분을 수정할 때 주로 사용한다.

11) 솜과 티슈(Cotten & Tissue Paper)

메이크업 기초 정리와 메이크업 잔여물을 지울 때 사용한다.

12) 브러시(Brush)

메이크업할 때 브러시는 다양한 테크닉과 색조를 표현할 수 있으며 디자인에 따라 적합한 브러시를 활용할 수 있어야 한다. 브러시의 재질은 크게 천연모와 인조모로 나뉘고, 인조모보다 천연모가 자극이 덜 하고 탄력이 좋으며 장기간에도 형태 변형이 적다. 인조모는 세척이 간편하고 오래 사용할 수 있어 합리적이다.

천연모 브러시 세척하는 방법

- 브러시가 잠길 정도의 미지근한 물에 브러시 전용 클렌저나 샴푸를 푼다.
- 브러시를 담가 흔들거나 적당한 힘으로 눌러 가며 메이크업 잔여물을 녹여낸다.
- 잔여물이 나오지 않을 때까지 흐르는 물에 깨끗하게 헹군다.
- 타월로 감싸 물기를 제거하고 털끝을 모아 눕히거나 털끝을 아래로 향하게 해 그늘에서 말린다.

인조모 브러시 세척하는 방법

- 폼클렌저를 손바닥에 덜고 물에 적신 브러시를 손바닥에 누르고 문질러 메이크업 잔여물을 녹여낸다.
- 충분히 거품이 나면 흐르는 물에 잔여물을 씻어내고 마지막에 린스로 헹궈낸다.
- 린스가 모에 남아 있지 않도록 깨끗하게 헹군다.
- 브러시의 결을 가지런히 해서 통풍이 잘되는 그늘에서 건조한다.

용도에 따른 브러시 종류와 기능

종 류	기 능
팬 브러시 (Pen brush)	부채꼴 모양의 브러시로 파우더의 남은 여분을 털어낼 때 사용하며 약간 뻣뻣한 모 형태가 좋다.
파우더 브러시 (Powder brush)	브러시 중 가장 크고 부드러우며 피부에 밀착시키고 깨끗하고 투명한 피부를 연출한다. 숱이 많고 둥글며 얼굴 전체에 펴 바를 수 있도록 넓적한 것을 고르며, 피부에 닿는 촉감이 부드럽고 자극이 없는 것을 선택한다.
컨실러 브러시 (Concealer brush)	피부의 작은 잡티나 커버가 필요한 곳에 세밀하게 사용하며, 기본적으로 탄력 있고 힘이 있는 합성모를 사용한다. 일반적으로 1~1.5cm의 납작한 브러시를 고르는 것이 좋으나, 기미, 주근깨 등 비교적 넓은 부위는 길고 넓은 브러시를 선택한다.
치크 브러시 (Cheek brush)	파우더 브러시보다 작은 브러시로 넓은 면에 자연스럽게 펴 바르는 역할을 한다. 건강한 혈색과 윤곽 수정 시 사용하며 부드러운 감촉의 재질로 주로 천연모를 사용한다.
파운데이션 브러시 (Foundation brush)	파운데이션 등 뭉침 없이 펴 바르기 위해 사용하며, 탄력이 좋으면서 납작한 것이 좋고, 리퀴드나 크림 타입을 많이 사용하기 때문에 관리가 쉬운 인조모의 활용도가 높다. 모가 너무 짧거나 두껍거나 강한 탄성의 브러시는 선택하지 않는다.
스크루 브러시 (Screw brush)	나선형의 브러시로 뭉친 마스카라를 풀거나 눈썹의 결을 정리하는 용도로 사용한다. 스크루가 촘촘하고 억센 것은 피하는 것이 좋다.
아이브로우 브러시 (Eyebrow brush)	눈썹을 그릴 때 자연스러운 표현을 위하여 주로 사용되는데 브러시에 원하는 컬러의 아이섀도를 묻혀서 사용한다. 사선 모양의 브러시가 인체공학적으로 눈썹을 그리는데 용이하다. 탄력성이 좋고 플랫한 모를 선택하는 것이 좋다.

종 류	기 능
아이브로우 콤 (Eyebrow comb)	눈썹의 길이를 체크하거나 속눈썹 사이에 뭉친 마스카라를 빗어 자연스럽게 손질하는데 사용된다.
아이섀도 브러시 (Eye shadow brush)	아이섀도를 펴 바를 때 사용되며 눈 부위를 자극하지 않는 부드럽고 탄력이 좋은 자연모를 사용하며 베이스, 메인, 포인트에 따라 크기와 모양을 다양하게 선택하여 사용할 수 있다.
팁 브러시 (Tip brush)	스펀지 재질로 아이섀도 색을 보다 선명하게 연출할 수 있으며 피부에 밀착도가 좋아서 펴 바를 때 힘을 주지 않고 펴 바르는 것이 요령이다.
아이라이너 브러시 (Eye liner brush)	브러시 중 가장 가늘고 숱이 적다. 털끝이 갈라지지 않고 탄력이 있는 섬세한 모질을 선택한다. 아이라인의 섬세한 선을 그릴 때 유용하며 젤 아이라이너, 케이크 아이라이너 등에 사용한다.
립 브러시 (Lip brush)	입술에 립 제품을 고르게 바르고, 정교한 라인 작업이나 위생적인 사용을 위해 필수적인 도구로 사용한다.

3 메이크업에 사용되는 용어

메이크업에 사용되는 용어는 영어 표현이 주를 이루고 있으며, 화장품 회사에서 신제품들을 출시하면서 생기는 신조어들로 많은 용어들이 생기고 있다. 대표적으로 BB크림이나 CC크림 등이 있다. 주로 피부톤의 조정과 타입에 따른 기능성 제품들이 주를 이룬다.

베이스 메이크업은 스킨케어 이후 피부 표현을 해주는 단계이며 컨실러를 통해 뾰루지와 같은 트러블을 보완해 주는 작업을 거친 뒤 파운데이션, BB크림 등으로 피부 표현을 해주는 것이 일반적이다. 베이스 메이크업 단계에서 주로 사용되는 메이크업 용어에는 컨실러, 누디, 오일리, 파우더리, 컨투어링 등이 있다.

1) 피부 표현에 사용되는 용어

피부 표현에 사용되는 용어는 맨얼굴의 쌩얼, 피부색과 유사한 누디, 광택이 없는 매트, 보송한 피부의 파우더리, 밝은 입체 부위 표현의 하이라이팅, 어두운 음영을 나타내는 부위의 섀딩 등을 지칭한다.

피부 표현에 사용되는 용어와 기능

용 어	기 능
쌩얼 (Bare face)	Fresh face, naked face의 의미로 민낯의 관용적 표현이다. 화장을 거의 하지 않은 얼굴을 지칭한다.
누디 (Nudie)	피부색과 유사해 아무것도 바르지 않은 것처럼 가벼운 피부 표현이다.
오일리 (Oily)	유분기가 도는 약간 번들거리는 피부 표현이다.
매트 (Matt)	유분기와 광택이 없는 오일리와 상반된 의미로 파우더 등으로 유분감없이 건조한 피부 표현을 말한다.
파우더리 (Powdery)	분말가루인 파우더를 이용하여 피부가 보송보송하게 연출했을 때 나타내는 표현이다.
하이라이팅 (Highlighting)	기본 피부톤보다 한층 밝은 컬러 또는 미세한 반짝임이 있는 브라이트한 느낌의 펄을 사용하여 융기되어 보이는 효과를 준다. 입체적으로 돌출되어 보이게 표현할 때 주로 사용하는 용어이다.
섀딩 (Shading)	그림자처럼 그늘진 표현을 말하나 메이크업에서는 깊이감과 음영을 주는데 사용한다.
스트로빙 (Strobing)	섀딩없이 하이라이팅으로만 입체감을 연출할 때 쓰는 표현이다.
컨투어링 (Contouring)	사전적 의미로 윤곽 형성, 외형 형성이라고 하나 메이크업에서는 얼굴의 장단점을 보완하여 윤곽을 살려주어 입체적으로 보이게 하는 방법을 말한다. 섀딩과 하이라이팅을 혼합하여 적절히 적용한다.

2) 기능 용어

메이크업에서 테크닉 시 사용되는 용어로는 워터프루프, 롱래스팅, 다크닝, 크리즈, 그러데이션, 커버력, 블랜딩 등으로 표현하여 활용된다.

메이크업 테크닉 시 사용되는 용어와 기능

용어	기능
워터프루프 (Waterproof)	Water(물)와 proof(막는, 견디는)의 합성어로 방수성이 높아서 땀이나 물에 잘 번지지 않으며 마스카라, 아이라이너가 대표적인 제품이다.
롱래스팅 (Long lasting)	사전적 의미로는 오래 지속하는, 길게 사용하는 뜻으로 오래도록 흐트러짐 없이 사용되는 제품을 말한다.
다크닝 (Darkening)	어두워 보이는 표현을 해주는 제품으로 컨투어링 메이크업에서 많이 활용된다.
크리즈 (Crease)	사적적 의미는 접은 자국이 생긴다는 뜻이며 주름끼임이나 선이 생기는 것을 말하고 화장이 번지는 원인이 되기도 한다.
그러데이션 (Gradation)	어떤 색조, 명암, 질감을 단계적으로 다른 색조, 명암, 질감으로 바꾸는 예술 기법을 의미한다. 그러데이션을 통해 공간, 거리, 분위기, 부피, 곡선/곡면 등을 표현할 수 있다. 메이크업에서는 유사색, 보색, 단색의 진하기로 변화하는 기법을 사용한다.
커버력 (Cover)	사전적 의미로 덮다, 씌우다라는 뜻으로 메이크업에서는 피부의 잡티나 톤을 커버하는 역할을 한다.
블랜딩 (Blending)	블렌딩은 두 개 이상의 성분을 적절히 믹싱(mixing)하는 것이며, 메이크업에서는 색조와 질감을 적당하게 섞는 방법이다.

3) 질감 용어

메이크업에서 질감은 조화로운 이미지를 연출해주며, 그 용어로는 텍스처, 리퀴드 타입, 밤, 글로시, 플럼핑 등이 활용된다.

메이크업 질감의 용어와 기능

용 어	기 능
텍스쳐 (Texture)	질감, 재질 등을 뜻하는 것으로 메이크업에서는 결과 질감을 표현할 때 자주 사용한다.
리퀴드 타입 (Liquid type)	제형상의 상태를 나타내며 액체의 맑은 타입을 말하는 것으로, 묽은 형태의 타입이다.
밤 (Balm)	진통제, 향유의 사전적 의미를 가지고 있으나 메이크업에서는 연고 형태, 굳혀있는 형태의 질감을 나타낸다.
글로시 (Glossy)	사전적인 의미로 '광택이 있는 것'으로 메이크업에서도 광택있는 표현에 주로 사용되며, 맑으면서 부드럽게 펴 발라서 사용한다.
플럼핑 (Plumping)	사전적 의미로 '통통한', '포동포동한', '토실토실한'이란 뜻을 지니고 있으며, 메이크업에서는 주로 립 메이크업에 활용되며, 즉각적으로 입술을 부풀려 도톰하고 볼륨 있게 표현한다. 플럼핑 제품은 입술의 주름을 메워서 볼륨 있게 나타내주는 효과가 있기 때문에 사용 시 시원하거나 약간 화끈거림이 있을 수 있다. 입술에 각질이 많을 때 바르면 각질이 더 도드라져 보일 수 있으므로 피하는 것이 좋다.

4) 펄감 용어

반짝이는 메이크업의 표현으로 펄이 자주 사용되는데, 펄의 용어로는 펄, 쉬머, 스파클링, 글리터링으로 분류된다.

번쩍이는 메이크업 표현 용어와 기능

용 어	기 능
펄 (Pearl)	진주, 자개를 지칭하는 뜻으로 메이크업에서는 반짝이는 질감들을 총칭하며, 그러한 질감이 나타나는 것들을 '펄감이 있다'라고 표현한다.
쉬머 (Shimmer)	미세하게 빛나는 표현을 말하며 과하지 않게 은은하게 빛나는 질감을 나타내는 것들을 '쉬머링 하다'라고 표현한다.
스파클링 (Sparkling)	사전적인 의미로 '빛나게 하다', '반짝이다'는 뜻으로, 메이크업에서는 부분적인 반짝임 또는 국소적인 반짝임에 사용한다.
글리터링 (Glittering)	사전적인 의미는 '반짝반짝 반사하다', '화려하게 꾸며지다'라는 뜻으로 물광 메이크업, 윤광 메이크업이 유행하면서 많이 사용하게 되었다. 메이크업에서는 넓고 강한 반짝임과 반사에 사용된다.

CHAPTER 02

기 초 메이크업

1 피부톤

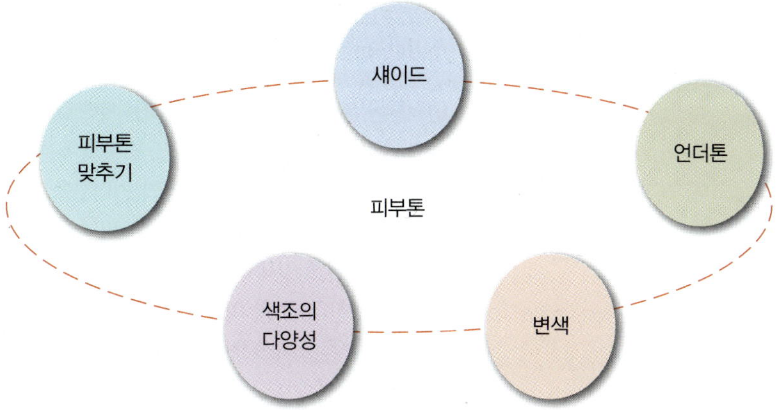

피부톤 분석 단계 요소

개인의 피부톤에 메이크업 색상을 정확히 맞추기 위해서는 얼굴에 대한 분석이 필요하다. 얼굴을 분석할 때는 섀이드(shade), 언더톤(under tone), 색조의 다양성, 변색에 대한 이해가 필요하다.

피부톤 분석 단계

단 계	내 용
섀이드 (Shade)	얼굴색의 밝은 부분과 어두운 부분의 명암을 분석하여 그레이 스케일로 표시할 수 있다. 그레이 스케일은 라이트, 미디엄 라이트, 미디엄, 미디엄 다크, 다크의 5단계로 나뉜다.
언더톤 (Under tone)	언더톤은 본래의 피부색을 의미하는 것으로 갈색의 멜라닌, 옐로우의 카로틴, 적색의 헤모글로빈, 소량의 푸른 색소, 피부의 투명감, 각질 정도를 파악하여 피부의 언더톤을 분석한다. 일반적으로 핑크 계열의 흰 피부, 희고 붉은 피부, 오크 계열의 노르스름한 피부, 짙은 황갈색 피부로 분류되고 퍼스널 컬러에 의한 분류를 하기도 한다. 조명 아래에서 흰 종이에 소량의 파운데이션을 바르고 피부톤을 체크해보는 것이 좋다.
색조의 다양성 (Total variations)	색조의 다양성은 얼굴에서도 코 부위, 이마 부위, 눈썹 부위, 눈 주위, 입술 주위의 조직과 발색이 다르며 흡수되는 속도도 다르다. 부위별로 세심한 관찰과 파운데이션 양을 소량씩 여러 번 조절하는 것이 좋다.
변색 (Discoloration)	얼굴에 있는 뚜렷한 변색을 찾아서 커버해야 한다. 좁은 잡티, 넓은 잡티, 점, 검버섯, 기미, 타박상, 여드름, 백반증, 특수한 피부 결점 등을 찾아서 메이크업 베이스 과정에서 컨실러나 스폿 커버 등을 사용하여 커버해야 한다. 이러한 커버 메이크업을 카무플라주 메이크업(camouflage make-up)이라 한다.
피부톤 맞추기 (Getting the skin tone right)	다양한 베이스 컬러를 피부색에 맞추어 도포하여 피부에 안정감을 주고 두 가지 이상의 파운데이션을 혼합하여 자연스러운 피부톤을 맞추어 주어야 한다. 페이스 메이크업의 기본 베이스는 목 색상에 맞추어서 대조해보고 결정한다.

2 퍼스널 컬러 진단(Personal Color Diagnostics)

퍼스널 컬러 진단 팔레트

퍼스널 컬러(personal color)는 두 가지 의미를 지닌다. 첫째, 개인이 타고날 때부터 가지고 있는 신체 색을 의미한다. 둘째, 개인의 피부와 머리카락 그리고 눈동자 색과 가장 잘 어울리는 색을 의미한다. 개인마다 가지고 있는 고유의 색이 다르기 때문에 개인에게 어울리는 색이나 그렇지 못한 색을 구분하여 찾아낼 수 있다.

상대방에게 좋은 이미지를 각인시켜 주기 위해서는 메이크업과 옷차림 등 다양한 외적 표현 수단에 신경써야 한다. 여기서 결코 간과할 수 없는 부분이 바로 색채이다. 색채는 모든 외적 표현 수단에 적용되어 이미지를 완성하도록 돕는다. 퍼스널 컬러를 기반으로 패션 스타일링, 퍼스널 쇼핑 등을 진행하는 소비 트렌드가 유행하는 이유이기도 하다.

1) 좋아하는 색

우리는 흔히 좋아하는 색과 어울리는 색을 같은 개념으로 받아들이는 경우가 많다. 그러나 결코 좋아하는 색과 어울리는 색이 반드시 일치하는 것은 아니며, 좋아하는 색은 교육 환경, 주위 환경에서 오는 심리적 영향과 성격, 기질과 연관성을 가지고 성장 환경에 따라 달라진다.

2) 어울리는 색

사람에게는 저마다 '퍼스트 컬러'가 있다. 퍼스트 컬러에서 베이스 컬러는 기본으로 색채 유행에 따라서 베스트 컬러(best color), 베이직 컬러(basic color), 워스트 컬러(worst color)로 구분되며, 이러한 컬러는 자신의 피부 바탕색, 눈동자색 그리고 머리카락색에 따라 계절 유형에 맞게 분석된다.

3) 퍼스널 컬러 진단 분석

컬러 분석 팔레트

PCS 퍼스널 컬러 진단 시스템이란 개인이 가지고 있는 고유의 색을 분석하여 어울리는 색을 진단하는 방법으로 신체의 고유 색상인 피부색, 눈동자색, 머리카락색, 뒷머리 두피색, 손목 인쪽색의 신체 피부색과 자연의 색인 사계절을 비교 분석하는 것이다.

어울리는 컬러와 좋아하는 컬러를 구분하고 신체 리듬에 필요한 컬러와 힐링 컬러를 제시하여 패션, 뷰티, 인테리어, 디자인 등의 모든 생활환경의 연출에 활용하는 시스템이다.

(1) 웜톤(Warm Tone)

타고난 개인의 신체 컬러로, 봄 웜톤과 가을 웜톤을 통틀어 웜톤이라고 한다. 대개 따뜻한 컬러를 매치했을 때 생기 있어 보이는 피부색을 뜻한다.

(2) 쿨톤(Cool Tone)

타고난 개인의 신체 컬러로, 여름 쿨톤과 겨울 쿨톤을 통틀어 쿨톤이라고 한다. 대개 명도와 채도가 높은 컬러를 매치했을 때 생기 있어 보이는 피부색을 뜻한다.

4) 컬러 진단의 결정 요인

퍼스널 컬러 진단의 결정요인으로는 피부색, 눈동자색, 머리카락색, 뒷머리 두피색, 손목 안쪽색 등이 있다.

컬러 진단의 결정요인

결정 요인	내 용
피부색 (Skin color)	사람의 피부색은 인종이나 지역, 연령, 성별 등에 따라 각기 다르며 건강 상태나 스트레스 정도에 의해서 변화된다. 헤모글로빈에 의한 적색, 카로틴에 의한 황색, 멜라닌에 의한 갈색의 색소로 구성되어 있으며, 각각의 색소 중 많이 분포되어 있는 성분에 따라 피부색이 달라진다.
눈동자색 (Eyes color)	눈동자색은 홍채색을 말하며 동양인의 눈동자는 대개 흑갈색 또는 블랙으로 보인다. 색소 양의 차이에 따라 서양인의 경우 푸른색, 녹색, 그레이 퍼플색을 띠기도 한다.
머리카락색 (Hair color)	인종에 따라 머리카락 색상은 다양하지만, 멜라닌 색소의 분포에 따라 흑색, 적색, 금발 등의 다양한 모발 색상이 결정된다.
뒷머리 두피색 (Back hair scalp color)	뒷머리 피부색은 햇빛에 거의 노출되지 않아서 피부색 진단이 정확하다. 노르스름한 빛은 봄 컬러, 흰빛이 나면 여름 컬러, 황색 빛이 돌면 가을 컬러, 푸른 빛이 나면 겨울 컬러에 속한다고 볼 수 있다.
손목 안쪽색 (Wrist inner color)	손목 안쪽색은 자외선을 덜 받는 부위로 다른 사람의 손목과 비교하면 좋다. 또한 손목 안쪽의 혈관 색상으로 인하여 피부톤이 달라지므로 체크하는 것이 좋다. 웜톤은 초록색 또는 올리브색 계열의 혈관 색을 보이고 쿨톤은 보라색 또는 파란색 계열의 혈관색을 나타낸다.

5) 컬러 진단 방법

컬러 진단은 드레이핑(draping) 과정을 통해 개인의 피부색과 얼굴 형태 변화를 관찰하고 분석하여 어울리는 색을 진단한다. 1차는 색채 환경 분석, 2차는 신체 색상 유형 분석, 3차는 사계절 유형 분석, 4차는 개인 색채 분석의 단계로 진행한다.

3 베이스 메이크업(Base Make-up)

메이크업에 있어서 깨끗하고 입체적인 피부 표현이 가장 기본적이며, 중요하다. 베이스 메이크업 단계는 다음과 같다.

메이크업 베이스 → 파운데이션 → 컨실러 → 파우더 순으로 섬세하게 수정하고 보완해 준다.

기초화장 후 파운데이션을 하기 전에 바르는 제품들로 톤 보정에 쓰이는 메이크업 베이스, 모공이나 피부 요철 정리를 위한 프라이머, 잡티 등의 커버를 위한 컨실러를 활용하여 전처리를 한다.

1) 메이크업 베이스(Make-up Base)

피부에 인공막을 형성하여 수분 증발을 막아 보습효과를 주며 파운데이션에 대한 피부보호와 밀착력을 높여준다. 피부색에 따라 알맞은 색상을 선택하고 라텍스 스펀지를 이용하여 소량의 베이스를 골고루 전체에 펴 바른다.

테크닉 시술방법

① 메이크업 베이스를 스펀지나 청결한 손가락을 이용하여 얼굴의 안쪽에서 바깥쪽으로 넓은 부분에서 좁은 부분으로 발라준다.

② 파운데이션이 밀리거나 들뜰 수 있으므로 소량을 가볍게 밀듯이 펴서 발라준다.

2) 컨실러(Concealer)

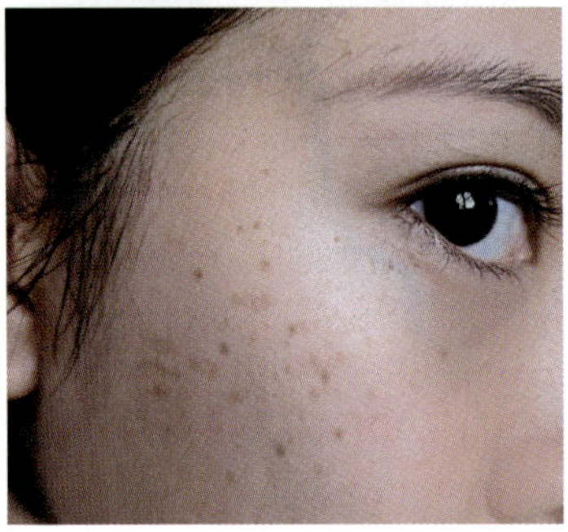

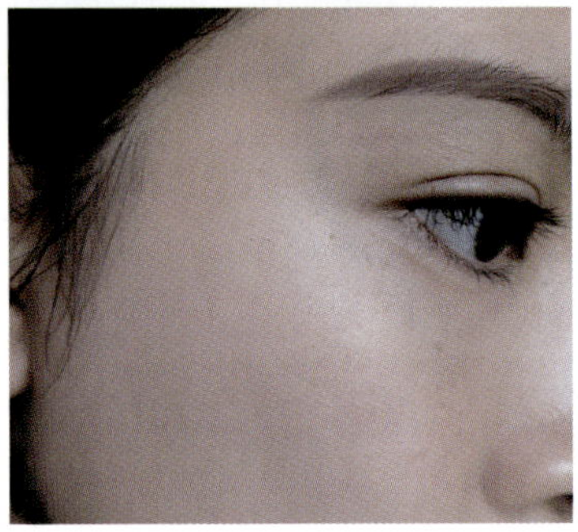

잡티 커버 예시

눈밑의 다크서클이나 기미, 주근깨, 점, 여드름 등의 잡티와 피부 결점을 커버하는 제품으로 컨실러 색상 선택 시 보색 대비의 원칙을 따른다. 다크서클이 거무스름하면 옐로우톤의 컨실러를 선택하고 붉은기가 있으면 그린톤의 컨실러로 커버한다.

묽은 제형의 컨실러는 넓은 부위와 가벼운 잡티 커버에 효과적이고 하드(hard)한 제형의 컨실러는 진한 잡티 커버에 효과적이다. 사용방법은 커버 부위에 컨실러 브러시를 사용하여 두드리듯이 바르고 경계를 펴발라 준다.

테크닉 시술방법

① 다크서클 커버 : 리퀴드한 제형과 피부보다 투톤 밝은 컬러를 선택하여 소량을 눈 밑에 발라주고 컨실러 브러시로 두드려준다.
② 큰 잡티 : 피부톤과 같은 컬러의 하드타입의 컨실러를 사용하여 잡티에 스폿으로 도포하여 퍼프로 두들겨주고 주변은 얼룩지지 않게 펴 발라준다.
③ 작은 잡티 : 컨실러 펜슬이나 얇은 컨실러 브러시로 스폿에 터치해주고 주변을 얼룩지지 않게 펴 발라준다.

3) 파운데이션(Foundation)

피부색과 결점을 보완하고 자외선이나 먼지 등으로부터 피부를 보호하는 제품으로 하이라이트 컬러와 섀도 컬러를 사용하여 얼굴에 컨투어링(contouring) 효과를 부여한다.

테크닉 시술방법

① 파운데이션은 얼굴의 중심부에서 바깥쪽으로 넓은 부분에서 좁은 부분으로 발라준다. 특히 헤어라인, 눈가, 콧망울, 입가, 턱선 부분 등은 섬세하게 발라준다.

② 파운데이션 사용 시 한 번에 많은 양을 바르는 것보다 여러 번 나눠 바른다.

③ 파운데이션을 바르는 방법으로 패딩(patting)과 슬라이딩(sliding)이 있다.

- 패딩(patting) : 가볍게 두드리는 방법
- 슬라이딩(sliding) : 문지르고 펴주는 방법

④ 얼굴의 입체적인 표현과 수정을 위해 3가지 색조(color tone)의 파운데이션을 사용할 수 있다(base color → highlight color → shading color). 경계가 생기지 않도록 순서대로 펴 바르고 가볍게 두드려 준다.

- 기존 피부톤의 표현(base color : 피부색과 유사하게 표현)
- 피부톤보다 밝은 색상(highlight color : 1–2톤 밝게 표현)
  - T존, 눈밑, 들어간 광대뼈, 살이 없는 볼, 좁은 이마, 짧은 턱 등

⑤ 피부톤보다 어두운 색상(shading color) : 1–2톤 어둡게 표현

- U존(얼굴의 외곽), 넓은 이마, 돌출된 광대뼈, 낮은 코의 양 옆선, 긴 턱 등

(1) 파운데이션 선택 요령

- 목 피부색에 맞는 색상 선택
- T·P·O에 맞는 제형 선택
- 자신의 피부 타입을 고려한 제품 선택
- 입체감 있는 피부 표현을 위한 컬러 선택
- 계절에 따른 제품 선택

(2) 파운데이션 시술 방법

① 기본 스킨 테크닉 구성요소

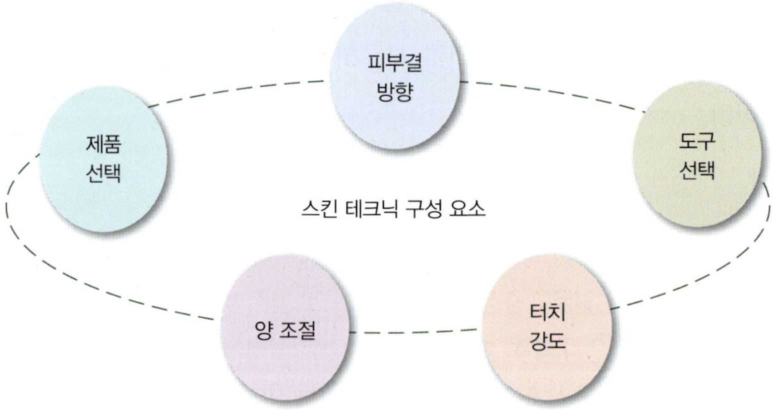

스킨 테크닉 구성요소

스킨 테크닉에서 고려해야 할 구성요소는 제품의 선택, 도구의 선택, 제품의 양 조절, 도구의 선택, 제품의 양 조절, 터치 강도와 피부결의 방향 선택에 따라 테크닉의 구현이 달라진다.

② 결 방향

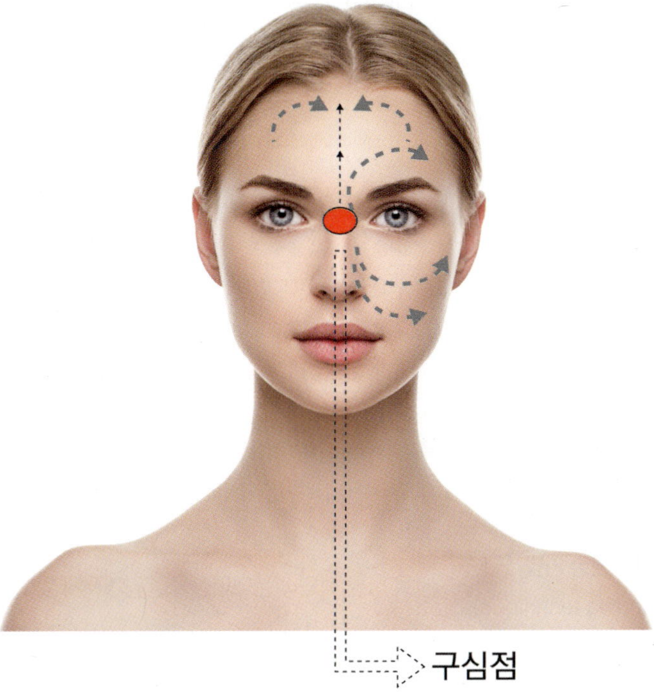

파운데이션 시술 시 피부결 방향

피부결의 방향은 피부 진피에서 콜라겐 섬유의 자연스러운 방향을 의미한다. 구심점을 중심으로 파운데이션을 펴 바르는 경우 흡수가 빠르고 균일하게 도포될 수 있다.

③ 스킨 테크닉 원리

스킨의 명암과 입체감을 위하여 노즈 기법, 패딩 기법, 슬라이딩 기법, 블렌딩 기법, 페더링 기법, 에어브러시 기법을 적절히 활용한다.

파운데이션 기법에 따른 스킨 테크닉

기법	테크닉
노즈 기법 (Nose technique)	눈 앞머리와 콧대 옆부분에 섀딩을 넣어 코를 오똑하게 중심을 잡아주는 기법이다.
패딩 기법 (Patting technique)	기미나 잡티 있는 부분이나 잘 흡수되지 않는 부위를 톡톡 두드리는 기법이다.
슬라이딩 기법 (Sliding technique)	얼굴을 전체적으로 문지르듯 바르는 기법이다.
블렌딩 기법 (Blending technique)	서로 다른 색의 파운데이션들을 경계지지 않도록 펴 바르는 기법이다.
페더링 기법 (Feathering technique)	그려진 선의 경계선이 뚜렷하지 않게 자연스럽게 보이도록 하는 기법이다.
에어브러시 기법 (Airbrush technique)	에어브러시 건을 이용하여 파운데이션을 도포하는 기법이다.

파운데이션 시술 순서

- 적당량의 파운데이션을 이마, 양볼, 턱, 코 부위에 나누어서 덜어놓는다.
- 구심점을 중심으로 안에서 바깥으로 피부결 방향으로 부드럽게 펴 바른다.
- 손에 힘을 너무 주지 않고 손목을 가볍게 회전하는 느낌으로 펴 바른다.
- 골고루 적당량이 흡수되면 부위별로 흡수가 더 필요한 부위에 소량을 덜어 두드린다.
- 피부 두께가 다른 눈 주위, 입 주위는 퍼프의 남은 잔량으로 여러 번 두드려서 바른다.
- 한꺼번에 많은 양을 도포하지 않고 소량으로 2~3회 나누어서 덧 바른다.
- 파운데이션 피부 표현이 끝나면 필요에 따라서 파우더를 덧 바른다.

4) 윤곽수정

(1) 얼굴형과 특징

사람의 얼굴 형태는 다양하며, 얼굴형에 따라 보여지는 이미지도 다양하다. 수많은 얼굴형은 도형의 형태별로 분류되며, 가장 일반적인 형태로서 5가지를 기준으로 할 수 있다. 이 중에서 가장 표준적인 얼굴형은 계란형(oval type)이며 2~3가지 형태가 복합된 형태 등도 다양하게 존재한다.

얼굴형 특징에 따른 특징

얼굴형	특 징
 계란형	가장 이상적인 얼굴형으로 무난하고 아름답게 느껴지는 형태이다. 얼굴의 균형도에서 보여지듯 가로와 세로, 넓이의 비율이 균형적이므로 다른 얼굴형을 수정할 때 기준이 된다. 약간의 부분 수정을 하여 입체적 효과를 높일 수 있다.
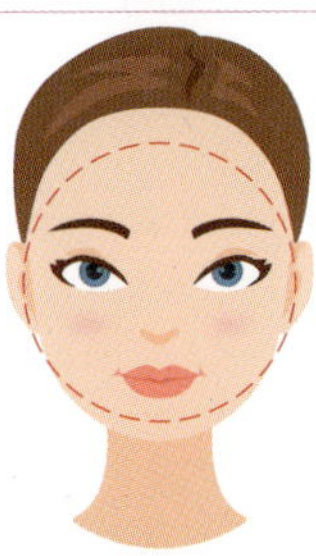 둥근형	얼굴이 전체적으로 둥글고, 대부분 콧대가 낮은 편이고 양볼이 통통하여 어려 보이고 귀여운 이미지이다. 동양인에게 흔한 얼굴형이며 가로 형태가 강하고, 세로 형태가 부족하므로 갸름하게 보이도록 수정해 주어야 한다.
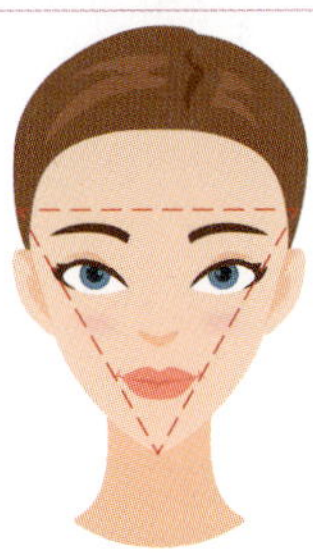 역삼각형	입체적인 얼굴형에 속하며 이마가 넓고 광대뼈도 돌출되어 있다. 얼굴의 하단으로 갈수록 좁아져 양볼에 살이 없고 턱도 뾰족한 형태를 이룬다. 이 얼굴형은 대부분 얼굴의 크기는 작고 이목구비는 뚜렷하여 서구적이고 도회적인 이미지이다. 날카로워 보일 수 있으므로 광대뼈가 약간 들어가 보이고 양볼은 살이 있어 보이도록 밝게 표현해 주어야 한다.

얼굴형	특 징
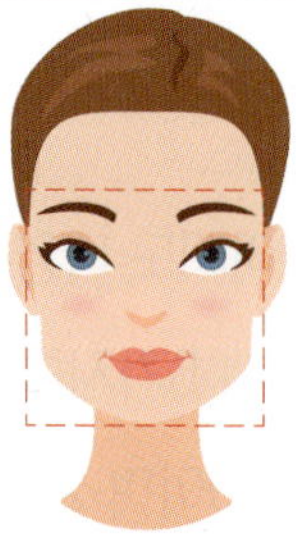 사각형	얼굴이 평면적이고 넓어 보이며 사면에 각이 진 형태이다. 지적이고 의지가 강해 보이기도 하고 날카로운 이미지이기도 하다. 얼굴이 길어 보이고 둥글어 보이도록 수정해준다.
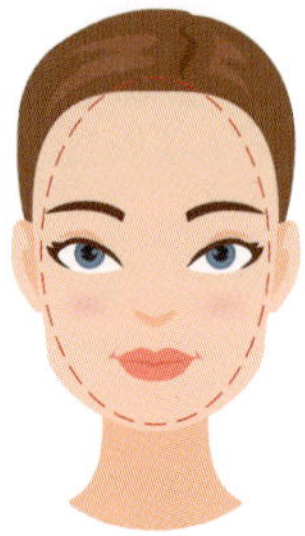 긴형	얼굴이 길어 보이는 형태로서 코의 길이도 긴 형태가 많다. 침착하게 보이고 신뢰감을 줄 수 있는 이미지이다. 이마와 턱 끝은 좁아 보이도록 하고, 코의 길이가 길어 보이지 않도록 수정해준다.
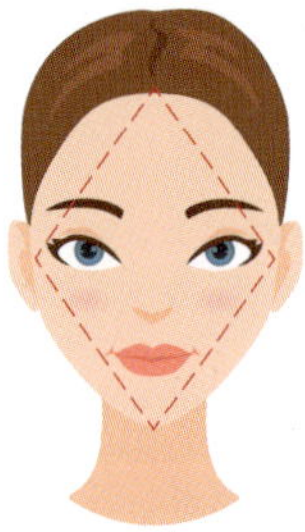 마름모형	얼굴에 살이 없고 광대뼈가 튀어나오고 턱도 뾰족한 스타일이다. 도시적인 느낌을 줄 수도 있으나 예민해 보이기도 한다. 이마와 턱은 밝게 표현해주고 광대뼈 쪽은 음영을 주어 부드러워 보이게 수정해준다.
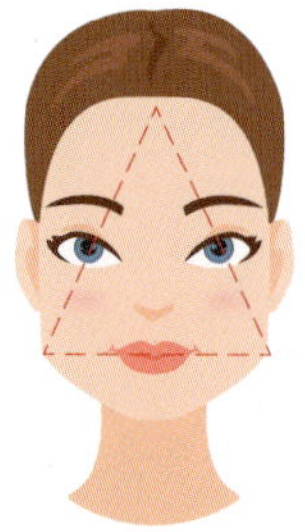 삼각형	이마보다 턱이 넓으며 볼아래 걸쳐 군살이 있는 무거운 턱라인을 가진 형이다. 이마는 밝게 표현해 주고 턱라인에 음영을 주어 균형있는 얼굴형으로 수정해준다.

(2) 하이라이트 & 섀딩

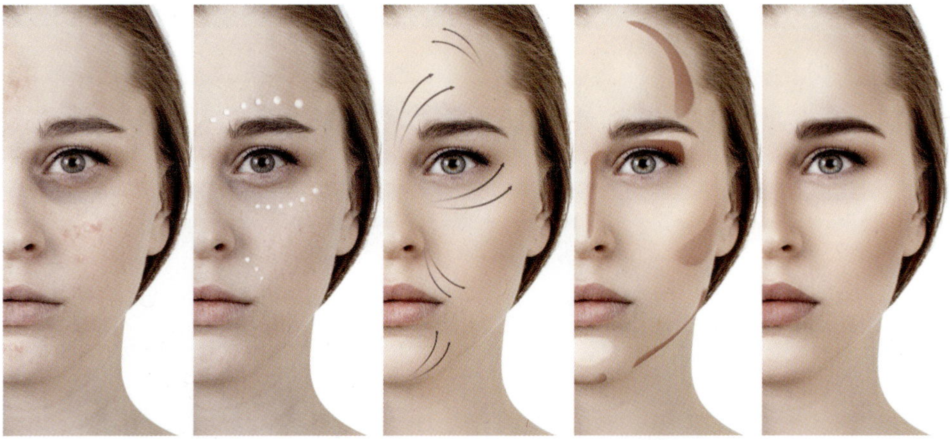

인체는 원기둥과 같이 전체적으로 둥근 형태를 가진다. 따라서 밝은 곳과 어두운 곳, 그 사이의 중간 단계가 존재한다. 얼굴은 한 가지 컬러로 도포했을 경우 평면적으로 보일 수 있으므로 베이스 컬러 이외에도 하이라이트와 섀도 컬러로 명암을 살려 입체감 있고 결점을 커버하는 컨투어링으로 표현할 수 있다.

(3) 윤곽에 따른 수정 메이크업 테크닉

수정 메이크업은 이상적인 얼굴형을 만들기 위한 작업으로 얼굴의 크기와 길이를 조절하고 입체감을 살리는 하이라이트와 섀딩, 아이 메이크업과 립 메이크업색, 선, 면, 대비의 착각을 활용하여 보다 아름다운 얼굴을 연출하는 테크닉이다.

① 계란형

메이크업 테크닉

- 가장 이상적인 얼굴형이므로 특별한 테크닉은 없으나 분위기에 맞추어 포인트 메이크업으로 변화시킨다.
- T존, Y존 하이라이트를 넣고 헤어라인, 턱밑 각에는 기본적인 섀딩을 넣는다. T존, Y존에는 하이라이트를 표현하고 헤어라인 턱밑 각에는 기본적인 섀딩으로 표현해준다.

② 긴형

메이크업 테크닉

- 길이감이 느껴지지 않도록 헤어라인에는 어두운 파운데이션을 바른다.
- 볼 쪽의 Y존은 넓게 가로 느낌으로 밝게 표현한다.
- 콧날은 약간 짧게 눈밑은 넓게 하이라이트로 표현해준다.
- 노즈 섀도는 짧게 넣는다.
- 턱선 아래에도 섀딩을 넣어주고 턱선 아래는 섀딩으로 표현해준다.
- 노즈 섀도는 짧게 표현해준다.

③ 역삼각형

메이크업 테크닉

- 좁은 턱선을 강조하지 않도록 하기 위하여 턱 포인트 존에는 하이라이트를 하지 않는다.
- 양쪽 볼은 통통해 보이도록 넓게 밝혀준다.
- 넓은 이마 라인을 보정하기 위하여 헤어 라인과 귀 앞쪽까지 연결하여 섀딩을 해준다.
- 콧날은 약간 짧게 눈 밑은 넓게 하이라이트로 표현해준다.
- 노즈 섀도는 짧게 표현해준다.

④ 둥근형

메이크업 테크닉

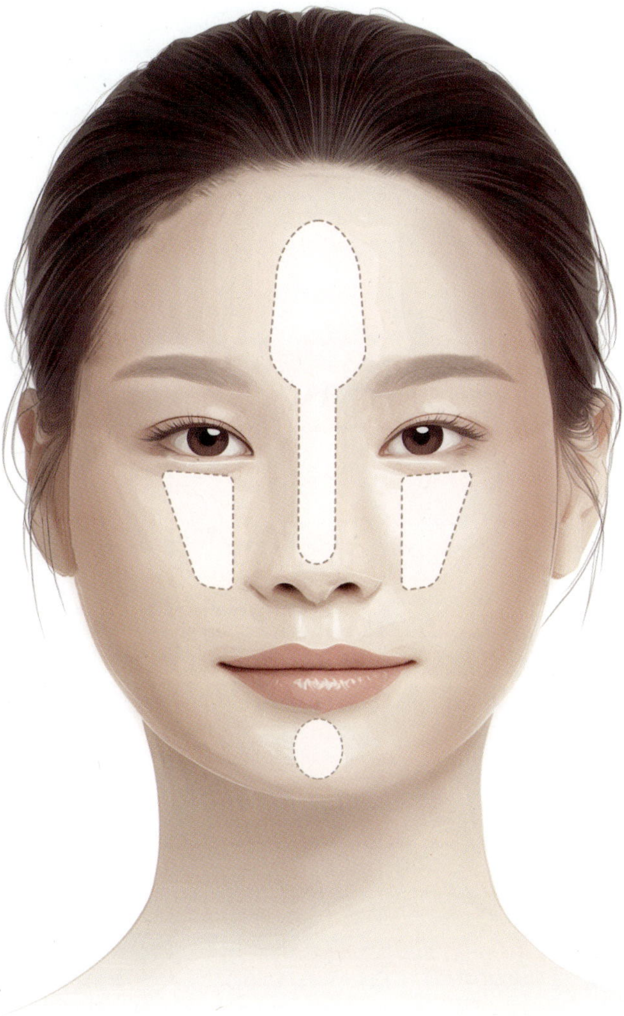

- 통통한 얼굴형을 갸름하게 보이게 하기 위하여 섀딩은 얼굴 사이드 전체를 하되 이마의 시작 부분과 턱 밑선만 소량으로 터치해준다.
- 이마의 시작 부 분과 턱 밑선만 가볍게 터치해준다. 연결하여 섀딩을 표현해준다.
- 콧날은 약간 길게 눈밑은 사선으로 하이라이트로 표현해준다.
- 노즈 섀도는 길게 표현해준다.

⑤ 사각형

메이크업 테크닉

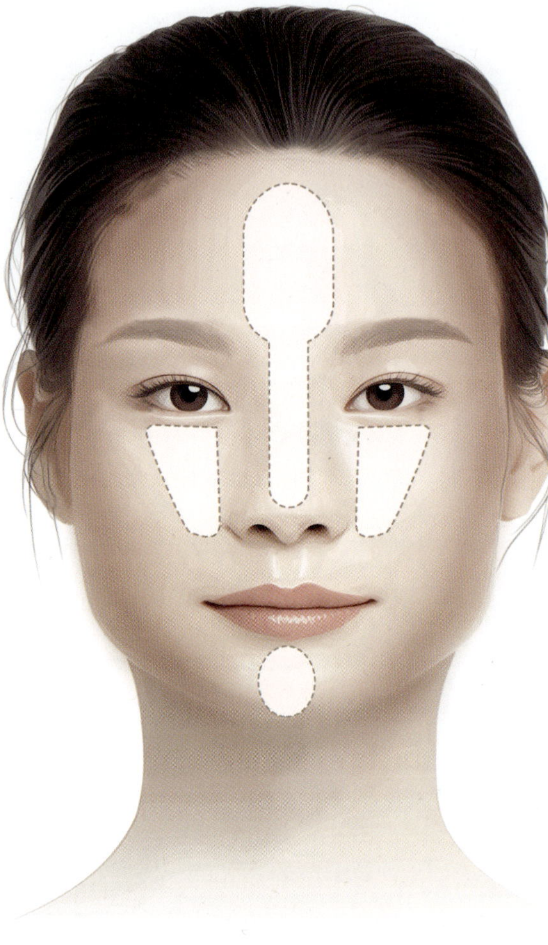

- 각진 얼굴형을 갸름하고 부드럽게 보이게 하기 위하여 섀딩은 얼굴 사이드 전체를 하되 얼굴 전체 사이드 부분을 굴려서 그러데이션해준다.
- 넓은 이마 라인, 넓은 하관을 전체적으로 보정하기 위하여 헤어라인과 귀 앞쪽, 턱라인까지 연결하여 섀딩을 해준다.
- 하이라이트는 전체적으로 길게 굴려서 표현해준다.
- 콧날은 약간 길게 눈밑은 사선으로 하이라이트로 표현해준다.
- 턱 포인트 존의 하이라이트도 길게 표현해준다.
- 노즈 섀도는 길게 표현해준다.

⑥ 마름모

메이크업 테크닉

- 튀어나온 광대뼈 부분에 음영을 위하여 섀딩을 하여 경계까지 않도록 그라데이션 해준다.
- 좁은 이마 라인, 좁은 하관을 전체적으로 보정하기 위하여 이마 전체와 턱라인을 넓게 하이라이트로 표현해준다.
- 콧날은 약간 길게 눈밑은 사선으로 하이라이트로 표현해준다.
- 노즈 섀도는 콧대가 자연스러워보이도록 표현해준다.

⑦ 삼각형

메이크업 테크닉

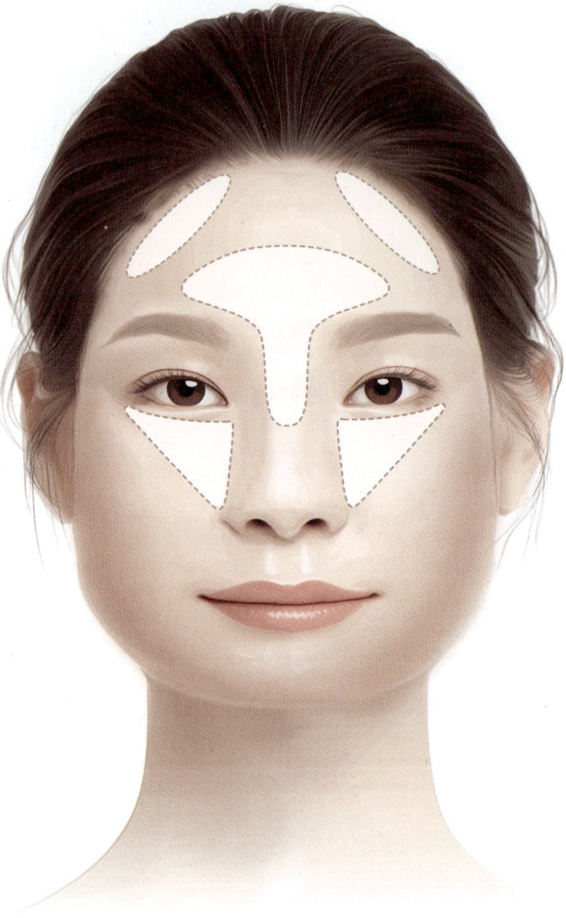

• 목아래로 넓게 쳐져있는 얼굴형을 보완하기 위해 섀딩으로 넓게 펴 발라서 그라데이션 해준다.
• 좁은 이마라인은 넓게 하이라이트로 표현해준다.
• 콧날은 약간 길게 눈밑은 사선으로 하이라이트한다.
• 노즈 섀도는 콧대가 자연스러워보이도록 표현해준다.

5) 파우더

파우더는 파운데이션을 고정하는 역할을 하는 것으로 외부로부터의 먼지나 유해환경에서 보호하고 피부의 번들거림을 방지해준다. 페이스 파우더 사용의 목적은 파운데이션의 유분을 제거하여 오래 유지될 수 있도록 한다. 또한, 불필요한 광택을 제거해 주며 색조화장을 돋보이게 해준다. 파우더 퍼프나 파우더 브러시를 사용하여 소량을 묻혀 살짝 털어낸 후 사용해야 뭉치지 않는다.

파우더 시술 방법

- 적당량의 파우더를 퍼프에 묻힌 후 파우더가 골고루 스며들도록 비벼준 다음 손등에서 양을 조절한다.
- 처음 터치 시에 많은 양이 묻어날 수 있으므로 볼 바깥 부분부터 두드린 후 얼굴 중앙 쪽을 향해 바른다.
- 눈이나 코 주위, 입 주위처럼 굴곡이 있는 부분은 퍼프를 반으로 접어 섬세하게 눌러준다.
- 손등으로 피부의 끈적임을 체크하고 보송한 질감이 느껴질 때까지 소량으로 나누어 바른다.
- 가급적 문지르지 않고 두드리듯이 펴 바르고 남은 여분의 파우더가 있을 경우 파우더 브러시 또는 팬 브러시로 털어낸다.

CHAPTER 03

포 인 트 메이크업

1 아이브로우 메이크업(Eyebrow make-up)

1) 눈썹의 위치와 명칭

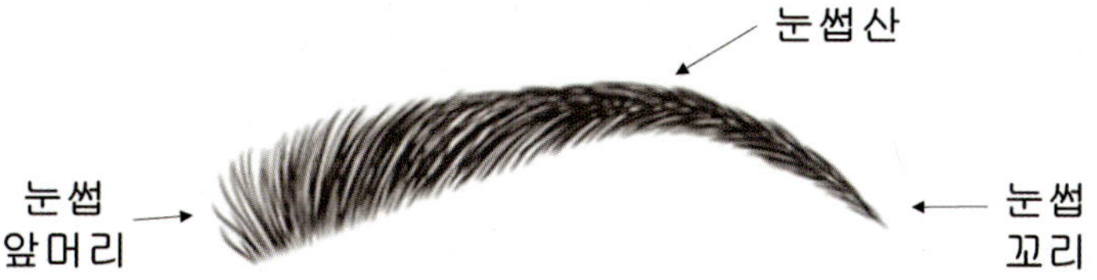

눈썹의 위치에 따른 명칭

눈썹 모양은 앞쪽 눈썹이 나기 시작한 부분을 눈썹 앞머리, 눈썹이 끝나는 지점을 눈썹 꼬리, 눈썹의 가장 높은 부분을 눈썹산이라고 한다.

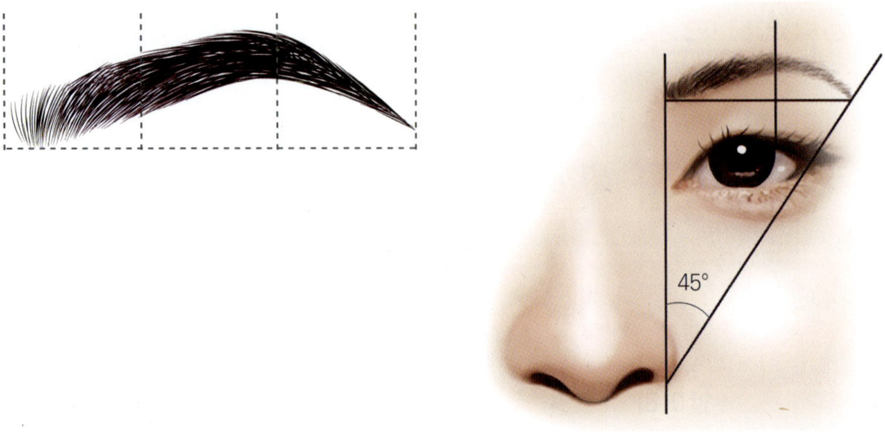

눈과 눈썹의 이상적인 프로포션(proportion)

눈썹의 가장 이상적인 프로포션(proportion)은 눈썹산이 전체 길이의 2/3 지점에서 가장 높으며, 눈썹 앞머리 밑선과 눈썹 꼬리 밑선이 수평에 가까울수록 일자형 눈썹에 가깝다.

눈과 눈썹의 프로포션에서 눈썹 앞머리와 눈 앞머리, 콧볼에 일직선을 이루고, 눈썹 꼬리는 콧볼 위에서 45°선이 만나는 지점에 위치하도록 하며 콧볼과 눈꼬리를 연결하여 눈썹꼬리와 만나는 사선의 경계를 맞춰준다.

2) 아이브로우 메이크업 시술 순서

아이브로우 메이크업 전에 눈썹 정리를 깨끗이 하고 드로잉을 해야 한다. 눈썹 정리는 브러싱 → 트리밍 또는 커팅 → 셰이빙의 단계로 깔끔하게 해준 후 어울리는 눈썹 모양으로 드로잉한다.

아이브로우 시술순서와 테크닉

시술순서	테 크 닉
	① 브러싱(brushing) 눈썹 브러시를 이용하여 파우더의 여분을 덜어내고 눈썹을 결 방향대로 가지런히 정리한다.
	② 트리밍 또는 커팅(trimming or cutting) 눈썹산에서 눈썹꼬리까지 눈썹을 아래로 빗어서 남은 여분을 수정 가위로 커팅한다.
	③ 쉐이빙(shaving) 집게나 면도칼로 조심스럽게 제거한다. 왼손 엄지를 사용하여 화살표 방향으로 눈썹을 살짝 위로 잡아당겨 눈썹 밑의 살을 평평하게 하고 트위징 또는 쉐이빙한다.
	④ 드로잉(drawing) 아이브로우 펜슬이나 사선 브러시를 사용하여 눈썹결의 흐름에 따라 한올한올 심듯이 그려준다.

아이브로우 시술 시 유의점

- 윤곽을 너무 진하게 그리지 않는다.
- 한올한올씩 심듯이 그린다.
- 아이브로우 길이는 눈 길이보다 짧게 하지 않는다.

3) 아이브로우 특징에 따른 이미지

아이브로우 이미지

아이브로우의 굵기, 길이, 색상에 따라 얼굴의 이미지가 다르게 표현된다.

아이브로우 특징에 따른 이미지

특징		이 미 지
굵기	굵은 눈썹	중성적이고 어려보이는 이미지이다.
	가는 눈썹	부드럽고 여성적이나 인위적인 느낌은 자칫 나이 들어 보일 수 있다.
길이	긴 눈썹	여성스러워 보이나 얼굴 폭이 넓은 경우 더 넓어 보이고 나이 들어 보일 수 있다.
	짧은 눈썹	귀엽고 경쾌하여 눈이 커보일 수 있으나 상대적으로 얼굴이 통통해 보일 수 있다.
색상	블랙	강하고 진한 이미지이다.
	브라운	동양인의 경우 검정 눈썹과 자연스럽게 연출되어 부드러워 보인다.
	그레이	가장 일반적인 눈썹 컬러이며 지적인 이미지가 있으나 다소 인위적인 느낌이 있다.

4) 아이브로우 형태에 따른 이미지

아이브로우 형태를 기본형, 직선형, 각진형, 아치형, 상승형, 커브형으로 분류되며, 눈썹산의 높이와 모양, 눈썹 앞머리 높이, 눈썹꼬리 높이, 길이에 따라 형태가 달라진다.

아이브로우 형태에 따른 이미지

아이브로우의 형태		이 미 지
기본형		클래식 아이브로우로 가장 기본이 되는 형태이며 모든 얼굴에 적당하다.
수평형		젊고 후레쉬한 느낌으로 긴 얼굴이나 얼굴 폭이 좁은 경우 잘 어울린다.
각진형		세련되고 지적인 느낌으로 둥근 얼굴이 슬림하게 보일 수 있다.
아치형		우아하고 요염한 이미지이며 역삼각형 얼굴형이나 각진 얼굴형에 어울린다.
상승형		역동적인 이미지이며 둥근 얼굴을 샤프해 보일 수 있게 보정해주며, 상대적으로 눈은 작아 보이는게 단점이다.
커브형		강한 여성의 이미지를 나타낸다.

2 아이섀도 메이크업

1) 아이섀도의 위치와 명칭

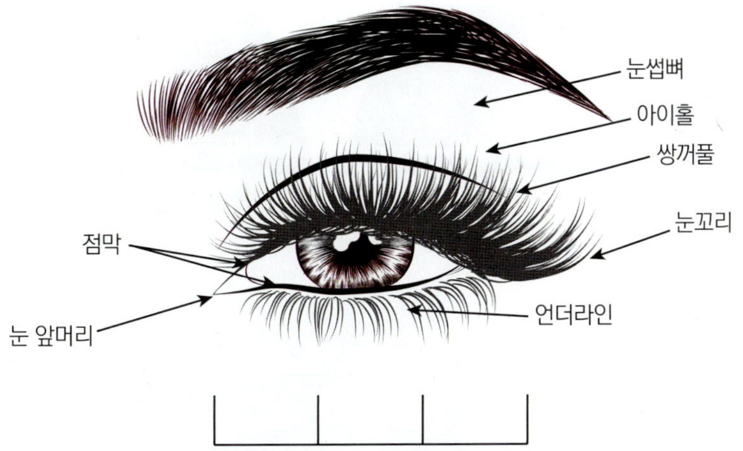

눈 두덩이 가장 넓은 곳을 차지하는 곳을 아이홀(eyehole)이라고 한다. 눈썹 바로 밑에 뼈가 튀어나온 부분은 눈썹뼈라고 한다. 눈은 떴을 때 선이 보이는 부분을 쌍꺼풀이라고 하며, 눈 뒤쪽은 눈꼬리, 눈 앞쪽은 눈 앞머리, 눈밑에는 언더라인(under line)이라고 한다. 눈은 떴을 때 위아래 안쪽이 하얗게 보이는 부분을 점막이라고 한다.

2) 아이섀도 컬러 적용 부위

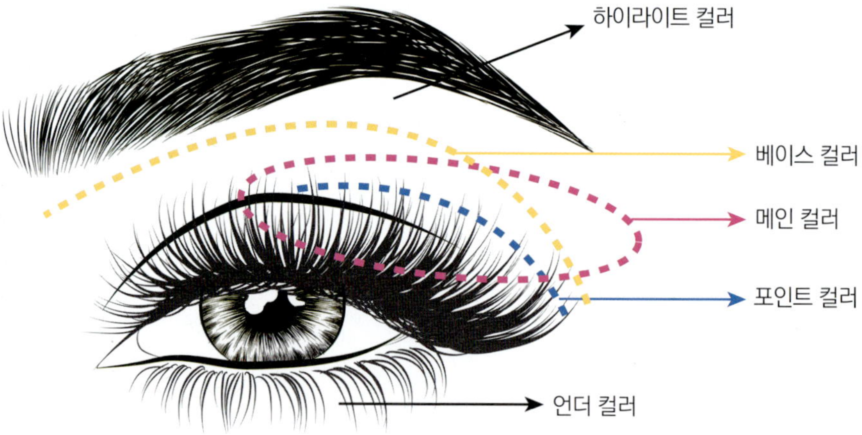

아이섀도(Eyeshadow) 적용 부위별 순서와 테크닉

적용부위	테 크 닉
① 베이스 컬러 (Base color, 1차색)	눈두덩 전체에 바르는 것으로 메인 컬러가 돋보이게 표현될 수 있도록 해주는 베이스 역할을 한다. 아이보리 또는 베이지 등 라이트 베이지톤, 브라이트톤을 주로 사용한다.
② 메인 컬러 (Main color, 2차색)	메이크업 디자인에 따라 컬러를 선택하며 눈두덩이와 아이홀에 이미지를 표현할 수 있는 주요한 색상을 경계가 지지 않게 펴 바른다.
③ 포인트 컬러 (Point color, 3차색)	눈매를 강조하기 위해 메인 컬러보다 한 두톤 진하고 선명한 컬러를 선택하여 경계지지 않게 그러데이션한다. 포인트 컬러 부위는 눈썹 가까운 부분으로 뒤쪽에 하기도 하고 앞머리에서 눈꼬리 전체를 펴바르기도 한다.
④ 언더 컬러 (Under color)	눈 밑 언더라인에 바르는 것으로 포인트 컬러와 연결하여 아름다운 눈매를 연출한다. 메인 컬러와 동일한 색상을 바르기도 하고 애교살을 강조할 경우 브라이트한 톤으로 펴바르기도 한다. 쉬머링 제품이나 펄 섀도로 연출할 경우 눈매가 더 돋보일 수 있다.
⑤ 하이라이트 컬러 (Highlight color)	눈썹 뼈 부분에 바르는 것으로 화이트, 아이보리, 화이트펄 등을 선택하며 섀도 컬러를 한층 더 강조할 수 있으며, 콘트라스트(contrast) 효과를 줄 수 있다. 메이크업 디자인에 따라 가끔씩 생략하는 경우도 있다.

3) 아이섀도 블랜딩 기법

아이섀도(eyeshadow)를 연출할 때 크게 프레임 기법(frame technique)과 아이홀 기법(eyehole technique) 2가지 테크닉으로 연출한다.

프레임 기법은 가로 기법과 세로 기법으로 나뉘며, 아이홀 기법은 닫힌 아이홀 기법과 열린 아이홀 기법으로 나뉜다.

아이섀도 기법의 종류와 테크닉

기 법		기능 및 테크닉
프레임 기법 (Frame techniques)	가로 기법	동양인과 내추럴 메이크업을 선호하는 경우, 눈이 작은 경우, 무쌍인 경우, 눈이 튀어나온 경우에 효과적이다. 눈이 전체적으로 둥글고 커보이게 연출할 수 있으며 데일리 화장의 가장 기초 테크닉이라고 할 수 있다. 어려 보이고 2차 색감을 다양하게 연출하여 토털 이미지를 완성할 수 있는 기법이다. 1차색은 눈두덩이 아이홀 부분까지 부드러운 색감을 넓은 섀도 브러시로 골고루 펴 바른다. 2차색상은 눈썹 난 부분부터 쌍꺼풀 부위에 일자로 고르게 펴 바른다. 무쌍인 경우 눈을 떴을 때 살짝 보이는 정도까지의 범위를 일자로 펴 바른다. 터치 기법은 뒤에서 앞으로, 앞에서 뒤로, 밑에서 위쪽으로 터치한다.
	세로 기법	눈과 눈 사이가 좁거나 가로 길이가 짧은 눈에 효과적이며 가로 프레임보다 섀도의 색상이 훨씬 잘 보이기 때문에 부드럽고 여성적이다. 1차 색상은 펄감이 있는 파스텔 색조로 눈두덩이 전체를 펴 바른 후 맨 나중에 가운데 부분에 다시 동그랗게 두들기듯 펴 바른다. 2차색상은 앞부분과 뒷부분 다른 색상으로 해도 되고 동일 색상으로 연출해도 되나 주로 앞쪽은 브라이트한 색상, 뒤쪽은 톤 다운된 색상을 주로 사용한다. 언더에도 2차색과 같은 컬러로 앞쪽과 뒤쪽을 연결한다. 터치 기법은 뒤에서 앞으로, 앞에서 뒤로, 밑에서 위쪽으로 터치한다.

<table>
<tr><th colspan="2">기 법</th><th>기능 및 테크닉</th></tr>
<tr><td rowspan="2">아이홀 기법 (Eyehole techniques)</td><td>닫힌 아이홀 기법</td><td>동양인이 선호하는 테크닉이며 눈이 더 커보이고 서양 사람의 눈처럼 입체적으로 보이는 효과가 있어 눈이 작거나 쌍꺼풀이 얇은 경우에 효과적이다. 1차색 아이섀도를 눈두덩 전체에 바른 다음 2차색 아이섀도를 이용해 눈썹뼈 밑 움푹 들어간 부분에 둥근 라인을 그린다. 같은 색상을 쌍꺼풀 라인에 가볍게 바른 다음 다시 눈꺼풀의 절반 두께만큼 눈머리부터 눈동자 바로 위인 눈 중간 지점까지 바른다.
3차색 아이섀도는 눈꼬리 부분부터 눈 중간 지점까지 바른다. 다 바른 후 이 3가지 색상의 경계가 드러나지 않게 브러시나 손가락으로 문질러 자연스럽게 섞는다. 화려한 옷차림에 잘 어울려 모임이나 행사 참석 때 잘 어울리며 스모키 메이크업에서 많이 활용된다.</td></tr>
<tr><td>열린 아이홀 기법</td><td>테마 메이크업이나 시대 메이크업, 무대 메이크업에서 많이 활용된다. 선명한 색감을 위하여 눈두덩이 전체에 흰색 섀도를 펴 바르고 시작한다.
주로 서양인들이 선호하는 테크닉이며 원래의 쌍꺼풀보다 높고 넓게 아이홀을 라인으로 그린 후 그 위나 아래에 음영과 색감을 터치해준다.</td></tr>
</table>

아이섀도 시술 순서

- 적용 부위의 범위와 컬러의 분할을 설계한다.
- 적용 부위에 맞는 팁 또는 브러시에 균일하게 아이섀도를 묻힌다.
- 눈의 형태를 고려하여 적용 부위 순서대로 눈두덩이에 면을 밀착시켜 바른다.
- 한 번에 짙게 바르지 말고 조금씩 여러 번 발라서 색상을 표현한다.
- 가루가 다른 부분에 날리지 않도록 주의하면서 바른다.
- 적용 부위의 경계면을 브러시로 가볍게 굴리듯 그러데이션하여 경계선을 방지한다.
- 눈을 떴다 감았다 했을 때 디자인의 표현에 맞는지 확인하면서 시술한다.

프레임 기법의 테크닉 이미지

기 법		테크닉 이미지	
프레임 기법 (Frame techniques)	가로 기법	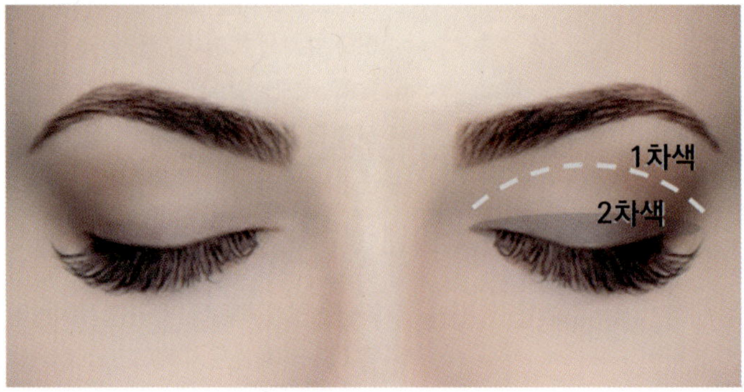	
		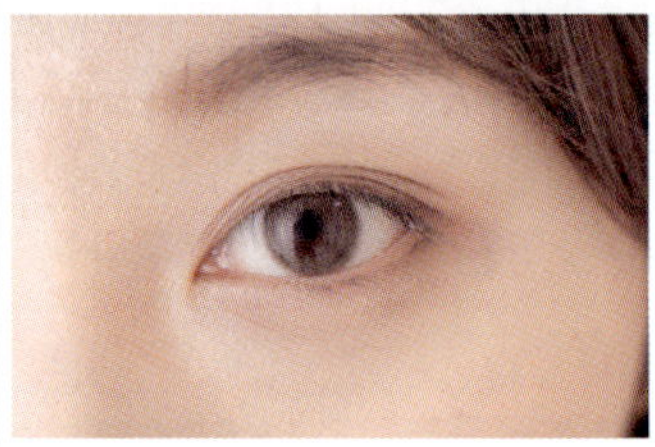	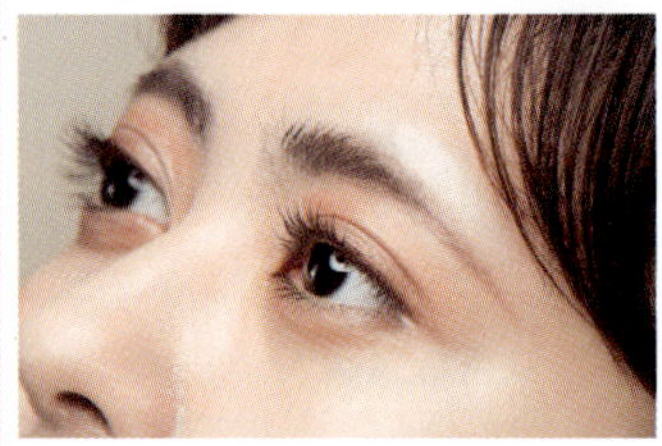
	세로 기법	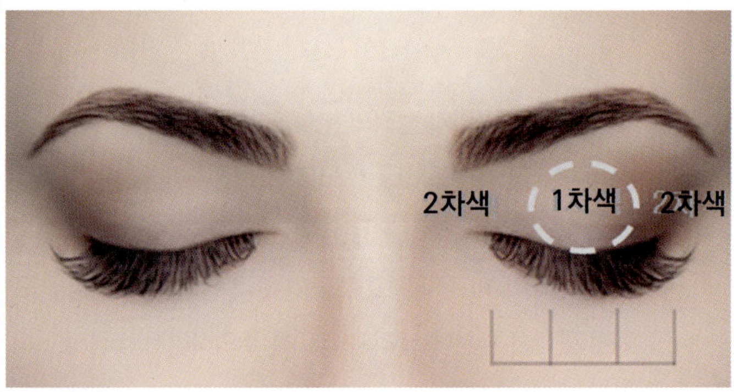	

아이홀 기법의 테크닉 이미지

기 법		테크닉 이미지
아이홀 기법 (Eyehole techniques)	닫힌 아이홀 기법	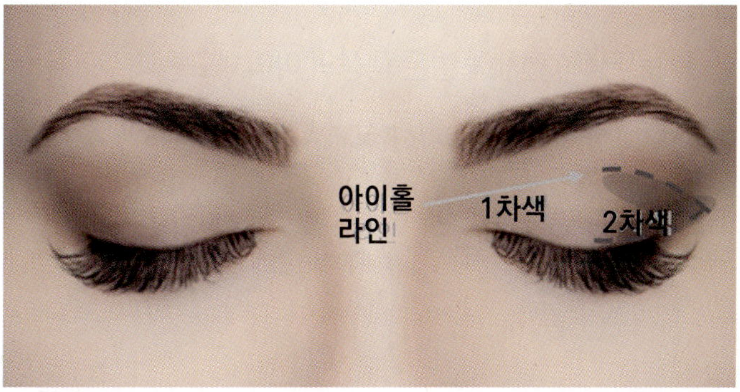  
	열린 아이홀 기법	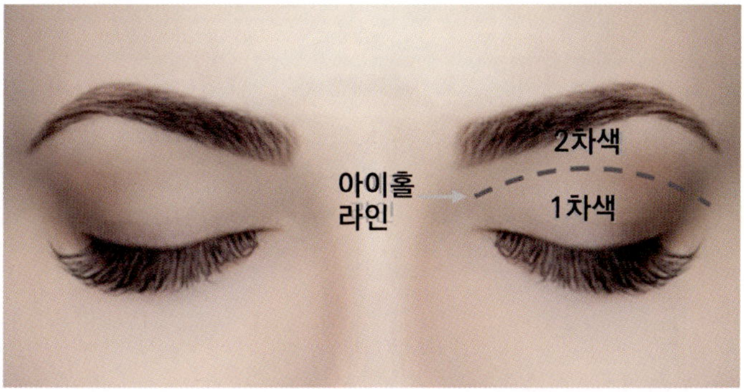  

4) 눈 형태에 따른 아이섀도 테크닉

① 작은 눈

눈두덩이 전체에 밝은 색상의 아이섀도를 펴주고, 눈꼬리 쪽으로 짙은 색상으로 연장하여 발라주어 눈 길이가 길어 보이게 한다. 언더 색상도 꼬리 쪽으로 길게 발라준다.

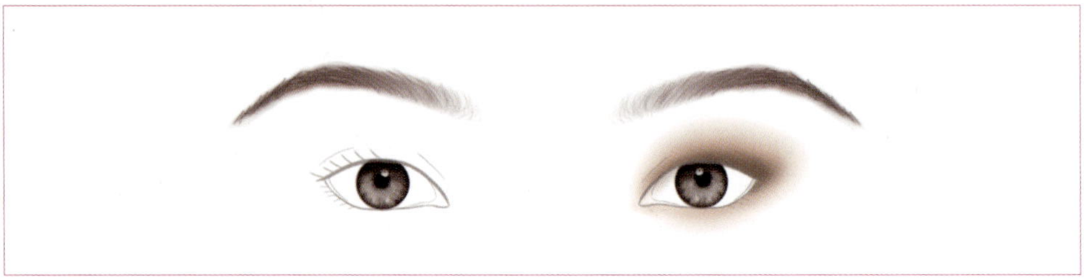

② 부은 눈

눈두덩이 전체를 갈색 계열로 자연스럽게 펴주고 붉은 계열이나 펄은 피한다.

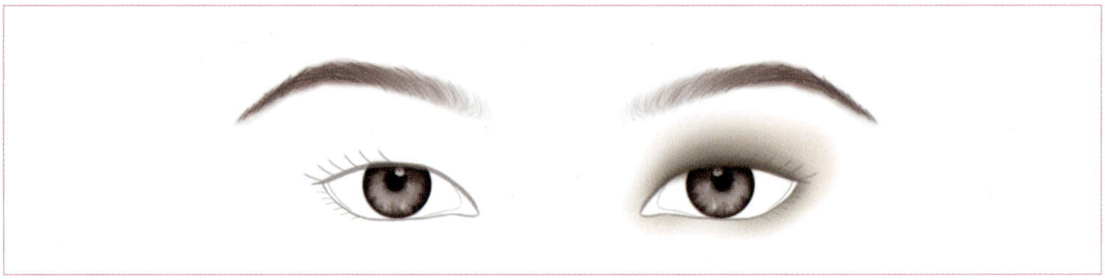

③ 들어간 눈

눈두덩이 중앙에 펄감 있는 밝은 색상으로 돌출해 보이게 하거나, 밝은 계열의 색상을 사용해 눈매를 강조한다.

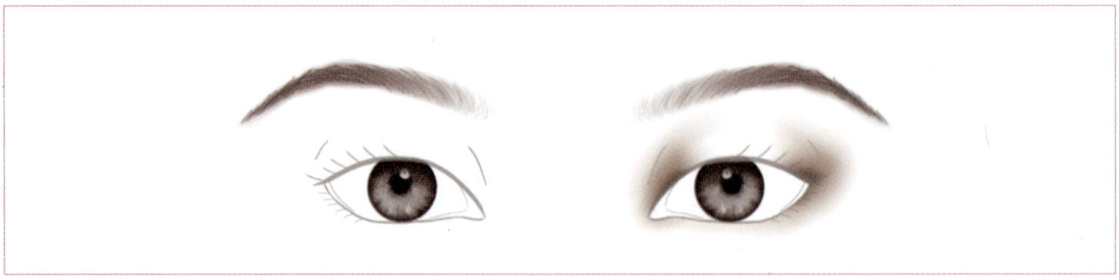

④ 외겹의 가는 눈

아이섀도를 눈의 중앙부에 진하고 넓게 펴주고, 하이라이트 색상을 아이홀에서 눈꼬리 쪽으로 감싸듯이 넓게 바른다.

⑤ 둥근 눈

눈 앞머리와 눈꼬리를 진한 색상으로 발라주어서 눈매가 옆으로 길어 보이도록 해준다.

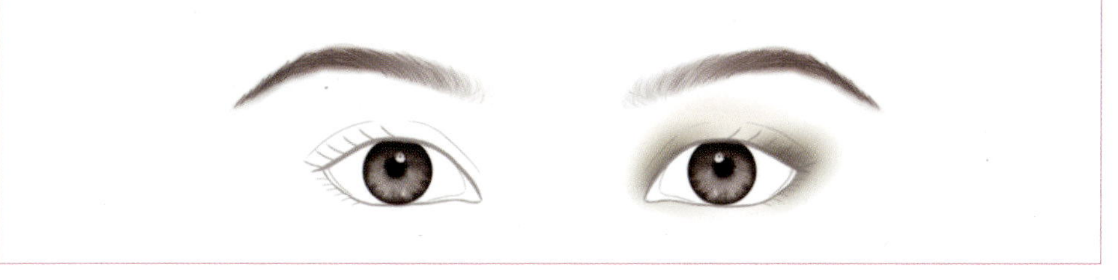

⑥ 눈 사이가 좁은 눈

눈 앞머리에서 중간 정도까지는 밝은 색상을 발라 주어서 눈 사이가 여유있어 보이도록 해주고, 눈꼬리는 짙은 색상을 발라서 연장되어 보이도록 해준다.

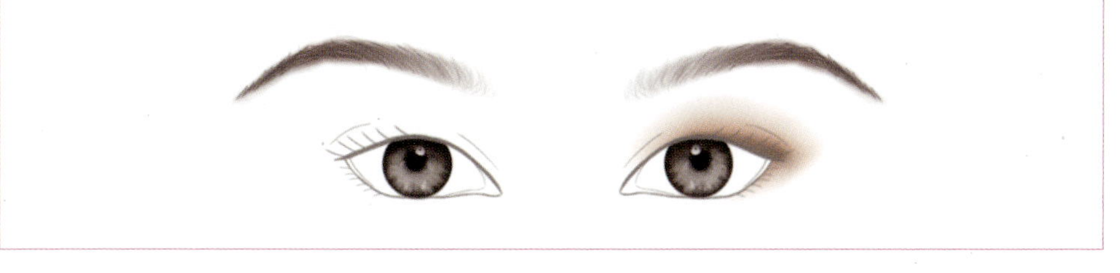

⑦ 눈 사이가 넓은 눈

눈 앞머리에서 짙은 색상을 발라주어서 눈 사이 간격이 좁아 보이도록 해준다.

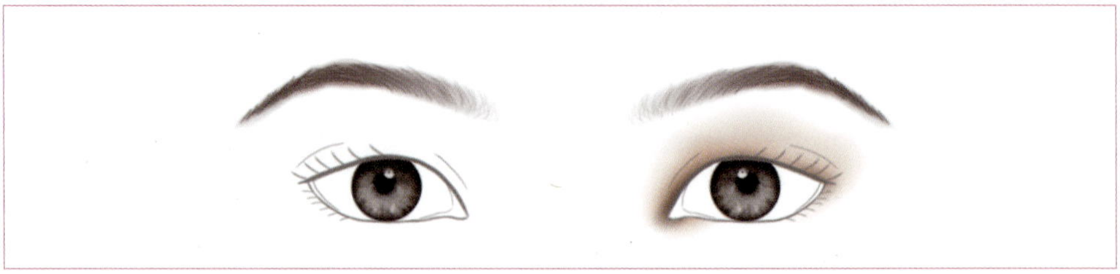

⑧ 처진 눈

눈 앞머리에서 눈꼬리까지 라인을 살리면서 눈꼬리에 짙은 컬러를 사선으로 발라주어 눈꼬리가 올라가 보이도록 해준다.

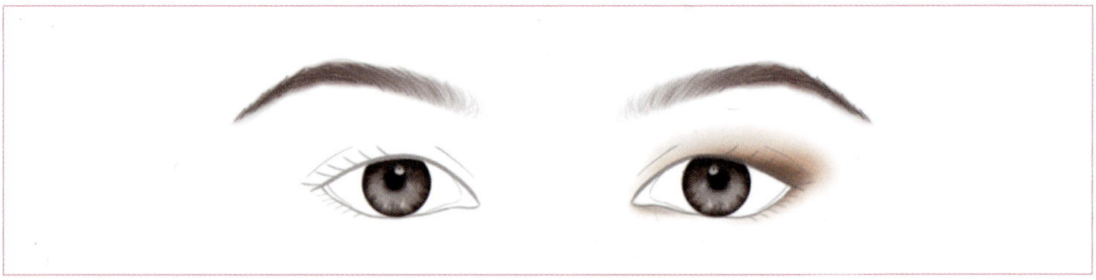

⑨ 올라간 눈

눈 앞머리와 눈꼬리 아랫부분에 짙은 컬러를 발라주어서 안정감을 준다. 단, 눈 아랫부분에는 너무 강하게 보이지 않도록 해준다.

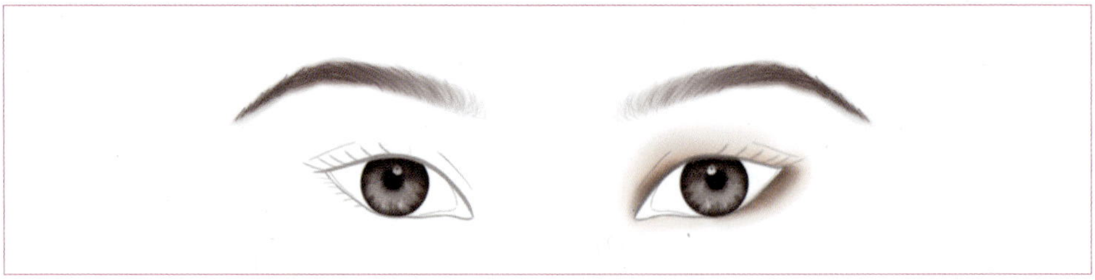

3 아이라인 메이크업

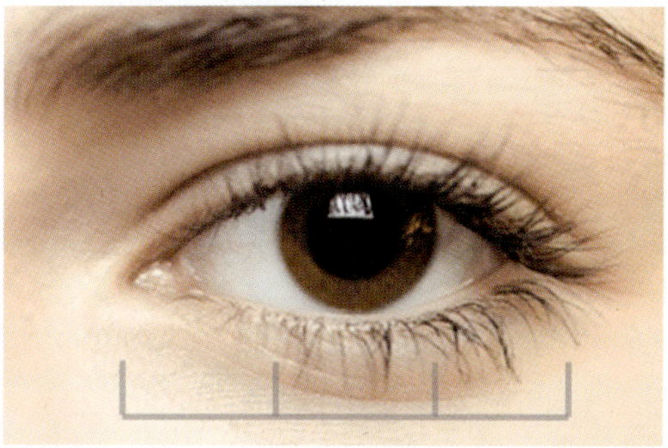

시술 전

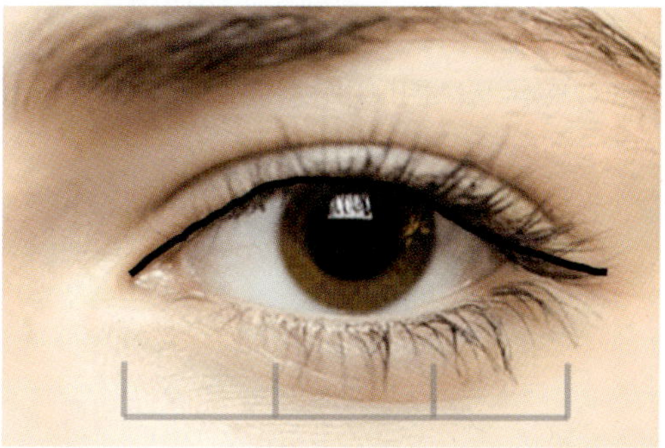

시술 후

아이라인 시술 전후

눈매를 한층 더 또렷하게 보이고 결점이 있는 눈매의 보완을 위하여 아이섀도 후에 눈 가까이에 진한 선을 그려줌으로써 결점 보정과 개성있는 이미지 연출을 할 수 있다. 아이라인은 붓펜, 젤 타입, 케이크 섀도 타입 등 다양한 제품으로 연출할 수 있다. 눈동자 너비 3등분으로 분할했을 때, 2/3 지점이 아이라인 상승과 하강의 시작점이라고 할 수 있다.

1) 아이라인 방향에 따른 이미지

상승형의 아이라인은 도전적인 이미지로 나타나며, 하강형은 온순한 이미지로 표현된다. 둥근 형태의 아이라인은 어려 보이는 효과가 있으며, 아이라인을 길게 뺀 긴형은 지적인 이미지를 나타낸다.

아이라인 적용 방향에 따른 이미지

적용 방향	이 미 지
상승형	동양적, 젊어 보이는, 지적인, 야성적, 도전적 이미지
하강형	부드럽고 온화한, 온순한, 가련한 이미지
둥근형	귀엽고 천진난만한 이미지
긴형	요염하고 지적인 이미지

아이라인 시술 순서

- 속눈썹 안쪽의 점막부분은 펜슬로 꼼꼼히 채운다.
- 속눈썹이 난 프레임 라인을 따라 얇게 그린다.
- 앞에서 1/3 지점은 눈을 뜨고 높이를 체크한 후, 그리고 채운다.
- 앞에서 2/3 지점은 아이라인의 방향을 결정하고 맞춰서 그린 후, 눈꼬리 지점과 연결하여 채운다.
- 바깥라인을 깔끔하게 연결한다.

2) 아이라인 형태에 따른 이미지

아이라인 디자인은 눈동자와 눈꼬리 부분의 변형에 따라 다양한 특징을 나타낸다. 내추럴 아이라인은 안정적인 형태의 이미지이며, 스트레이트 아이라인은 가장 자연스러운 형태이다. 패션 아이라인 형태는 강하고 도전적인 이미지이며, 글래머 아이라인은 섹시하고 도발적인 표현을 나타내는 특징이 있다.

아이라인 형태의 종류와 특징

아이라인 형태		특 징
내추럴 (Natural)	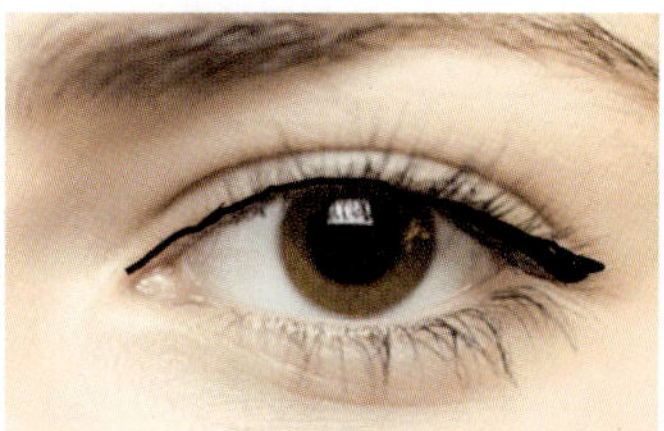	뒤로 갈수록 조금씩 두꺼워져 눈꼬리 라인이 가장 두꺼운 형태이다.
스트레이트 (Straight)		눈을 따라 가늘게 그리고 눈꼬리를 빼는 형식으로 자연스러운 형태이다.
패션 (Fashion)		위와 아래 언더라인이 눈꼬리에서 만나는 형태이다.
글래머 (Glamor)	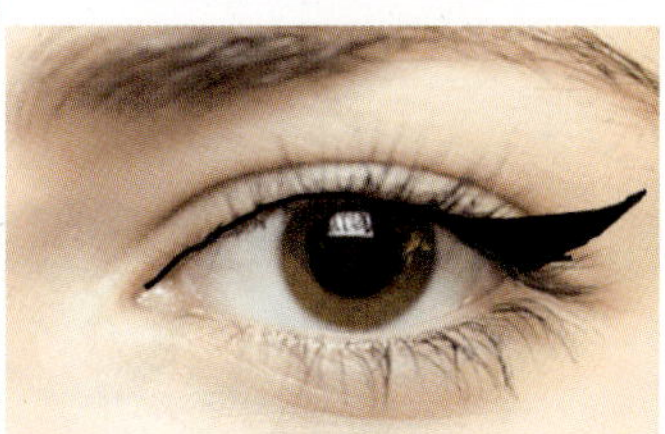	위쪽 꼬리 라인이 위로 상승한 형태로 뒤쪽 1/3 지점에서 상승형으로 잡아주고, 눈꼬리와 연결되는 삼각존 부분은 아이라이너로 채운다.

3) 아이라인 그리는 방법

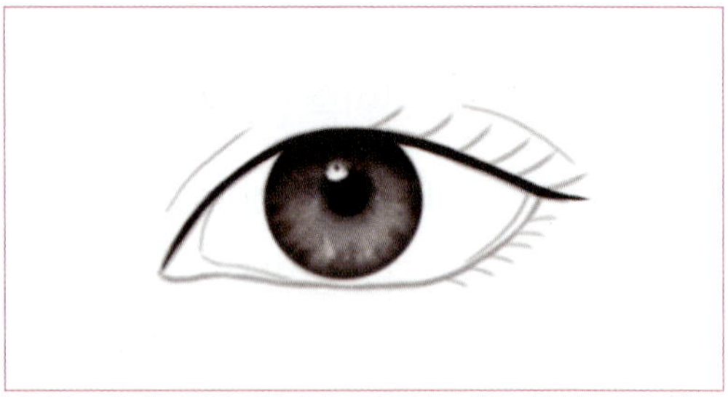

① 속눈썹이 난 부분부터 섬세하게 그려준다.

② 눈 앞머리에서 그려주고 눈꼬리에서 1~2mm 정도 연장해서 그려준다.

③ 언더라인을 할 경우는 눈꼬리에서 중앙으로 그려주면서 농도를 조절한다.

④ 자연스러운 아이라인을 표현할 때는 펜슬을 이용해 속눈썹 사이사이를 메우듯이 그려준다.

4) 눈 형태에 따른 아이라인 테크닉

① 크고 둥근 눈

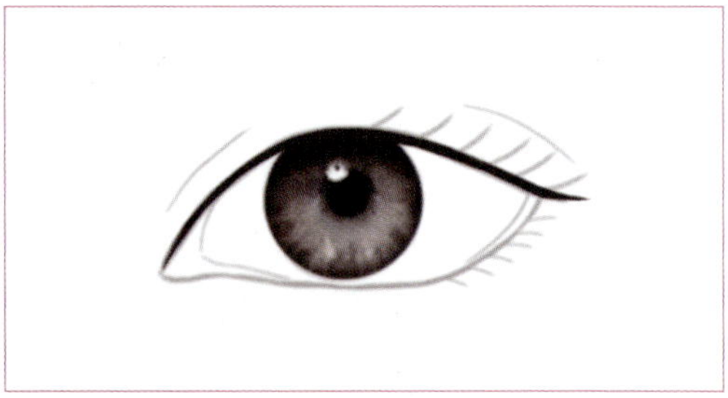

크고 둥근 눈은 아이라인을 강조하지 않고 둥글게 보이지 않도록 눈 앞머리와 눈꼬리 부분을 중심으로 펜슬타입으로 가볍게 그려준다.

② 부은 눈

눈 앞머리에서 눈꼬리까지 전체적으로 라인을 굵게 그리고, 꼬리는 강조해준다.

③ 가는 눈

눈 앞머리에서 눈꼬리까지 그리면서 눈동자 중앙을 굵게 그려 강조해 준다.

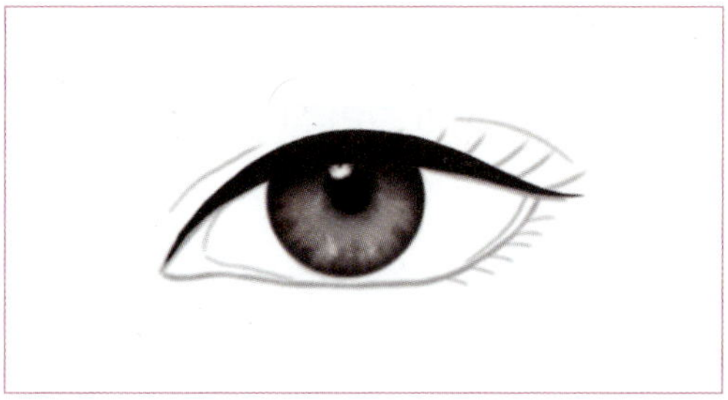

④ 작은 눈

뒷 라인과 아래 라인이 만나지 않도록 수평으로 그려준다.

⑤ 눈꼬리가 올라간 눈

눈 앞머리를 강조하여 그려주고 꼬리 부분은 강조하지 않는다. 언더라인 꼬리 부분을 굵게 그려서 뒷라인과 만나게 그려준다.

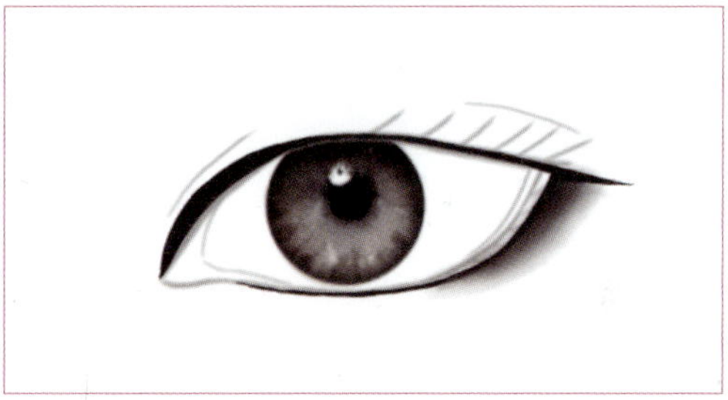

⑥ 눈꼬리가 내려간 눈

눈꼬리를 강조하여 올려 그려주고 언더라인도 윗라인과 교차되듯이 그려준다.

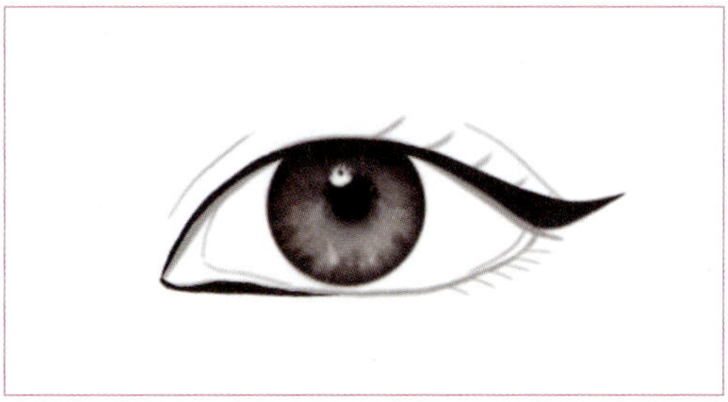

⑦ 크고 쌍꺼풀이 있는 눈

아이라인을 섬세하고 자연스럽게 눈매를 따라 그려준다.

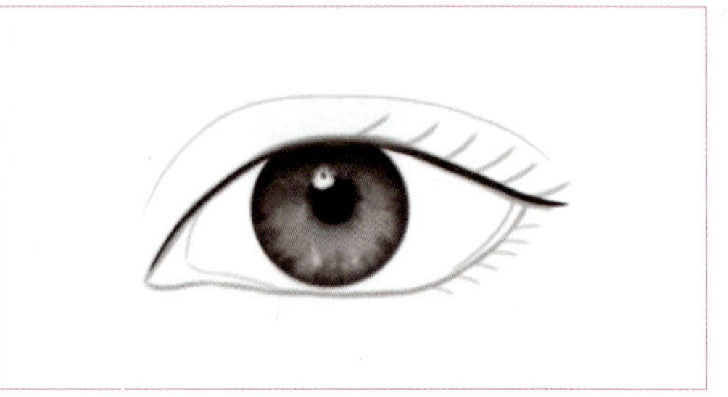

⑧ 눈 사이가 넓은 눈

눈 앞머리를 강조해 그려준다.

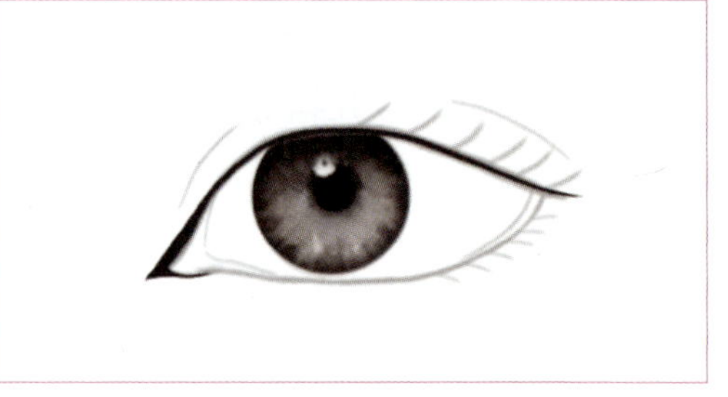

⑨ 눈 사이가 좁은 눈

눈꼬리를 강조해 그려준다.

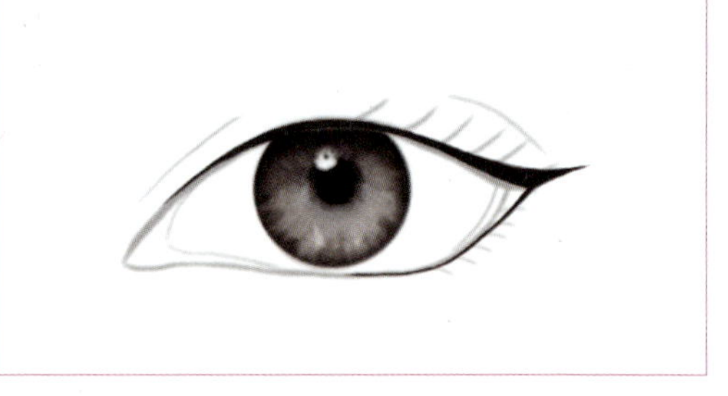

4 아이래쉬컬 메이크업(Eyelash curl make-up)

1) 마스카라 시술 테크닉

마스카라 시술 순서

- 아이래시 컬러(eyelash color)를 사용하여 자연 눈썹을 3번으로 나누어 집어서 올려준다.
- 마스카라(mascara)를 사용하여 밑에서 위로, 위에서 아래로 지그재그로 쓸어올리듯 발라준다.
- 진하게 바를 경우 건조된 후 덧 바른다.
- 너무 많이 발라서 뭉쳤을 경우 건조되기 전에 마스카라 빗으로 빗으면 정리된다.

2) 인조 속눈썹

(1) 스트립 래시(Strip Lashes)

다양한 스트립 래시

한 개로 연결된 속눈썹으로 눈형태에 맞게 둥글게 만들어져 있다. 눈의 길이에 따라 적당히 잘라서 사용한다. 눈썹 심이 강하여 부착 후 찌를 수 있으니 부드럽게 굴려서 부착한다.

(2) 인디비주얼 래시(Individual Lashes)

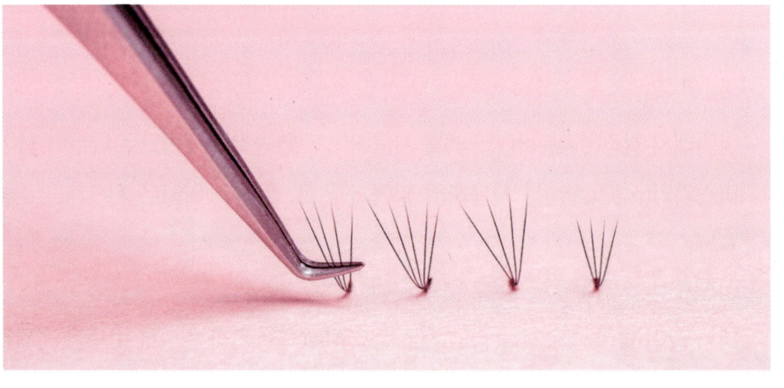

인디비주얼 래시

한올 한올 핀셋으로 속눈썹의 양을 조절하여 길이를 다양하게 디자인하여 붙여준다. 눈에 무리가 없고 자연스럽게 표현할 수 있다.

5 립 메이크업(Lip Make-up)

1) 입술 위치와 명칭

입술의 부위별 명칭과 프로포션은 다음과 같다.

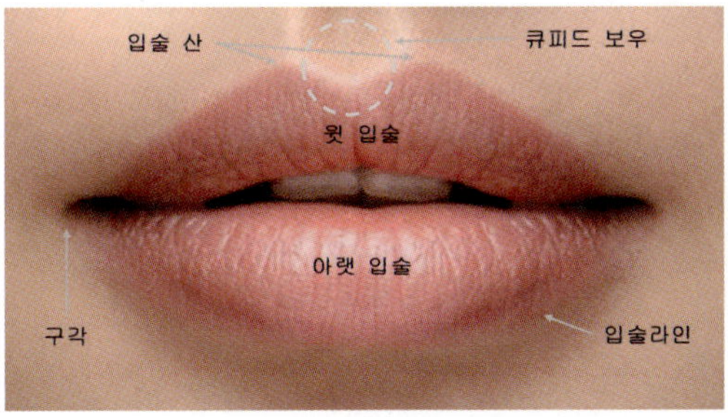

입술 명칭

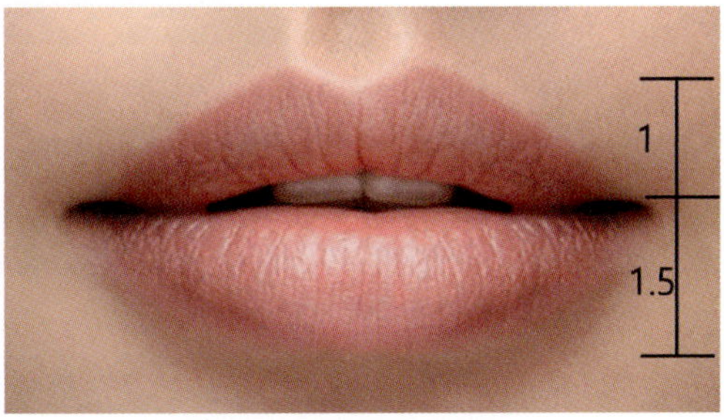

입술 프로포션(Lip proportion)

2) 입술 라인의 형태에 따른 특징

입술 라인 형태는 립제품으로 변형이 쉽고, 이미지 변화도 쉽게 바꿀 수 있는 장점이 있다. 형태로는 직선 타입, 인커브 타입, 아웃커브 타입, 로즈버드 타입이 있다.

입술 라인 형태에 따른 특징

입술 라인 형태		특 징
직선형 타입 (Straight type)		활동적이고 현대적인 느낌의 선으로 샤프하고 지적인 느낌을 준다.
인 커브 타입 (In curve type)	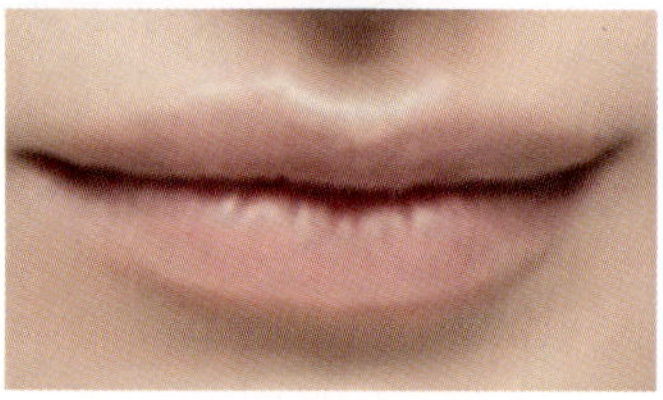	안쪽을 향한 커브로 귀엽고 발랄하며 여성스러운 이미지를 준다.
아웃 커브 타입 (Out curve type)		바깥쪽을 향하는 커브로 부드럽고 원만하며, 성숙하고 섹시한 이미지를 준다.
로즈버드 커브 타입 (Rose bird curve type)	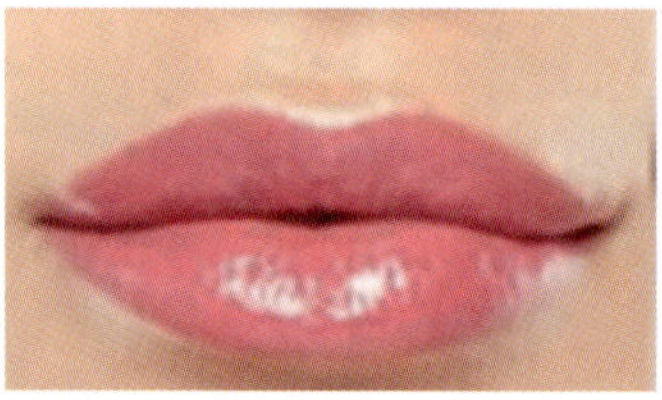	본래 입술보다 안쪽으로 향하면서 곡선의 정도가 심하여 구각이 뾰쪽하고 입술폭이 좁으면서 아랫입술 중앙이 도톰하여 장미 꽃봉오리와 같은 형태로 표현한다. 어린이 입술 같은 귀엽고 사랑스러운 이미지를 준다.

3) 입술 형태에 따른 메이크업 테크닉

사람마다 고유의 입술 모양이 있으며, 입술 모양에 따라 보정하는 테크닉이 다르다.

입술 형태에 따른 메이크업 테크닉

입술 형태	테 크 닉
얇은 입술	부드러워 보이기는 하나 빈약해 보이므로 본래 입술선보다 1~2mm 늘려서 아웃커브로 둥글게 그린 후, 옅은 색이나 펄감이 있는 색으로 선택하여 펴 바른다.
두꺼운 입술	현대적인 느낌이 들기도 하지만 투박스러워 보일 수 있으므로 본래 입술선보다 1~2mm 안쪽으로 진한 컬러를 선택하여 바른다. 립 라인을 그리지 않고 안쪽에 틴트로 진한 색감을 주고 옅은 립글로스로 마무리하기도 한다.
작은 입술	전체적으로 각의 위치를 좌우 대칭이 되도록 하면서 길이 크기를 1~2mm 정도 넓게 그리고 옅은 색이나 펄감이 있는 색으로 선택하여 펴 바른다.
큰 입술	본래의 입술선보다 1~2mm 작게 인커브로 그리고 짙은 색상의 컬러를 선택한다.
윗입술이 두꺼운 입술	윗입술은 윤곽선보다 1~2mm 정도 작게 그리고 아랫입술은 반대로 크게 그린다. 같은 계열의 색상에서 윗입술은 진한 컬러, 아랫입술은 옅은 컬러나 펄 제품을 선택한다.
아랫입술이 두꺼운 입술	아랫입술은 윤곽선보다 1~2mm 정도 작게 그리고 윗입술은 반대로 크게 그린다. 같은 계열의 색상에서 아랫입술은 진한 컬러, 윗입술은 옅은 컬러나 펄 제품을 선택한다.
구각이 처진 입술	입꼬리가 처진 사람은 활기차 보이지 않고 어두운 이미지를 주며 나이가 들어 보이므로 구각을 1~2mm 정도 위로 올려 그린다. 윗입술은 인커브로 그리면서 아랫입술은 아웃 커브로 그려 처진 입술이 올라가 보이도록 한다.
돌출된 입술	립라이너를 이용해 입술산을 각지게 그려주고 전체적으로 짙은 컬러를 선택하여 수축되고 후퇴되어 보이는 색상을 선택하여 바른다. 이때 밝은 컬러나 펄이든 컬러는 피하는 것이 좋다.

6 치크 메이크업

1) 치크 기본 위치

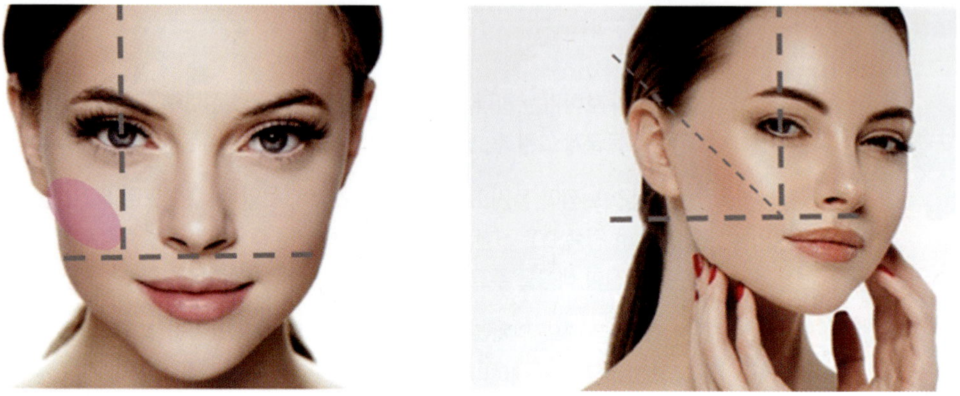

치크 프로포션(cheek proportion)

치크(cheek)의 기본 위치는 눈동자와 코끝이 만나는 지점이며, 볼 바깥 부분 귀부터 사선 방향의 지점으로 부드럽게 터치하여 연출한다.

2) 치크 메이크업 위치에 따른 이미지

치크 메이크업 위치에 따라서 다양한 이미지로 표현할 수 있다.

치크 메이크업 위치에 따른 이미지

치크 메이크업 위치	이 미 지
	볼 쪽으로 모양이 둥글수록 큐트한 이미지를 나타낸다.
	생기있고 활동적인 이미지를 나타낸다.
	여성스러운 이미지를 나타낸다.
	샤프하고 지적인 이미지를 나타낸다.

3) 얼굴형에 따른 치크 메이크업

얼굴형에 따른 치크 메이크업 방법은 다음과 같다.

얼굴형에 따른 치크 메이크업

치크 방향	얼굴형과 메이크업 테크닉
	둥근형 입꼬리를 향해서 터치한다.
	긴형 가로 형태로 터치한다.
	역삼각형 코끝을 향해서 터치한다.
	사각형 턱 끝을 향해서 광대뼈를 감싸듯이 터치한다.

THE BEAUTY MAKE-UP

CHAPTER 04

기초 메이크업 수행순서

1 기초 메이크업 수행

1) 기초 메이크업 수행순서

아이브로우 손질 → 메이크업 베이스 → 파운데이션 → 컨투어링 메이크업 → 파우더 → 아이브로우 메이크업 → 아이 메이크업 → 립 메이크업 → 치크 메이크업의 순서로 수행한다.

2 기초 메이크업 순서와 방법

1) 아이브로우 손질

- 눈썹결을 따라 빗질을 한 후 밑으로 삐져나온 부분을 눈썹 가위를 사용하여 커팅한다. 이때 가위의 각도는 피부에서 직각을 유지한다.
- 눈두덩이까지 불규칙하게 자란 눈썹들을 눈썹칼을 사용하여 눈 방향으로 가볍게 긁어 주듯이 커팅한다. 이때 눈썹칼을 세워서 사용하지 않도록 주의한다.

- 다시 한 번 스크루 브러시를 사용하여 눈썹결에 따라 빗질하여 정돈한다.

Check point

균형을 맞추기 어렵다면 눈썹 밑선을 미리 그리고 그려진 선에 맞추어 가위 커팅을 하면 양쪽 눈썹의 균형을 맞출 수 있다.

2) 메이크업 베이스

- 피부톤에 적합한 메이크업 베이스를 플레이트판에 적당량을 덜어 사용한다.
- 얼굴 전체에 적당량을 콕콕 찍듯 얹어 준 후 브러시를 이용하여 얇고 고르게 펴 바른다.

- 얼굴 전체에 적당량을 콕콕 찍듯 얹어 준 후 브러시를 이용하여 얇고 고르게 펴 바른다.

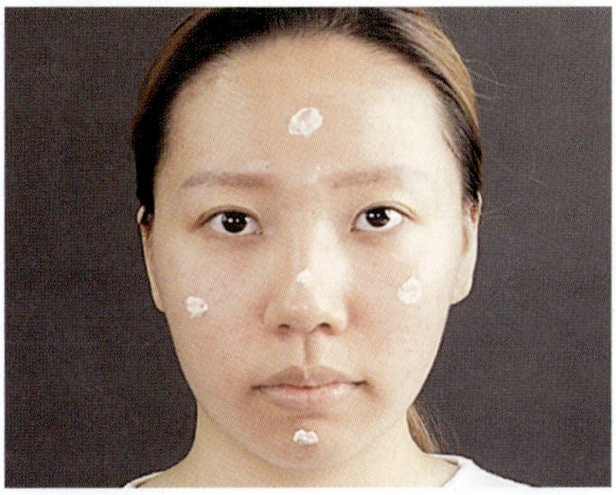

Check point

베이스는 피부에 영양 공급과 피부의 안정성을 위한 단계로 소량으로 얇게 충분히 두들겨 피부 속까지 흡수하게 한다.

3) 파운데이션

- 피부색과 비슷한 파운데이션을 플레이트판에 블렌딩하여 사용한다.
- 얼굴 넓은 부위에 분할량을 덜어서 안쪽부터 바깥쪽을 향하여 펴 바른 후 눈 밑, 코 주변 입가 등은 잔여량으로 두드리듯이 발라준다.

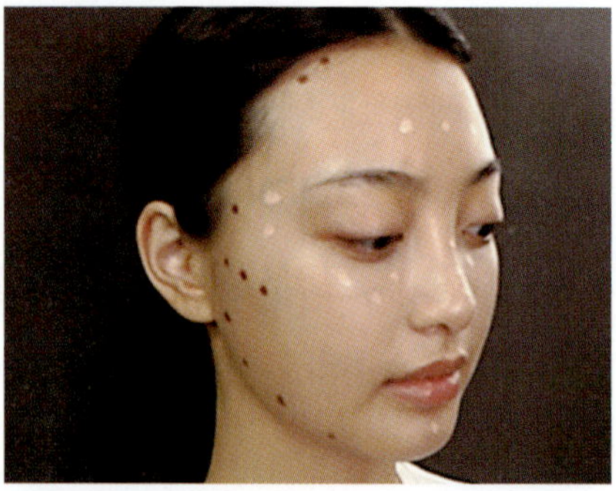

- 스펀지 또는 파운데이션 브러시를 사용하여 슬라이딩 기법과 패딩 기법을 번갈아 사용하여 피부에 균일하게 도포한다.

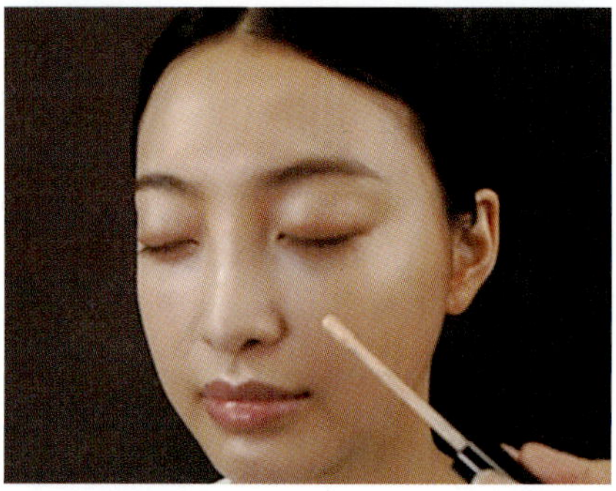

Check point

스펀지나 브러시에 미스트 혹은 물을 적신 후 사용하면 촉촉한 피부를 연출할 수 있다.

4) 컨투어링 메이크업

- 컨투어링 메이크업은 얼굴의 장점을 부각시키고 단점을 커버하는 방법으로 입체적인 윤곽으로 표현한다.
- 턱 라인과 얼굴 사이드 부분에 반톤 어두운 파운데이션으로 블렌딩해준 후 그레이가 가미된 브라운 톤의 블러셔 섀딩으로 경계지지 않게 펴 바른다.

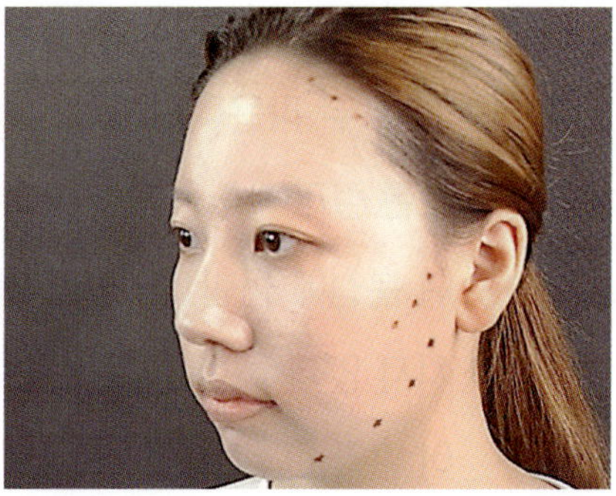

- 귀를 중심으로 위아래로 구간을 나누어서 펴 바르면 보다 정확한 범위를 연출할 수 있다.
- 노즈 섀도는 눈썹 앞머리 부분의 삼각존과 코벽 부분의 삼각존에 음영을 주어 입체적인 콧대를 연출해 준다.

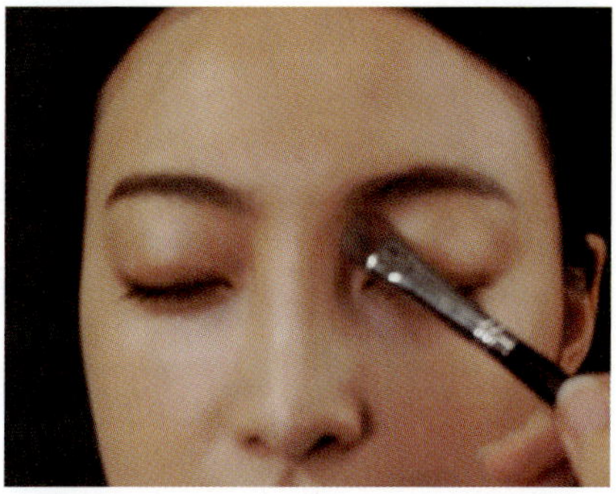

Check point

브러시 선택 요령은 섀딩 브러시는 모량이 많고 부드러운 브러시를 선택하는 것이 좋으며, 노즈 브러시는 중간 정도의 모량으로 사선 모양의 부드러운 브러시를 선택하는 것이 좋다.

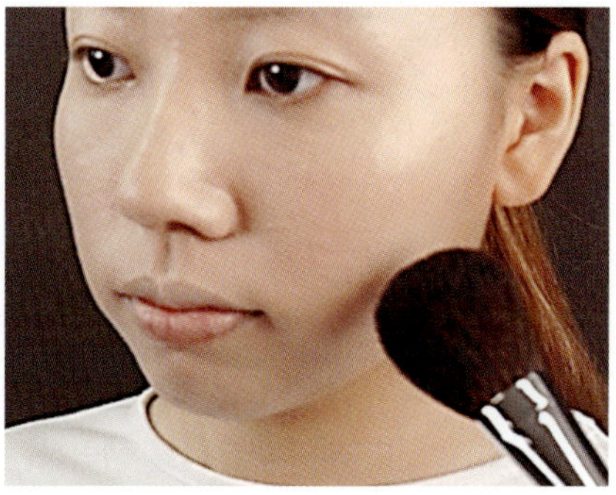

5) 파우더

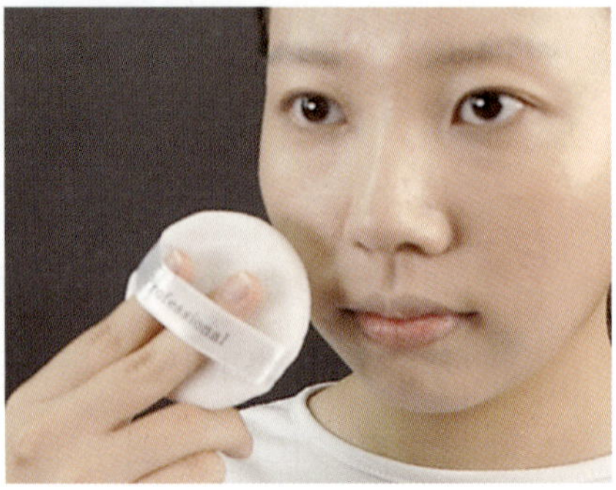

- 메이크업의 목적에 따라 파우더를 해야 할 경우 파운데이션과 어울리고 피부 표현 컬러와 어울리는 파우더를 선택하여 분첩에 묻힌 후 파우더를 비벼서 뭉치지 않게 해준 다음 피부에 두드리듯이 발라준다.
- 얼굴 넓은 부위에 먼저 분할량을 묻혀서 넓게 두드린 후 눈 밑, 코 주변 입가 등은 잔여량으로 톡톡 가볍게 발라준다.

- 굴곡진 부분은 파우더 퍼프를 접어서 구석구석 균일하게 펴 발라준다.

Check point

파우더 퍼프를 바를 때 밀면서 두드리지 않도록 주의한다. 윤기있는 피부 질감을 표현할 경우에는 파우더를 생략하는 경우도 많다.

6) 아이브로우 메이크업

- 스크루 브러시를 사용하여 눈썹결에 따라 빗어준다.
- 눈썹 펜슬이나 사선 브러시에 디자인에 맞는 컬러를 묻힌 후, 눈썹 밑선에 선으로 가이드라인을 그려준다.

- 눈썹 산의 위치를 정한 후 양쪽의 균형을 맞추어 그려준다.
- 눈썹 앞머리의 높이를 맞추어 앞머리 쪽으로 결터치로 가볍게 채워준다.

Check point

앞머리부터 그릴 경우 앞쪽이 진하게 나오므로 가급적 뒤쪽 가이드라인부터 균형을 잡고 그려준 후 눈썹 산의 모양은 얼굴에 어울리는 디자인을 선택하여 그려준다. 눈썹을 다 그린 후 다양한 컬러의 아이브로우 전용 마스카라를 활용하여 입체적인 눈썹을 연출할 수 있다.

7) 아이 메이크업

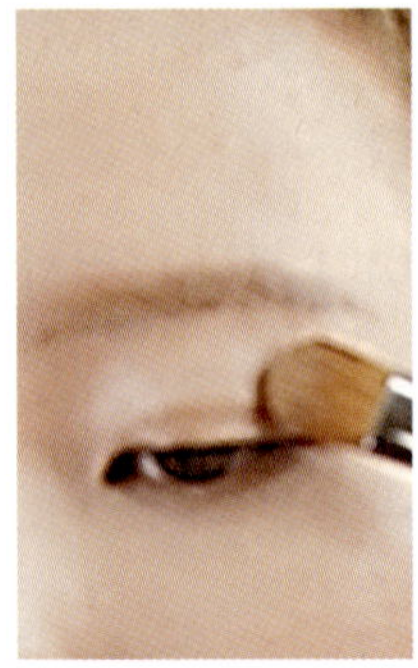
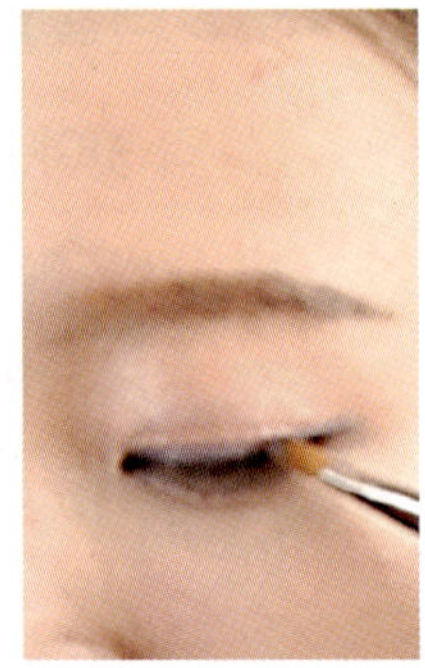

- 아이섀도는 1차색과 2차색의 범위를 나누어서 적당한 브러시를 사용하여 펴 발라준다. 펴 바를 때 뒤쪽 → 앞쪽, 밑 → 위, 앞 → 뒤의 방향으로 펴 발라준다.
- 언더 섀도는 위쪽을 보게 하여 편평한 상태에서 펴 발라준다.

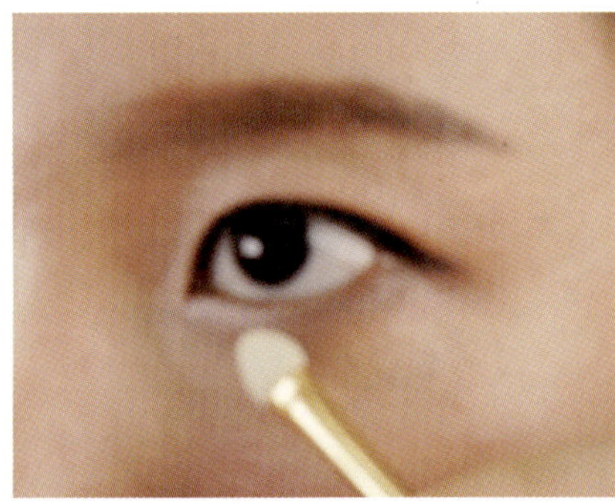

- 아이라인은 젤, 펜슬 타입 중 적당한 것을 선택하여 점막을 채운 후 눈썹 가까이 기본형으로 먼저 그린 후, 눈매를 보정할 수 있는 가이드라인을 디자인한 다음 앞쪽과 뒤쪽을 연결하여 그려준다.
- 속눈썹은 아이래쉬 컬러를 사용하여 3단계로 컬링한다.
- 마스카라는 안쪽부터 지그재그로 올린 후 뭉치지 않게 컬링한다. 언더는 브러시를 세워서 터치하듯 컬링한다.

Check point

아이 메이크업은 완성 후 눈매 보정이 잘되었는지 확인하여 양쪽의 균형을 맞추기 위하여 눈을 뜨고 확인한 후 조금씩 조정한다. 섀도의 범위 설정이 어려운 경우 아이라인을 먼저 그린 후 터치하는 것도 효과적이다.

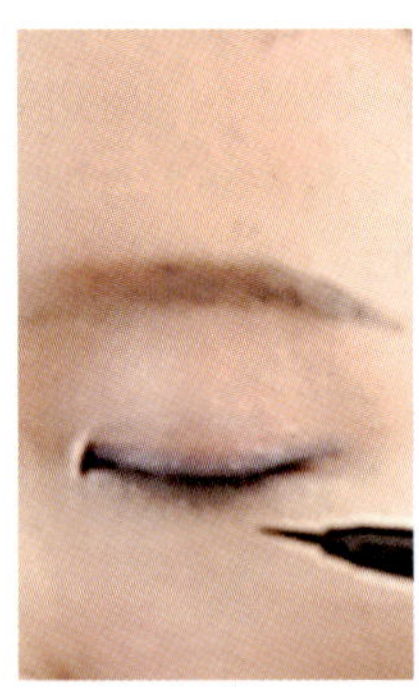
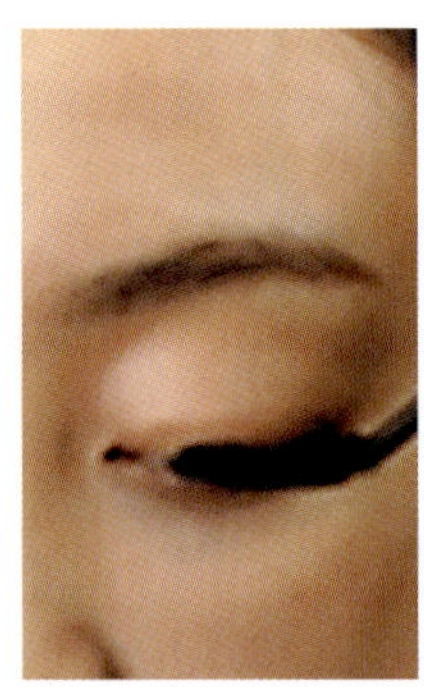

8) 립 메이크업

- 입술의 건조상태를 확인하고, 수분감을 주고 립스틱이나 립글로스를 사용하여 입술 안쪽에 발색을 체크한 후, 펴 발라 준다.
- 입술 모양의 균형을 맞추어 립 브러시나 립 라이너를 사용하여 라인을 내추럴하게 잡아준다.

Check point

입술의 생기를 부여하기 위하여 틴트를 입술 안쪽에 사용하고 립글로스로 마무리하면 볼륨감 있는 입술을 연출할 수 있다.

9) 치크 메이크업

- 눈 피부의 혈색과 전체 메이크업 톤의 조화를 생각하며, 치크 컬러의 컬러를 선택하는 것이 좋으며, 치크를 넣는 위치에 따라 다양한 이미지를 연출할 수 있다.
- 사용되는 컬러는 핑크 계열과 오렌지 계열로 치크 브러시에 묻히고 손등이나 티슈에서 치크의 양과 발색을 조절한 후 터치한다.

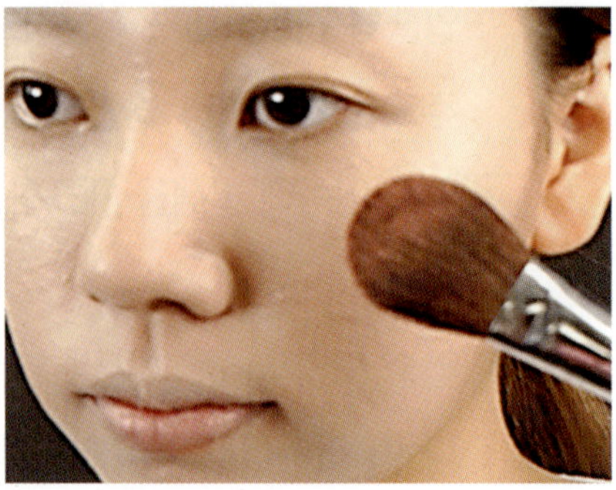

- 치크를 넣는 위치는 웃었을 때 뺨의 가장 높은 곳을 중심으로 동그랗게 굴리거나 일자형 또는 사선 방향으로 각도를 달리 하여 표현한다.
- 섀딩과 만나는 귀 앞쪽에서 치크를 마무리하여 얼룩지지 않도록 유의한다.

Check point

치크 메이크업은 유행에 따라 적용 부위가 달라지지만, 기본적으로 얼굴형에 맞는 부위에 연출했을 때 가장 예쁘다. 또한 퍼스널 컬러에 맞는 치크를 연출하면 화사하고 생기 있는 이미지로 연출된다.

THE BEAUTY MAKE-UP

PART 03

테마별 메이크업

CHAPTER 01

Natural Make-up

내추럴 메이크업은 친자연주의와 친환경주의를 표방하는 자연주의(naturalism) 경향의 영향으로 메이크업에서도 최대한 자연스러움을 추구한다.

피부 표현은 가볍고 자연스러운 형태로 표현하며, 피부 질감 표현의 방법에 따라 깨끗하고 차분한 이미지의 광택이 없는 매트 타입(matt type) 피부 표현과 윤기 있고 건강한 이미지의 광택이 있는 글로시 타입(glossy type) 피부 표현으로 분류할 수 있다.

자연스러운 메이크업은 전체적으로 인공적이고 인위적인 느낌보다는 단순하고 편안한 이미지로 선보다는 면 강조에 의해 자연스러운 표현기법으로 연출한다. 내추럴 메이크업의 주조색은 연하고 밝은 색조(pale & bright tone)로 담갈색(beige), 상아색(ivory), 갈색(brown) 계열을 주로 사용하며, 낭만적 느낌의 연한 분홍색, 자연 친화적 느낌의 연한 녹색과 주황색 등으로 응용하여 표현할 수 있다.

배색에 있어서는 색의 대비가 약한 배색 또는 부드럽고 밝은 톤의 배색으로 자연스러운 분위기를 효과적으로 연출할 수 있다.

1 매트 타입의 내추럴 메이크업(Matt Natural Make-up)

1) 매트 타입의 내추럴 메이크업 테크닉

(1) 피부표현

피부톤에 맞춰 메이크업 베이스를 가볍게 바른 후 부분 컨실러로 잡티와 피부 결점을 세심하게 가린 다음 리퀴드 파운데이션을 사용하여 밀착시킨다. 미네랄 파우더나 투명 파우더로 스킨을 매트하게 마무리한다.

(2) 아이브로우 메이크업

모발 색상과 비슷한 브라운이나 그레이 계열 색상의 펜슬이나 아이섀도로 눈썹 결에 따라 자연스럽게 그려준다.

(3) 아이 메이크업

아이섀도는 베이지나 브라운 계열의 컬러를 사용하여 자연스럽게 펴 발라 주고 음영을 표현하다. 점막과 눈 모양에 크게 벗어나지 않게 주로 아이펜슬을 사용하여 아이라인을 그린다. 마스카라는 소량으로 여러 번 컬링하여 자연스러운 눈매를 완성한다.

(4) 립 메이크업

립스틱은 베이지 계열 또는 베이지 피치, 베이지 오렌지 컬러를 바르고, 입술 중앙에는 투명 립글로스를 소량 발라준다.

(5) 치크 메이크업

치크는 연한 브라운 계열 또는 베이지 피치, 베이지 오렌지 컬러를 사용하여 부드러운 느낌으로 가볍게 터치한다.

2) 매트 타입의 내추럴 메이크업 이미지

완성 이미지

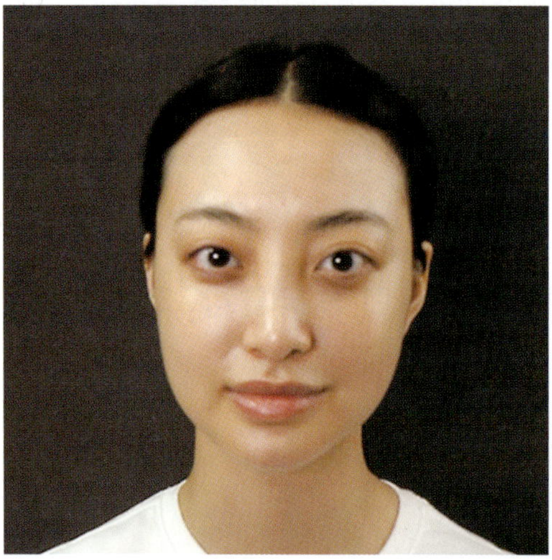

비포 사진

애프터 사진

2 글로시 타입의 내추럴 메이크업(Glossy Natural Make-up)

1) 글로시 타입의 내추럴 메이크업 테크닉

(1) 피부표현

피부톤에 맞춰 메이크업 베이스를 가볍게 바른 후, 부분 컨실러로 잡티와 피부 얼룩을 세심하게 가린 다음 리퀴드 파운데이션을 사용하여 밀착시킨다. 베이지나 베이지 핑크 계열의 쉬머링 제품으로 하이라이트 윤곽을 처리하여 스킨톤을 글로시하게 마무리한다.

(2) 아이브로우 메이크업

모발 색상과 비슷한 브라운 또는 그레이 색상의 펜슬이나 아이섀도로 눈썹 결에 따라 자연스럽게 터치해준다.

(3) 아이 메이크업

눈의 가운데 부분은 베이지나 베이지 피치 계열의 쉬머링 제품으로 포인트를 주고 속눈썹 가까운 부분과 뒷부분은 음영을 주어 글로시한 눈매를 완성해준다. 아이라인은 점막과 눈 모양에 크게 벗어나지 않게 그린다. 마스카라는 소량으로 여러 번 컬링하여 자연스러운 눈매를 완성한다.

(4) 립 메이크업

립스틱은 베이지 계열 또는 베이지 피치, 베이지 오렌지 컬러를 바르고, 립글로스를 충분히 발라서 촉촉함을 연출한다. 베이지 피치 계열의 틴트를 사용하여 자연스러운 색감을 부여해준다.

(5) 치크 메이크업

치크는 자연스러운 연한 브라운 계열 또는 베이지 계열의 베이지 피치, 광택이 있는 베이지 오렌지 컬러를 선택하여 광대뼈를 중심으로 가볍게 터치한다.

2) 글로시 타입의 내추럴 메이크업 이미지

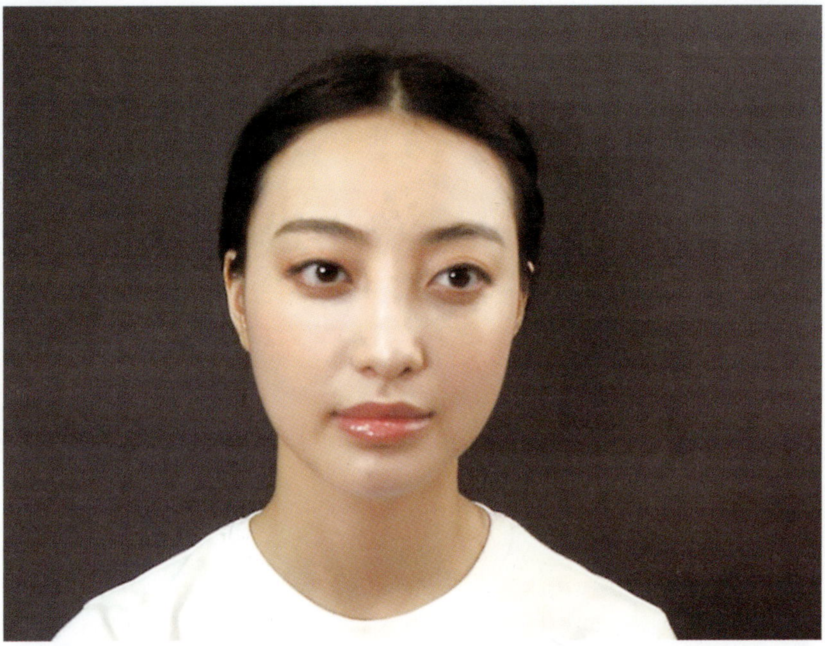

완성 이미지

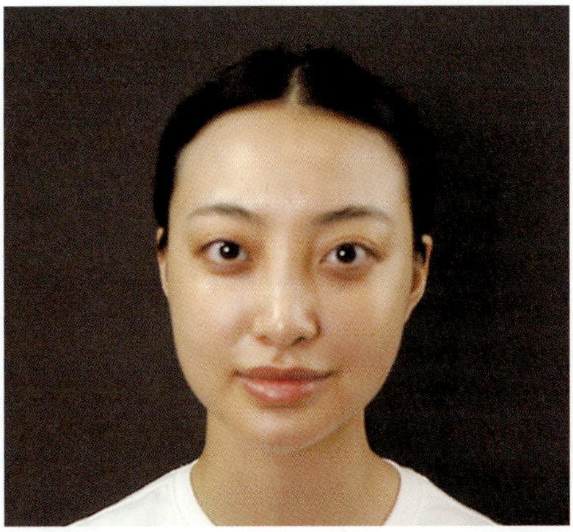

비포 사진

애프터 사진

CHAPTER 02

Tone Make-up

1 웜톤 메이크업(Warm Tone Make-up)

웜톤 메이크업 이미지 맵

1) 웜톤의 특징

퍼스널 컬러에서, 봄 웜톤과 가을 웜톤을 통틀어 웜톤이라고 한다. 대개 따뜻한 컬러를 매치했을 때 생기있어 보이는 피부색을 뜻한다.

웜톤은 대개 따뜻한 브라운 계열의 옷을 입었을 때 얼굴이 생기 있어 보이고, 오렌지(orange)나 코럴(coral) 계열의 색조 화장품이 잘 어울리며, 실버(silver)보다는 골드(gold) 액세서리가 자연스럽게 어울리는 특징이 있다.

같은 웜톤이라고 해도 봄 웜톤과 가을 웜톤은 각각 다른 특징이 있다. 봄 웜톤의 경우 명도와 채도가 높은 노란빛이 도는 화사하고 밝은 느낌의 컬러가 잘 어울리며 어두운 색과는 맞지 않는다. 가을 웜톤의 경우 명도와 채도가 낮은 옐로우빛이 도는 흐리고 어두운 느낌의 컬러가 잘 어울리며 블루빛이 도는 색깔은 어울리지 않는다.

2) 웜톤 메이크업 디자인

(1) 피부표현

피부톤에 맞춰 메이크업 베이스를 가볍게 바른 후, 베이지 계열의 리퀴드 파운데이션을 사용하여 피부톤을 확인하며 여러 번 덧바르고 맑고 투명한 피부를 연출해준다. 부분 컨실러로 잡티와 피부 결점을 세심하게 가려준다. 투명 또는 베이지 계열의 파우더를 발라준다.

(2) 아이브로우 메이크업

브라운이나 골드 브라운 계열의 컬러를 펜슬이나 아이섀도로 부드럽고 내추럴하게 그린다.

(3) 아이 메이크업

아이섀도는 눈매에 가볍게 음영을 주고 베이지, 옐로우 골드, 브라운 계열의 소프트한 톤으로 연출해준다. 아이라인은 점막과 눈 모양에 크게 벗어나지 않게 깨끗하게 표현해준다. 마스카라는 소량으로 여러 번 컬링하여 깊이 있는 눈매를 완성한다.

(4) 립 메이크업

베이지나 오렌지 계열 립스틱으로 색감을 부여하고 립글로스를 발라준다.

(5) 치크 메이크업

치크는 베이지, 오렌지, 브라운 계열의 컬러를 선택하여 광대뼈를 중심으로 펴 바른다. 웜톤은 대부분 치크를 했을 때 생기가 도는 경우가 많으므로 조화로운 치크를 해주도록 한다.

3) 웜톤 메이크업 디자인

완성 이미지

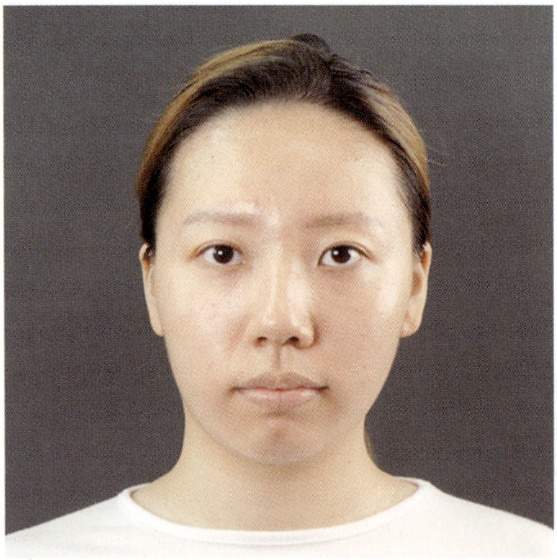

비포 사진

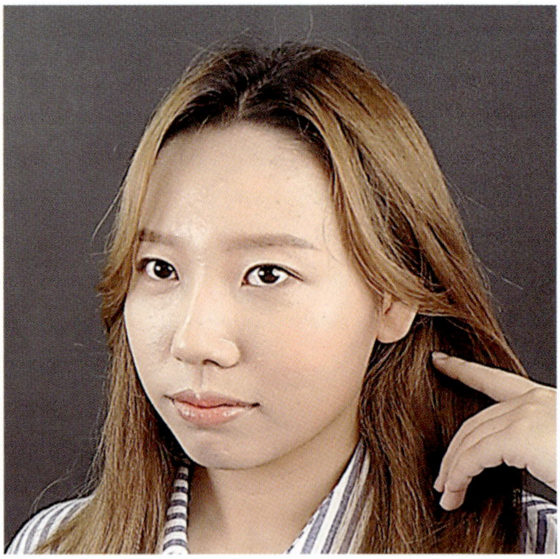

애프터 사진

2 쿨톤 메이크업(Cool Tone Make-up)

쿨톤 메이크업 이미지 맵

1) 쿨톤의 특징

퍼스널 컬러에서 여름 쿨톤과 겨울 쿨톤을 통틀어 쿨톤이라고 한다. 대개 명도와 채도가 높은 컬러를 매치했을 때 생기 있어 보이는 피부색을 뜻한다.

쿨톤은 주로 핑크와 화이트 계열의 옷을 입었을 때 얼굴이 생기 있어 보이고 핑크빛 색조 화장품이 잘 어울리며 골드보다는 실버 액세서리가 자연스럽게 어울리는 특징이 있다.

같은 쿨톤이라고 해도 여름 쿨톤과 겨울 쿨톤은 각각 다른 특징이 있다. 여름 쿨톤의 경우, 핑크 계열 명도와 채도가 높은 푸른빛이 도는 화사하고 밝은 느낌의 컬러가 잘 어울리며 블랙과 오렌지빛이 도는 색깔은 어울리지 않는다. 반면 겨울 쿨톤의 경우 명도와 채도의 높고 낮음에 관계없이 푸른빛이 도는 선명하고 강한 컬러가 잘 어울리며 여름쿨톤과는 반대로 블랙 또한 잘 어울린다.

2) 쿨톤 메이크업 테크닉

(1) 피부표현

피부톤에 맞춰 메이크업 베이스를 가볍게 바른 후 베이지, 핑크 계열의 리퀴드 파운데이션을 사용하여 피부톤을 확인하며 여러 번 덧 바르고 맑고 투명한 피부를 연출해준다. 부분 컨실러로 잡티와 피부 얼룩을 세심하게 가린다. 투명 또는 핑크 계열의 파우더를 발라준다.

(2) 아이브로우 메이크업

그레이시 계열이나 그레이시 브라운 계열의 아이브로우 펜슬이나 아이펜슬이나 브라운 아이섀도로 차분하고 깔끔하게 그린다.

(3) 아이 메이크업

아이섀도는 화이트, 핑크, 블루, 그레이 계열의 컬러를 선택하여 펴 발라준다. 아이라인은 점막과 눈 모양에 크게 벗어나지 않게 깨끗하게 표현해준다. 마스카라는 소량으로 여러 번 컬링하여 깊이 있는 눈매를 완성한다.

(4) 립 메이크업

립스틱은 핑크, 코럴 계열 또는 마젠타, 버건디, 퍼플 계열 컬러 등을 선택하여 색감을 부여하고 립글로스를 발라준다.

(5) 치크 메이크업

치크는 핑크, 퍼플 계열의 컬러를 선택하여 광대뼈를 중심으로 펴 바른다.

3) 쿨톤 메이크업 이미지

완성 이미지

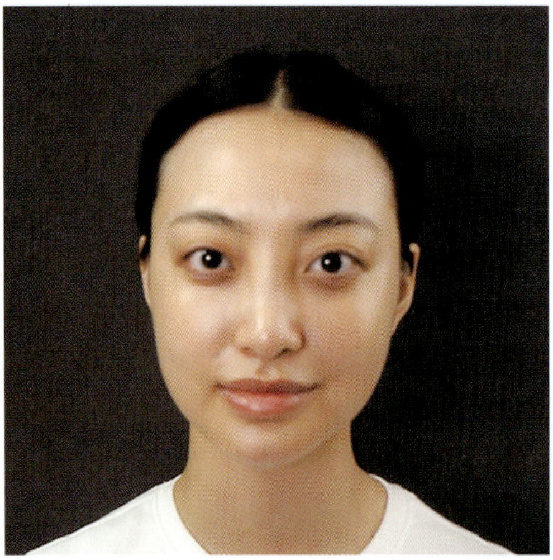

비포 사진

애프터 사진

THE BEAUTY MAKE-UP

Four Season
Make-up
03
CHAPTER

사계절 메이크업(Four Season Make-up)

사계절 기후에 따른 온도감각과 자연의 색채 변화로 계절별 이미지가 달라지므로, 계절별 메이크업에 있어서 효과적인 피부 표현과 색채 이미지를 연출하는 것이 중요하다.

'사계절 컬러'라고 부르는 이 방법은 독일의 요하네스 이텐(Johannes Itten)에 의해 시작되었다. 따뜻한 색과 차가운 색, 계절에 맞는 색상을 나누고 피부색과 눈동자, 모발의 색을 파악하여 사계절 컬러 유형을 진단했는데, 따뜻하고 부드러운 색을 지닌 사람을 봄, 차고 부드러운 색은 여름, 따뜻하면서 짙은 색을 가진 사람은 가을, 차가운 색과 탁한 느낌을 지닌 사람은 겨울로 분류하고 있다.

1 봄 메이크업(Spring Make-up)

1) 봄 메이크업의 특징

봄은 대자연과 만물이 생동하는 계절의 새로운 시작이다. 봄의 이미지는 생동감, 상큼함, 화사함의 이미지를 내포하고 있다. 대표적인 봄 이미지는 큐트, 프리티, 캐주얼, 스포티한 느낌에 어울리며 귀엽고 발랄하다.

주로 사용되는 색상은 옐로우, 코럴, 오렌지 계열, 색조는 고명도, 저채도의 파스텔 톤으로 유사색 대비나 부드러운 보색 대비로 표현한다.

2) 봄 메이크업 테크닉

(1) 피부표현

피부톤에 맞춰 메이크업 베이스를 가볍게 바른 후 부분 컨실러로 잡티와 피부 결점을 세심하게 가린다. 웜톤의 리퀴드 파운데이션을 펴 바르고 부분 컨실러로 잡티와 피부 결점을 커버하고 투명 파우더로 발라 밝고 화사한 피부를 연출해준다.

(2) 아이브로우 메이크업

경쾌한 봄의 이미지와 어울리게 상승형 눈썹으로 약간 짧게 그려주거나 기본 눈썹으로 자연스러운 브라운 계열의 컬러를 아이펜슬이나 아이섀도로 부드럽고 내추럴하게 그려준다.

(3) 아이 메이크업

아이섀도는 눈매에 가볍에 음영을 주고, 코럴, 오렌지 계열의 소프트한 톤으로 표현해준다. 아이라인은 브라운이나 블랙 컬러로 눈 모양을 세심하게 보완하여 그려준다. 마스카라는 브라운, 블랙, 투명 마스카라 또는 아이섀도 색상에 맞춰 발라준다.

(4) 립 메이크업

코럴, 오렌지 계열의 컬러를 선택하여 립스틱으로 색감을 부여하고, 립글로스를 자연스럽게 발라준다.

(5) 치크 메이크업

오렌지와 코럴 계열의 컬러를 선택하여 볼 중앙을 중심으로 둥글거나 부드럽게 터치한다. 올리브 계열이 섞인 컬러는 피부 결점을 상쇄시키도록 선택적으로 사용한다.

3) 봄 메이크업 디자인

완성 이미지

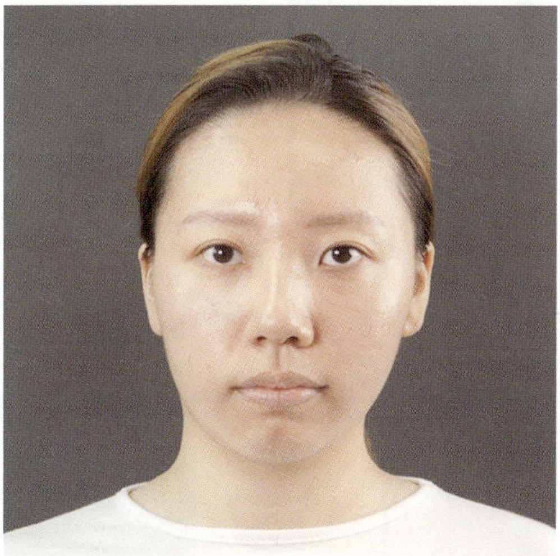

비포 사진

애프터 사진

2 여름 메이크업(Summer Make-up)

여름 메이크업 이미지 맵

1) 여름 메이크업의 특징

여름에는 강한 자외선과 무더운 날씨로 인하여 경쾌하고 시원한 이미지를 선호하게 된다. 그러므로 여름 메이크업은 자외선과 땀으로부터 보호를 위해 자외선 차단제와 방수제품을 사용하고 최대한 얇은 질감의 경쾌한 이미지로 표현한다.

주로 사용되는 색상은 화이트, 실버, 블루, 오렌지 등으로 여러 색상보다는 한두 가지 색상을 눈과 입술 중 한 곳만을 강조하여 표현한다. 노출이 많은 시기이므로 시원한 여름 의상과 장신구 등을 조화롭게 활용하면 효과적이다.

2) 여름 메이크업 테크닉

(1) 피부표현

피부가 자외선으로부터 보호를 받을 수 있도록 선크림(sun block cream)이나 자외선 차단제가 함유된 메이크업 베이스를 꼼꼼하게 바른다. 방수효과가 있는 쿨톤 블루 또는 태닝 계열의 파운데이션을 펴 바르고 투명 파우더를 가볍게 발라준다.

(2) 아이브로우 메이크업

각진 상승형이나 기본형 눈썹은 브라운 또는 애쉬 계열, 그레이 계열의 컬러를 아이펜슬이나 아이섀도로 부드럽게 그려준다.

(3) 아이 메이크업

땀이나 물에 더 안전한 펜슬이나 크림 타입의 아이섀도를 이용하고 파운데이션을 바른 후에 화이트, 실버, 블루 계열 등으로 한두 가지 컬러를 자연스럽게 펴준다. 파우더를 바른 후에 눈 앞부분과 언더 부분에 화이트 펄을 가미하여 시원한 이미지로 표현한다. 리퀴드 아이라이너와 마스카라는 블루, 블랙 계열로 선명하게 표현하고 방수 제품을 사용하면 효과적이다.

(4) 립 메이크업

핑크나 오렌지 계열 컬러를 사용하며 투명이나 펄감이 있는 립글로스를 입술 중앙을 중심으로 발라준다.

(5) 치크 메이크업

핑크나 라벤더, 오렌지 계열의 펄감이 있는 컬러로 선택하여 광대뼈를 중심으로 가볍게 터치한다.

3) 여름 메이크업 이미지

완성 이미지

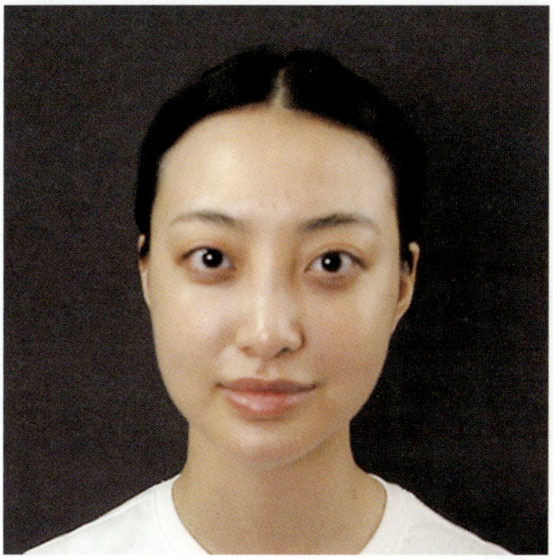

비포 사진

애프터 사진

3 가을 메이크업(Autumn Make-up)

1) 가을 메이크업의 특징

가을에는 자연의 느낌이 정적이고 사색적인 이미지로 변모하고 주 색상도 갈색으로 변해간다. 그러므로 가을 메이크업의 이미지는 지적이고 차분하면서 안정감을 추구하며 브라운, 카키, 골드 등을 주색상으로 유사색 대비가 효과적이다.

가을에는 단풍과 낙엽이 물드는 그윽한 느낌의 계절이므로 차분하고 따뜻한 이미지를 선호하게 된다. 그러므로 가을 메이크업은 차분하고 부드러운 메이크업이 잘 어울린다. 주로 사용되는 색상은 다크브라운, 골드, 카키 계열 등으로 조화롭게 표현한다. 립컬러는 베이지, 브라운, 오렌지레드, 브론즈컬러도 잘 어울린다.

2) 가을 메이크업 테크닉

(1) 피부표현

피부톤에 맞춰 메이크업 베이스를 가볍게 바른 후에 베이지 또는 골드, 브론즈 계열의 파운데이션을 사용하여 지적이고 차분한 이미지의 피부톤을 표현한다. 부분 컨실러로 잡티와 피부 결점을 세심하게 가려주고 베이지 계열의 파우더를 발라 차분한 느낌의 피부를 연출해 준다.

(2) 아이브로우 메이크업

브라운 계열의 아이브로우 펜슬이나 아이섀도로 부드럽고 내추럴하게 그려준다.

(3) 아이 메이크업

아이섀도는 베이지 컬러로 펴 바른 후에 중간 브라운이나 골드, 카키 계열을 바라주고, 어두운 톤의 브라운 계열로 눈꼬리나 쌍꺼풀 안쪽으로 음영을 넣어주어 입체감을 표현한다. 눈썹뼈는 연한 베이지 계열로 은은하게 표현하여 전체적으로 그윽하고 분위기 있게 연출한다.

블랙이나 브라운 리퀴드 아이라이너 또는 붓펜 아이라이너로 가늘고 선명하게 그려주고, 속눈썹이 짧거나 숱이 적은 경우에는 속눈썹을 가닥가닥 붙이거나 부분 속눈썹을 붙여주도록 하고 마스카라는 블랙이나 브라운으로 풍성하게 컬링한다.

(4) 립 메이크업

베이지 브라운 또는 펄이 함유된 레드브라운 계열의 컬러를 선택하여 자연스러운 입술의 수분 상태에 따라 립글로스를 바른다.

(5) 치크 메이크업

베이지 브라운 또는 오렌지 브라운 계열의 컬러를 선택하여 자연스럽게 사선으로 터치하여 입체적으로 표현한다.

3) 가을 메이크업 디자인

완성 이미지

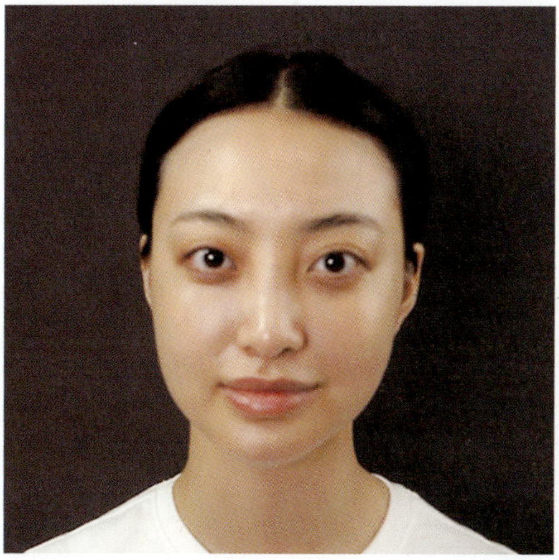

비포 사진

애프터 사진

4 겨울 메이크업(Winter Make-up)

1) 겨울 메이크업의 특징

겨울에는 날씨가 추워지고 자연의 색상이 무채색으로 변화되며, 의상색은 주로 어두운 색을 선호하게 된다. 그러므로 겨울 메이크업 이미지는 밝고 화려하며 여성스럽게 표현하는 것이 바람직하다. 주로 사용되는 색상은 뉴트럴 계열, 퍼플, 버건디, 레드 등이고 고채도 저명도로 유사색 대비로 표현하면 효과적이다.

겨울에는 피부가 거칠어지고 건조해지므로 충분히 유수분 공급에 유의해야 하며, 밀착감 있는 피부 표현과 명암을 강조한 입체감도 표현해 주어야 한다.

2) 겨울 메이크업 테크닉

(1) 피부표현

피부톤과 같거나 밝은 쿨톤의 밀착감과 지속력이 있는 크림 파운데이션을 충분히 발라주고 투명 파우더를 바른다. 피부톤이 밝고 화사하게 표혐되는데 중점을 두도록 한다.

(2) 아이브로우 메이크업

브라운이나 애쉬 계열, 그레이 계열의 컬러를 아이펜슬이나 아이섀도로 섬세하게 그려준다.

(3) 아이 메이크업

아이섀도는 눈매에 가볍게 음영을 주고 그레이나 실버 계열 또는 퍼플 계열을 사용하여 자연스럽게 펴 발라준다. 아이라인은 리퀴드 아이라이너나 붓펜 타입으로 선명하게 표현하고 속눈썹은 가닥가닥 심거나 부분 속눈썹은 붙이고 퍼플 또는 블랙 마스카라를 이용해 풍성하게 표현한다.

(4) 립 메이크업

퍼플이나 레드 계열의 컬러를 선택하여 립스틱으로 색감을 부여하고 립글로스를 충분히 발라서 촉촉함을 연출한다.

(5) 치크 메이크업

핑크나 라벤더, 퍼플 계열의 컬러를 선택하여 볼을 중심으로 강조해 준다.

3) 겨울 메이크업 이미지 디자인

완성 이미지

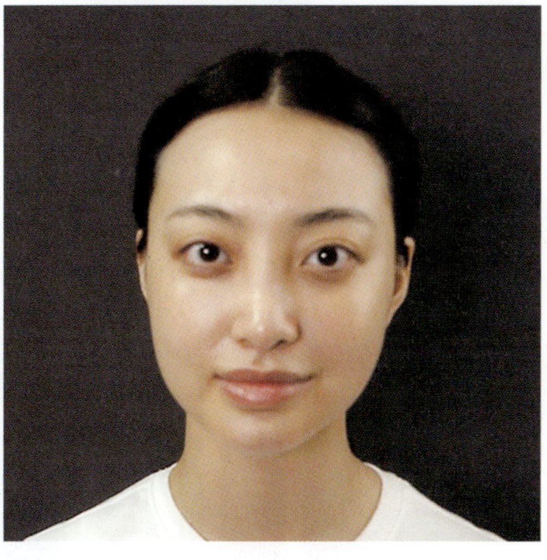

비포 사진

애프터 사진

Image
Make-up
04

1 로맨틱 프리티 메이크업(Romantic Pretty Make-up)

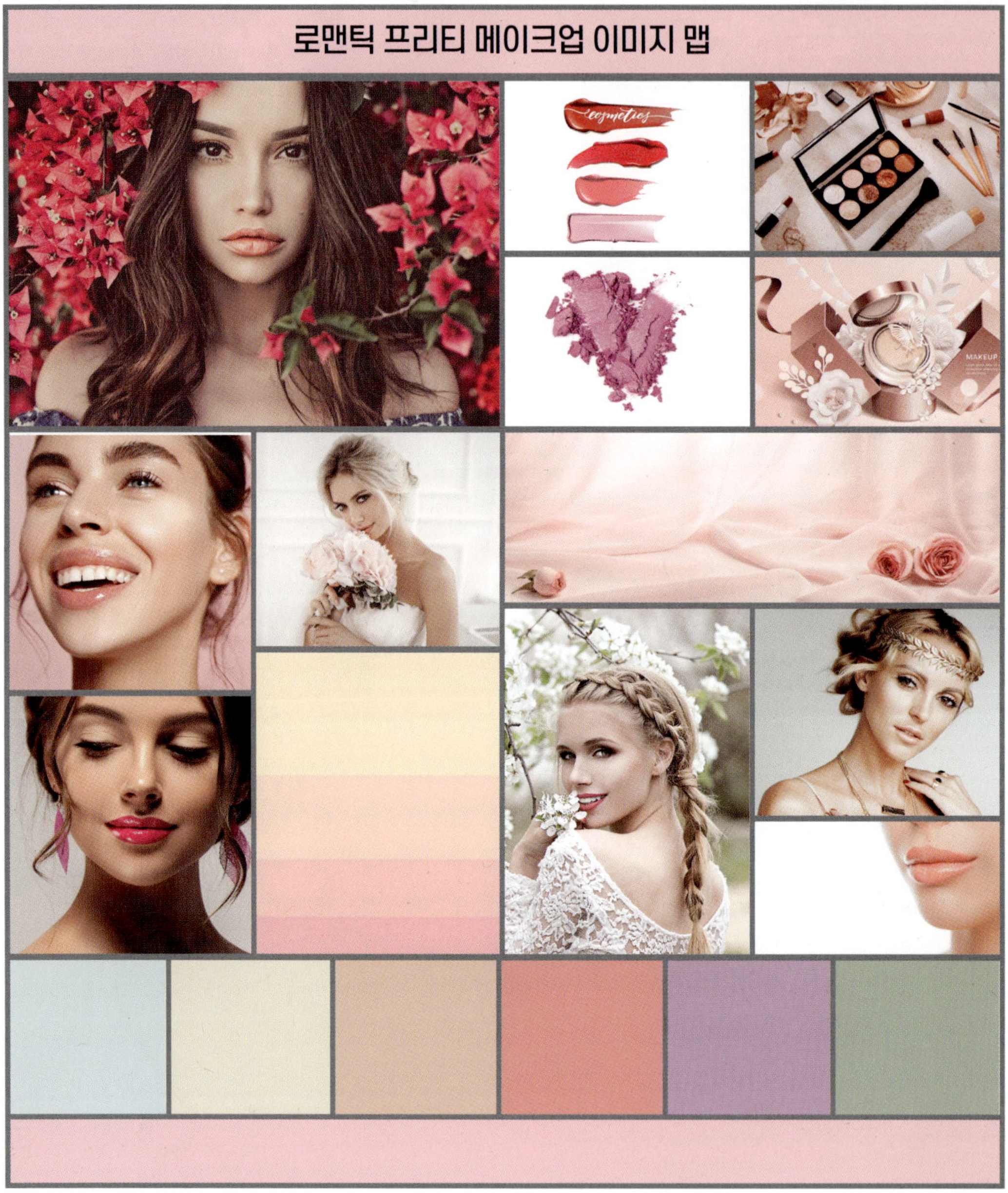

1) 로맨틱 프리티 메이크업의 특징

로맨틱 프리티(romantic pretty)는 고전적이고 비현실적이며, 공상적 의식의 표방으로 사랑스럽고 여성스러운 감각을 표현하고 있다. 주로 소설 속의 영원한 미성숙의 여주인공처럼 보다 어려보이는 귀여운 소녀적 감각과 장식적 분위기의 화려함, 환상적인 감각을 표방하거나 여성스러움과 사랑스러움은 공유하면서 억제되지 않은 상상은 로맨틱 분위기화한 것으로 자유스러움이 내포되어 있다.

2) 로맨틱 프리티 메이크업 테크닉

(1) 피부표현

피부톤에 맞춰 메이크업 베이스를 가볍게 바른 후, 피부의 화사한 발색을 위하여 피부보다 한 톤 밝은 컬러의 파운데이션을 부분 컨실러로 잡티와 피부 결점을 세심하게 커버해준다. 투명 파우더를 발라서 마무리해준다.

(2) 아이브로우 메이크업

그레이 브라운 계열의 아이펜슬이나 아이섀도로 눈썹산이 각지지 않게 둥글게 그려준다.

(3) 아이 메이크업

아이섀도는 눈매에 가볍게 음영을 주고 눈두덩이에는 펄이 가미된 라이트 핑크 계열을 사용하여 부드럽게 표현해주고, 포인트는 라이트퍼플 계열이나 브라이트핑크 계열로 연출해준다. 아이라인은 점막을 꼼꼼히 채우고 눈 모양이 귀여워 보이도록 가운데 부분을 또렷하게 표현해준다. 아이래쉬 컬러로 3번에 나누어 컬링한 후 마스카라는 여러 번 덧바른다. 가닥 속눈썹이나 인조 속눈썹은 붙여서 풍성하게 표현한다.

(4) 립 메이크업

자연스러운 핑크 계열의 컬러를 선택하여 립스틱으로 색감을 부여하고 입술 안쪽에 더 짙은 컬러의 틴트를 바르고 립글로스로 촉촉함을 표현한다.

(5) 치크 메이크업

핑크나 퍼플 계열의 컬러를 선택하여 애플존에 둥글게 터치한다. 주변에 뭉치는 경우 분첩으로 닦아내면서 블렌딩하여 자연스럽게 피부톤과 연결되도록 해준다.

3) 로맨틱 프리티 메이크업 디자인

완성 이미지

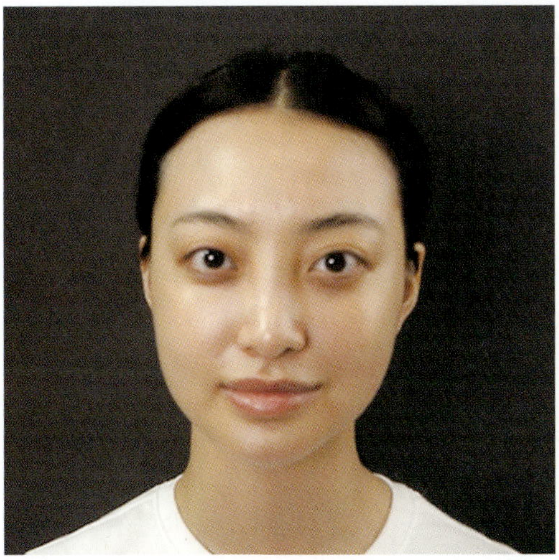

비포 사진

애프터 사진

2 걸리쉬 메이크업(Girlish Make-up)

걸리쉬 메이크업 이미지 맵

1) 걸리쉬 메이크업의 특징

여성스러운 로맨틱 메이크업에서 보다 발랄하고 귀여운 10대 소녀스럽고 말괄량이 같은 이미지를 강조한 메이크업이다. 채도를 높인 컬러톤을 사용하여 생동감 있고 개성있는 스타일을 연출할 수 있다.

2) 걸리쉬 메이크업 테크닉

(1) 피부표현

피부톤에 맞춰 메이크업 베이스를 가볍게 바른 후 어려보이고 소녀적인 피부 표현을 위해서 수분 크림과 에센스로 충분히 도포하고 팩팅해준다. 화사한 컬러의 파운데이션으로 촉촉한 느낌의 피부를 표현해준다. 투명 파우더로 가볍게 터치하여 마무리한다.

(2) 아이브로우

연한 브라운이나 애쉬 계열의 아이펜슬이나 아이섀도로 약간 상승형이거나 둥근 형태의 눈썹으로 그려준다.

(3) 아이 메이크업

아이섀도는 눈매에 가볍게 음영을 주고 펄감이 있는 핑크 계열이나 코럴 계열로 연출해주고, 눈밑 언더에는 화이트나 베이지 펄로 반짝이는 눈매를 연출해준다. 아이라인은 점막을 꼼꼼히 채우고 눈 모양이 귀여워 보이도록 가운데 부분을 또렷하게 표현해준다. 아이래쉬 컬러로 3번에 나누어 컬링한 후 마스카라는 여러 번 덧 바른다. 눈 언더 부분에는 가닥 속눈썹을 부분적으로 붙이고 마스카라를 발라준다.

(4) 립 메이크업

핑크 또는 코럴계열 컬러를 선택하여 립스틱이나 틴트로 색감을 부여하고 립글로스를 발라서 글로시하게 표현해준다.

(5) 치크 메이크업

핑크 계열의 컬러를 선택하여 애플존을 중심으로 화사해 보이게 표현해준다. 경우에 따라서 눈밑에 가로 부위로 눈과 코를 연결하여 브라운 계열의 주근깨를 표현해 줄 수도 있다.

3) 걸리쉬 메이크업 디자인

완성 이미지

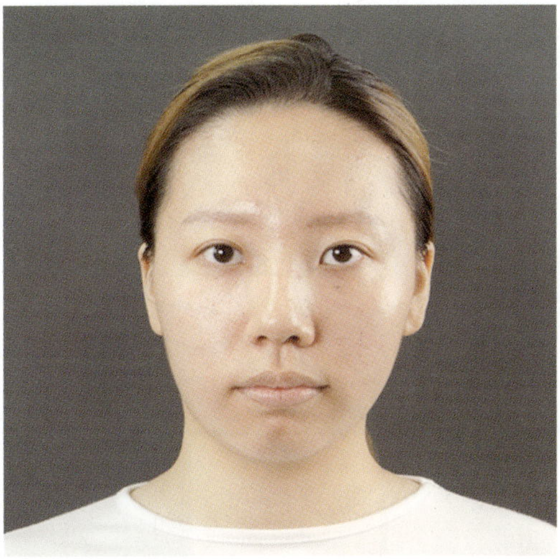

비포 사진

애프터 사진

3 면 스모키 메이크업(Face Smoky Make-up)

1) 면 스모키 메이크업의 특징

세 가지 이상의 색상을 사용하여 눈의 깊이와 음영감을 면으로 처리해 눈동자가 더욱 돋보이게 연출하는 메이크업이다.

2) 면 스모키 메이크업 테크닉

(1) 피부표현

피부톤에 맞춰 메이크업 베이스를 가볍게 바른 후 피부가 균일해 보이도록 리퀴드 또는 크림 파운데이션을 블렌딩하여 컨투어링한다. 부분 컨실러로 잡티와 피부 얼룩을 세심하게 가린다. 붉은빛이 돌지 않도록 피부톤을 정리하고 차분한 느낌의 피부를 연출하기 위해 소량의 파우더를 발라서 마무리한다.

(2) 아이브로우 메이크업

붉은기가 없는 브라운이나 애쉬 계열, 그레이 계열의 아이브로우 펜슬이나 아이섀도로 부드럽고 내추럴하게 그린다.

(3) 아이 메이크업

아이섀도는 눈매에 가볍게 음영을 주고 베이지, 골드브라운, 다크브라운 계열의 컬러를 순서대로 펴 바르고, 3단계 그러데이션을 이용하여 눈매의 깊이감을 준다.

아이섀도가 경계지지 않게 잘 펴 주는 것이 중요하다. 아이라인은 블랙 컬러로 점막을 채우고 모양의 보정을 참고하여 라인을 상승형, 하강형, 일자형으로 맞춰서 연출해준다. 눈의 언더라인 안쪽의 점막도 채워주면 커보이는 눈매를 연출하기 위해 인조 속눈썹을 부분이나 전체로 붙여준다. 마스카라는 여러 번 컬링하여 풍성한 눈매를 완성한다.

(4) 립 메이크업

베이지 계열로 내추럴하게 표현하거나 레드 계열의 립스틱을 선택하여 선명함을 강조해주고 입술 중앙에는 립글로스를 발라준다.

(5) 치크 메이크업

브라운이나 오렌지 계열의 컬러를 선택하여 주로 광대뼈를 감싸듯이 사선으로 터치하여 입체적으로 표현한다.

3) 면 스모키 메이크업 디자인

완성 이미지

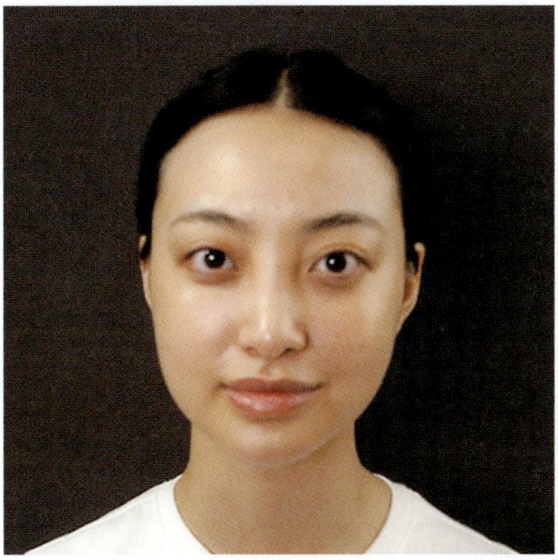

비포 사진

애프터 사진

4 선 스모키 메이크업(Line Smoky Make-up)

선 스모키 메이크업 이미지 맵

1) 선 스모키 메이크업의 특징

아이라인 테크닉을 강조하여 표현하는 메이크업으로 상승형의 눈꼬리로 그리는 형태가 많다.

2) 선 스모키 메이크업 테크닉

(1) 피부표현

피부톤에 맞춰 메이크업 베이스를 가볍게 바른 후 피부가 균일해 보이도록 리퀴드 또는 크림 파운데이션을 블렌딩하여 컨투어링한다. 부분 컨실러로 잡티와 피부 얼룩을 세심하게 가린다. 붉은빛이 돌지 않도록 피부톤을 정리하고 차분한 느낌의 피부를 연출하기 위해 소량의 파우더를 발라서 마무리한다.

(2) 아이브로우

붉은기가 없는 브라운이나 애쉬 계열, 그레이 계열의 아이브로우 펜슬이나 아이섀도로 부드럽고 내추럴하게 그린다.

(3) 아이 메이크업

아이섀도는 눈매에 가볍게 음영을 주고 아이라인을 이용하여 눈매의 깊이감을 준다. 눈매를 더욱 뚜렷하게 표현하기 위해서 아이라인은 블랙 컬러로 점막을 채우고 아이라인을 상승형으로 길게 연출해준다.

블랙이나 다크브라운 컬러를 선택하여 아이라인 위쪽에 포인트 섀도로 블렌딩 해준다. 눈의 언더라인 안쪽의 점막도 채워주면 커보이는 눈매를 연출하기 위해 인조 속눈썹 부분이나 전체를 붙여준다. 마스카라는 여러 번 컬링하여 풍성한 눈매를 완성한다.

(4) 립 메이크업

베이지 계열 또는 핑크, 피치 계열의 립스틱을 선택하여 발라주고 투명 립글로스를 부드럽고 자연스럽게 표현한다.

(5) 치크 메이크업

브라운이나 오렌지 계열의 컬러를 선택하여 주로 광대뼈를 감싸듯이 사선으로 터치하여 입체적으로 표현한다.

3) 선 스모키 메이크업 디자인

완성 이미지

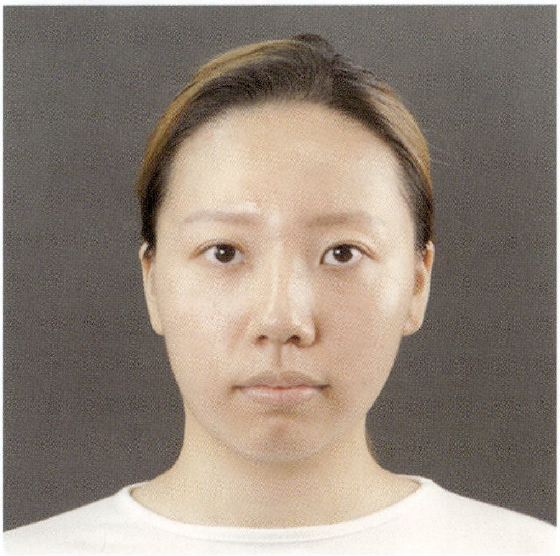

비포 사진

애프터 사진

5 글리터 스모키 메이크업(Glitter Smoky Make-up)

1) 글리터 스모키 메이크업의 특징

면 스모키 메이크업, 선 스모키 메이크업을 적절히 활용하여 스모키 메이크업을 표현한 후에 눈 부위에 따라 쉬머 글리터 텍스처를 연출하며, 반짝이고 화려한 이미지를 표현하는 메이크업이다.

2) 글리터 스모키 메이크업 테크닉

(1) 피부표현

피부톤에 맞춰 메이크업 베이스를 가볍게 바른 후 피부가 균일해 보이도록 리퀴드 파운데이션과 크림 파운데이션을 블렌딩하여 컨투어링한다. 부분 컨실러로 잡티와 피부 결점을 세심하게 가린다. 자연스러운 광택감 있는 피부톤으로 표현하고 소량의 펄 파우더를 발라서 마무리한다.

(2) 아이브로우 메이크업

붉은기가 없는 브라운이나 애쉬 계열, 그레이 계열의 아이브로우 펜슬이나 아이섀도로 부드럽고 내추럴하게 그린다.

(3) 아이 메이크업

아이섀도는 베이스, 메인, 포인트 컬러를 차례대로 바르고 그러데이션 해준다. 그리고 눈두덩이에 자연스럽게 골드나 실버 계열의 글리터를 얹어준다. 눈 앞쪽과 눈 언더 부위에는 화이트나 베이지 펄, 글리터로 전체에 반짝이는 눈매를 표현해준다. 아이라인은 블랙으로 점막을 채워주고 눈 모양에 따라서 상승형, 하강형, 일자형 등으로 표현해 준다. 눈의 언더라인 안쪽의 점막도 블랙으로 채워주며 또렷한 눈매를 연출하기 위해 인조 속눈썹을 부분이나 전체로 붙여준다. 마스카라는 여러 번 컬링하여 풍성한 눈매를 완성한다.

(4) 립 메이크업

베이지 핑크 또는 베이지 피치 계열의 립스틱을 바르고 투명 립글로스 또는 자연스러운 펄감이 있는 립글로스를 발라준다.

(5) 치크 메이크업

오렌지 브라운 또는 핑크 계열의 컬러를 선택하여 주로 광대뼈를 감싸듯이 사선으로 터치하여 입체적으로 표현한다.

3) 글리터 스모키 메이크업 디자인

완성 이미지

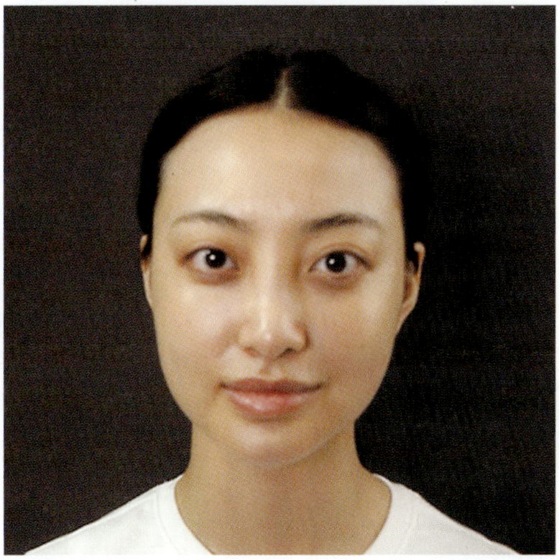

비포 사진

애프터 사진

CHAPTER 05

Media Make-up

1 사진 메이크업(Photo Make-up)

사진 메이크업 이미지 맵

1) 사진 메이크업의 특징

컬러 사진은 동적인 이미지로 표현되는 특징이 있다. 카메라 렌즈와 조명, 그리고 색상의 명도, 채도, 대비를 고려하여 표현한다. 평소의 메이크업보다 톤의 조화로움이 중요한데 피부톤이 깨끗하고 입체감 있게 표현하고, 컬러가 선명하고 블렌딩이 자연스러워야 한다.

너무 진하거나 어두운 색상은 피하고, 중간이나 고채도의 브라운 계열, 피치 계열 등을 사용한다. 흑백 사진은 컬러 사진이 모던하고 동적이라면 클래식하면서 정적인 이미지로 표현되는 특징이 있다. 흑백 사진에서는 모든 색상을 화이트, 브라이트 그레이, 스트롱 그레이, 다크 그레이, 블랙 등의 무채색 계열로 변화시키며, 흑백 사진 메이크업은 명암이 강조된 형태로 표현된다.

2) 사진 메이크업 테크닉

(1) 피부표현

피부톤에 맞춰 메이크업 베이스를 가볍게 바른다.

이미, 콧대, 눈밑 다크서클 부분에는 하이라이트 파운데이션을 이용하여 밝게 표현해 준다. 헤어라인, 노즈, 턱선 등은 섀딩 파운데이션으로 입체적인 음영을 표현해 준다. 투명 파우더를 발라서 매트한 질감으로 마무리한다.

(2) 아이브로우 메이크업

그레이 브라운 계열의 아이브로우 펜슬이나 아이섀도로 내추럴하면서도 정교하게 그려준다.

(3) 아이 메이크업

아이섀도는 눈매에 가볍게 음영을 주고 베이지나 브라운 계열로 부드럽게 연출해준다. 붉은기가 들어가는 컬러나 펄감 있는 섀도는 가급적 피한다. 아이라인은 눈매가 또렷이 보이도록 눈모양을 보정하여 그려준다. 마스카라는 소량으로 여러 번 컬링하되 뭉치지 않고 정교하게 표현해준다. 또렷한 눈매를 위해 속눈썹은 가닥가닥 붙여준다.

(4) 립 메이크업

연한 컬러로 립라인을 그려주고 베이지 핑크 또는 베이지 코럴의 립스틱을 자연스럽게 발라준다.

(5) 치크 메이크업

오렌지나 핑크 계열의 컬러로 광대뼈를 중심으로 볼을 감싸듯이 터치해주고 얼굴 윤곽선을 따라 다시 터치하여 마무리한다.

3) 사진 메이크업 디자인

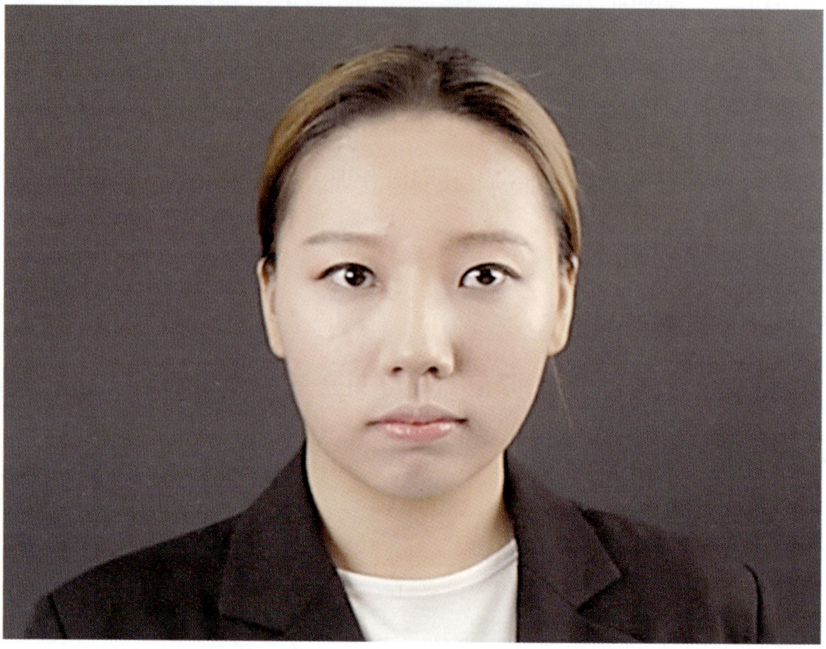

완성 이미지

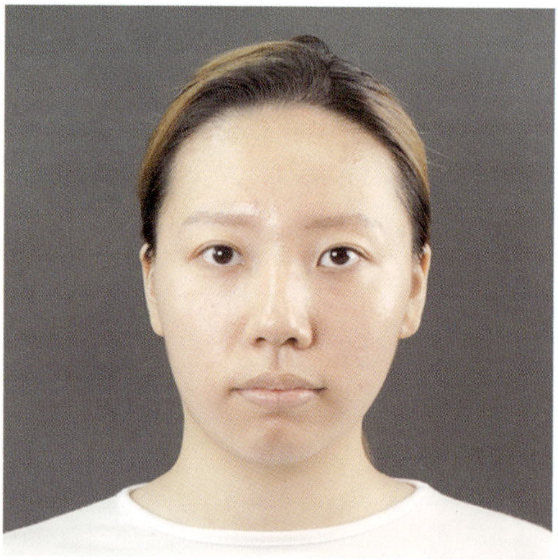

비포 사진

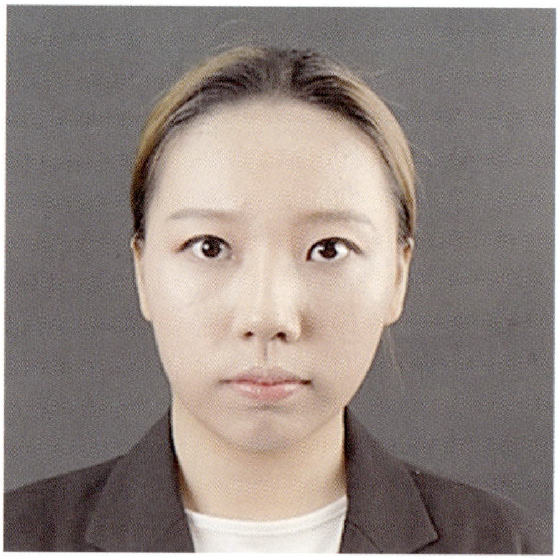

애프터 사진

2 영상매체 메이크업(Video Media Make-up)

영상매체 메이크업 이미지 맵

1) 영상매체 메이크업의 특징

영상 매체 메이크업의 목적은 얼굴의 유분과 땀으로 인한 분비물이 조명과의 반사로 얼굴이 지저분하고 흐트러지는 것을 방지하는 데 있다. TV 조명에서 피부톤은 붉어 보이므로 붉은기가 들어간 파운데이션은 피하는 것이 좋다. 또한 의상색과 배경 세트색, 조명, 카메라의 위치, 재현색까지 계산하여 자연스러운 피부색상을 결정한다. 차가운 색상보다는 따뜻한 색상이 잘 어울리고 펄이 들어간 섀도보다는 매트한 섀도 표현이 무난하다. 화이트 섀도는 모니터상에 푸른빛으로 보이므로 하이라이트 시 페일톤 또는 브라이트톤의 컬러로 터치하는 것이 좋다. HD TV의 경우에는 출연자의 피부 상태가 그대로 드러나므로 두껍지 않은 깨끗한 무결점 커버가 중요하다. 너무 두꺼운 화장보다는 얇고 깨끗한 피부를 위하여 평소 출연자의 기초 피부 손질이 필요하다.

2) 영상매체 메이크업 테크닉

(1) 피부표현

피부톤에 맞춰서 메이크업 베이스를 가볍게 바른 후에 피부톤이 깨끗하게 표현되도록 파운데이션을 소량 여러 번 나누어 꼼꼼하게 발라주고, 얼굴의 잡티나 결점은 컨실러로 정교하게 보완한다. 하이라이트와 섀딩 표현을 통해 얼굴형을 수정하고 얼굴 윤곽은 더욱 입체적으로 연출해준다. 방송 영상은 카메라의 컨디션과 조명의 영향을 많이 받으므로 피부결의 균일한 도포가 중요하고 모공을 잘 가려주고 펄감 있는 파운데이션은 피한다. 투명 파우더로 잘 터치하여 마무리하고 중간에 땀이나 유분기가 있을 경우에는 다시 파우더로 정리해준다.

(2) 아이브로우 메이크업

내추럴 브라운이나 그레이 브라운 계열의 아이브로우 펜슬이나 아이섀도로 내추럴하면서도 정교하게 그려준다.

(3) 아이 메이크업

아이섀도는 눈매에 가볍게 음영을 주고 내추럴 브라운이나 오렌지 계열로 자연스럽게 펴 바른다. 아이라인은 눈매가 또렷해 보이도록 눈모양을 보정하여 그려준다. 마스카라는 소량으로 여러 번 컬링하되 뭉치지 않고 정교하게 표현해준다. 또렷한 눈매를 위해 인조 속눈썹은 가닥가닥 붙여준다.

(4) 립 메이크업

오렌지나 코럴 계열의 립스틱을 발라주고 투명 립글로스로 생기를 부여하여 연출한다.

(5) 치크 메이크업

오렌지, 핑크, 라이트 브라운 계열의 컬러를 선택하여 광대뼈를 중심으로 볼을 감싸듯이 터치해주고 얼굴 윤곽선을 따라 다시 터치하여 마무리한다.

3) 영상매체 메이크업 디자인

완성 이미지

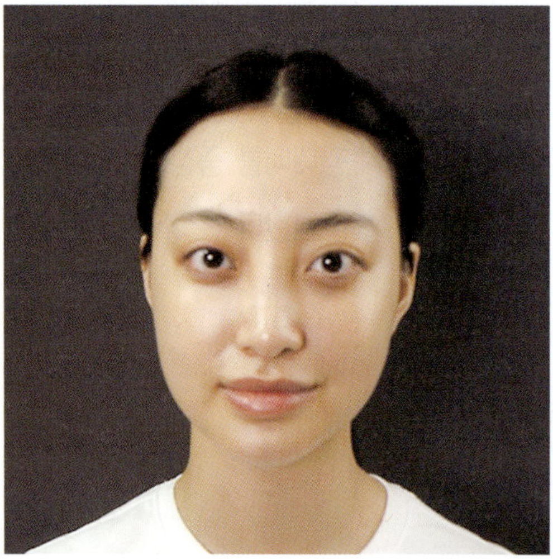

비포 사진

애프터 사진

06 CHAPTER

Fashion Show Make-up

1 패션쇼 메이크업(Fashion Show Make-up)

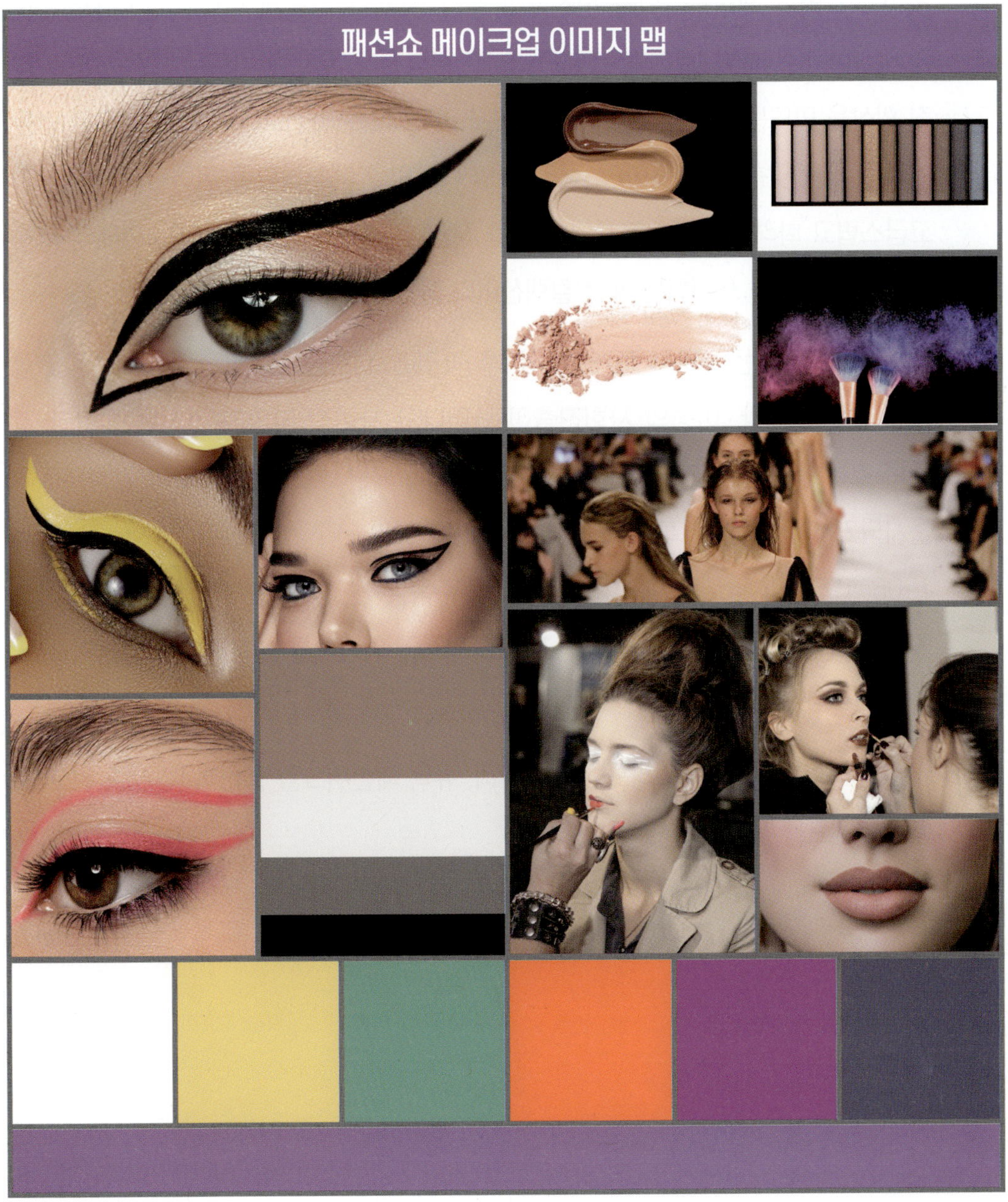

1) 패션쇼 메이크업의 특징

패션쇼는 패션의 경향과 함께 메이크업의 유행을 예측할 수 있는 무대이다. 패션쇼 메이크업은 쇼의 주제, 브랜드의 특성, 의상의 콘셉트, 조명 등을 고려하여 모델의 메이크업과 헤어스타일을 선정해야 한다. 패션쇼는 크게 오트 쿠튀르(Haute-Couture)와 프레타포르테(Pret a Porte)로 분류된다. 오트 쿠튀르는 프랑스어로 '창작 의상을 만드는 사람들'이라는 어원에서 비롯되었으며, '모든 작업이 손으로 만들어지는 고급 맞춤복'을 뜻한다. 특정 수의 의상만을 제작하므로 뛰어난 창작의식과 고급스럽고 화려한 작품으로서의 특성을 지닌다. 대중적인 의미보다는 명예의 과시와 예술적 감각을 표현하는 패션 컬렉션이라 할 수 있다.

프레타 포르테는 제2차 세계대전 이후 파리에서 처음으로 생긴 용어로서 '고급 기성복'을 뜻한다. 여성의 사회진출이 늘어나고 사회적 지위가 향상됨에 따라 기존의 값싼 저품질의 기성복에 만족하지 못하게 되면서 고급 브랜드의 기성복들이 출시되기 시작하였다. 특히 프랑스 디자이너 크리스티앙 디오르(Christian Dior, 1905~1957)의 새로운 모드(mode)는 큰 주목을 받았다. 이후 다양한 브랜드에서 일하는 여성의 새로운 실루엣과 동적이고 지적인 이미지를 표현하는 의상들이 발표되어 대중화되기 시작하였다.

세계 4대 패션위크는 밀라노, 런던, 파리, 뉴욕 패션위크를 말하며 매 시즌 전 세계 패션 트렌드를 선도하고 있다.

2) 패션쇼 메이크업 테크닉

(1) 피부표현

피부톤에 맞춰 메이크업 베이스를 가볍게 바른 후 펄감이 있는 파운데이션을 사용하여 내추럴한 피부를 연출해준다.

(2) 아이브로우 메이크업

콘셉트에 맞는 컬러를 선택하여 아이브로우 펜슬이나 아이섀도로 강하게 또는 내추럴하게 그린다. 콘셉트에 따라 눈썹을 그리지 않는 경우도 있다.

(3) 아이 메이크업

콘셉트에 따라 아이섀도는 눈매에 가볍게 음영을 주고 라인으로 엣지 있는 표현을 하거나 광택이 있는 펄 아이섀도로 연출해준다. 아이라인은 그리지 않는 경우도 있으나 과장되게 그리는 경우도 있다. 양쪽 눈의 균형을 맞추는 것이 중요하다. 마스카라는 생략하는 경우도 있다.

(4) 립 메이크업

다양한 컬러를 선택하며 질감도 다양하게 연출한다.

(5) 치크 메이크업

다양한 컬러를 선택하며 바르는 부위도 콘셉트에 따라 다양하게 연출한다.

3) 패션쇼 메이크업 디자인

완성 이미지

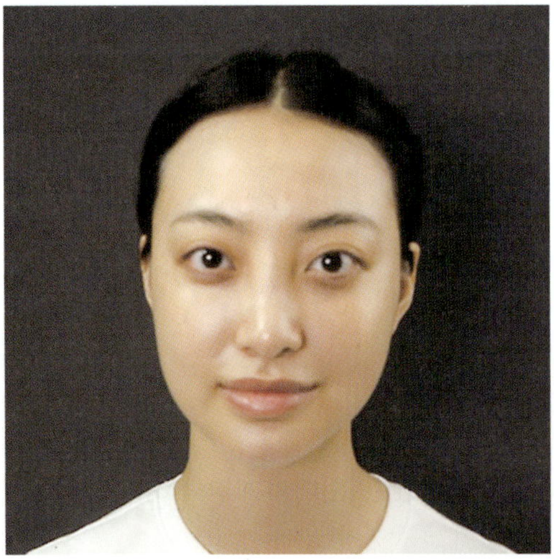

비포 사진

애프터 사진

Wedding
Make-up
07
CHAPTER

1 클래식 웨딩 메이크업(Classic Wedding Make-up)

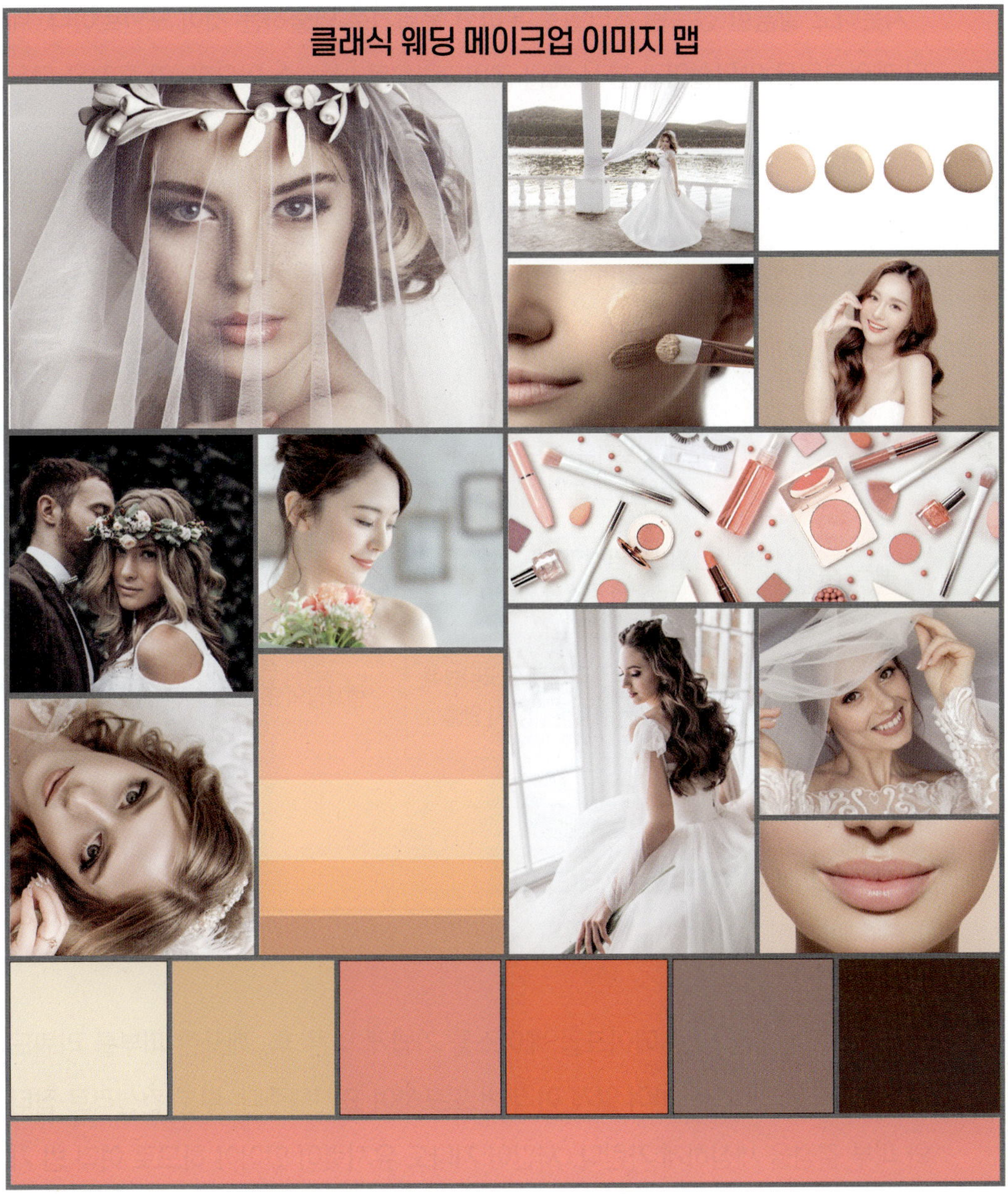

1) 클래식 웨딩 메이크업의 특징

클래식 웨딩 메이크업은 고급스럽고 고혹적인 이미지를 추구하는 품위있는 웨딩 스타일이다.

차분하고 깔끔한 정돈된 스타일로 우아한 분위기로 연출하는 것이 포인트이다. 웨딩 메이크업은 야외촬영과 본식 웨딩 메이크업으로 나눌 수 있으며, 각 특징은 다음 표와 같다.

야외촬영과 본식웨딩 메이크업의 특징

	야외촬영 메이크업	본식 웨딩 메이크업
피부표현	자연조명에서 입체감을 위한 컨투어링 메이크업과 난색 계열의 피부톤 연출	인공조명에서 자연스러운 컨투어링 메이크업과 핑크, 퍼플 계열이 감도는 피부톤 연출
색조표현	오렌지, 브라운, 레드 등의 난색 계열 연출	핑크, 퍼플, 와인 등의 한색 계열 연출
광택감표현	화사한 발색의 색상과 펄을 선택하여 화려함을 강조한 연출	부분적으로 또는 전체적으로 매트하지만 소량의 펄과 자연스러운 립글로스로 부드럽게 연출
이미지표현	사계절의 계절 감각과 드레스 모티브에 연결감이 있는 화사한 이미지 연출	웨딩 트렌드를 고려하고 행사장의 조도와 분위기를 고려한 이미지 연출

2) 클래식 웨딩 메이크업 테크닉

(1) 피부표현

피부톤보다 한톤 밝은 메이크업 베이스를 가볍게 바른 후, 깨끗한 피부를 리퀴드 파운데이션을 레이어드하여 얇게 여러 번 도포하여 표현해준다. 부분 컨실러로 잡티와 피부 결점을 세심하게 가린다. 시간이 지나도 유지력이 있어야 하므로 여러 번 가볍게 두드려서 밀착시켜 준다. 페이스 파우더로 부분적으로 또는 전체적으로 유분기를 컨트롤 해준다.

(2) 아이브로우 메이크업

모발이나 눈동자색을 고려하여 브라운이나 애쉬 계열, 그레이 계열의 컬러를 아이브로우 펜슬이나 아이섀도로 부드럽고 내추럴하게 그리되 얼굴형에 따라서 형태를 조절하여 정교하게 표현한다.

(3) 아이 메이크업

아이섀도는 눈매에 가볍게 음영을 주고 피치 계열의 컬러를 선택하여 1차색을 연출해준다. 눈매 보정을 위하여 딥톤, 덜톤의 브라운 컬러를 사용하여 프레임 기법으로 포인트를 잡아준다. 눈 앞머리나 언더라인에 골드펄을 사용하면 고혹적인 분위기가 연출된다. 좀 더 깊이 있는 눈매를 원할 경우 와인, 카키, 오렌지 컬러를 포인트로 블렌딩하여 연출해준다. 아이라인은 점막을 꼼꼼히 채우고 눈꼬리는 약간 빼주어서 눈매를 시원하게 표현해준다. 인조 속눈썹은 가닥가닥 붙이거나 전체로 붙인 후 마스카라는 소량으로 여러 번 컬링하여 풍성하고 깊이 있는 눈매를 완성한다.

(4) 립 메이크업

베이지 컬러나 라이트 피치, 라이트 오렌지 계열의 컬러를 선택하여 립스틱으로 색감을 부여하고 립글로스를 충분히 발라서 촉촉함을 연출한다.

(5) 치크 메이크업

광대뼈 바깥쪽에서 안쪽으로 피치 계열의 컬러로 사선방향으로 부드럽게 터치한다.

3) 클래식 웨딩 메이크업 디자인

완성 이미지

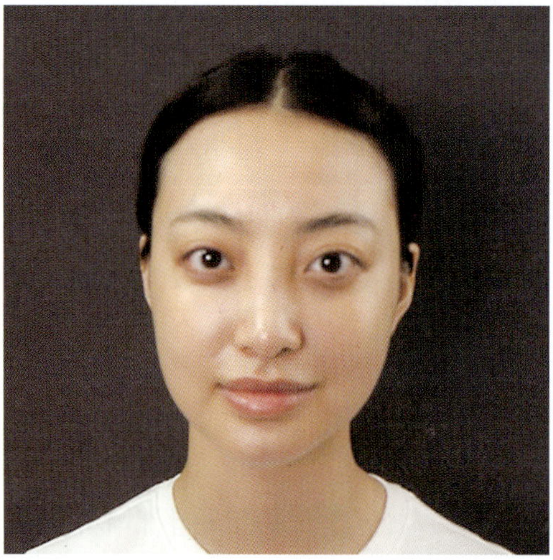

비포 사진

애프터 사진

2 로맨틱 웨딩 메이크업(Romantic Wedding Make-up)

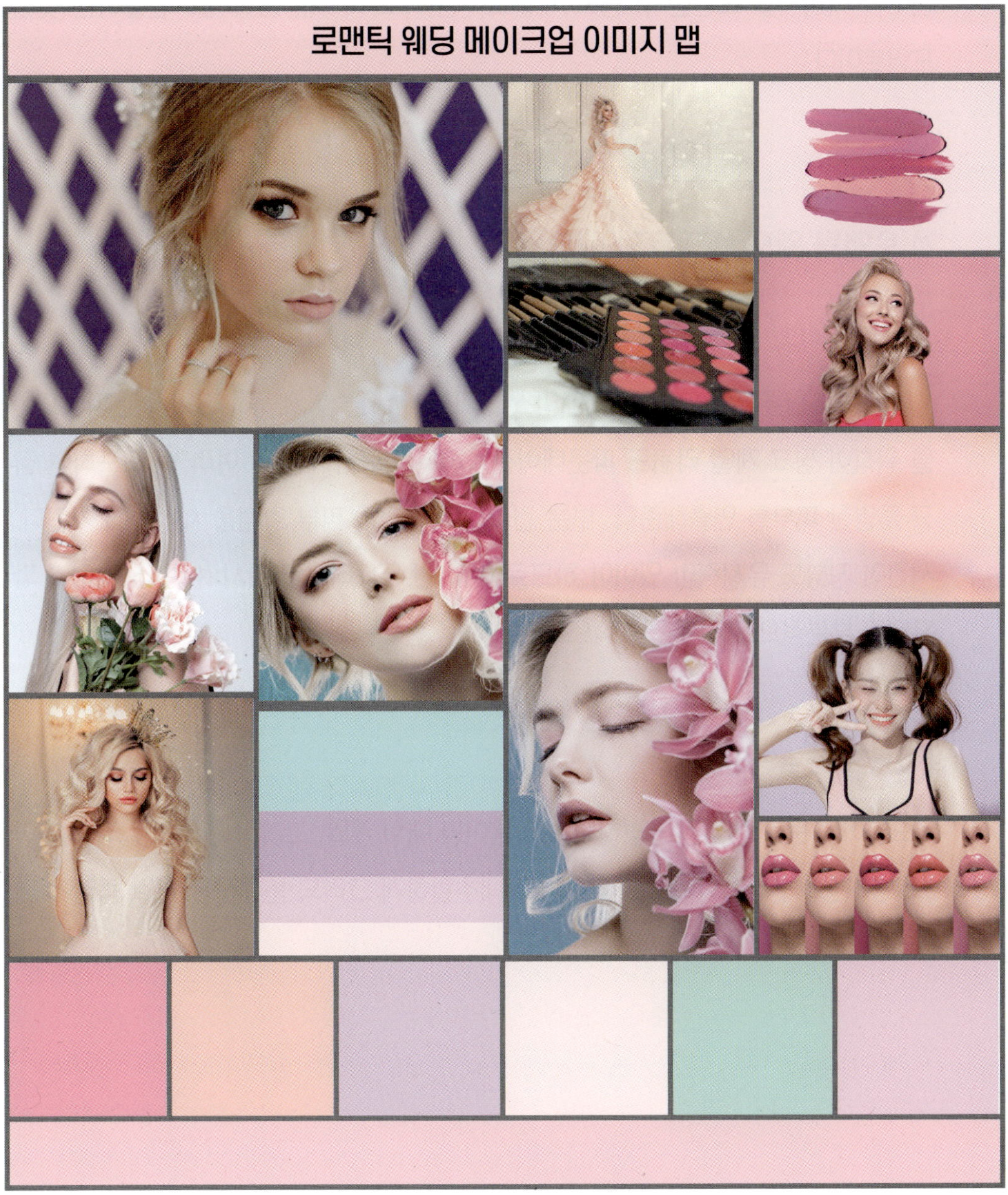

1) 로맨틱 웨딩 메이크업의 특징

로맨틱 웨딩 메이크업은 어려 보이고 사랑스러운 이미지를 추구하는 여성스러운 웨딩 스타일이다. 깨끗하고 발랄한 느낌의 웨딩 메이크업 이미지에 귀엽고 아름다운 신부의 이미지를 표현한다. 핑크 계열로 청순하고 화사한 분위기로 연출하는 것이 포인트이다.

2) 로맨틱 웨딩 메이크업 테크닉

(1) 피부표현

피부보다 한톤 밝은 메이크업 베이스를 가볍게 바른 후 깨끗하고 화사한 피부표현을 위하여 핑크 계열 리퀴드 파운데이션을 레이어드하여 얇게 여러 번 도포하여 맑고 투명한 피부를 연출해준다. 부분 컨실러로 잡티와 피부 결점을 세심하게 가린다. 시간이 지나도 유지력이 있어야 하므로 여러 번 두드려서 밀착시켜 준다. 페이스 파우더로 부분적으로 또는 전체적으로 유분기를 컨트롤해준다.

(2) 아이브로우 메이크업

모발이나 눈동자 색을 고려하여 브라운이나 애쉬 계열, 그레이 계열의 컬러를 아이브로우 펜슬이나 아이섀도로 부드럽고 내추럴하게 그리되 눈썹산은 약간 둥글게 연출해준다.

(3) 아이 메이크업

아이섀도는 눈매에 가볍게 음영을 주고 페일 핑크 계열의 컬러를 선택하여 1차색을 연출해준다. 메인 컬러는 핑크, 피치, 라벤더 계열의 컬러를 프레임 기법으로 펴 발라준다. 포인트 컬러는 퍼플, 브라운 계열로 화사하고 입체적으로 표현해준다. 눈 앞머리와 눈 언더라인에 화이트펄 또는 페일 핑크로 연출하여 화사하게 표현한다. 아이라인은 점막은 꼼꼼히 채우고 눈 라인과 연결하여 결점은 보완하고 정교하게 그려준다. 인조 속눈썹은 가닥가닥 붙이거나 전체적으로 붙인 후 마스카라는 소량으로 여러 번 컬링하여 풍성하고 깊이 있는 눈매를 완성한다.

(4) 립 메이크업

핑크 계열의 립스틱으로 입술산은 약간 둥글려서 색감을 부여하고 립글로스를 발라서 자연스러운 광택감을 표현한다.

(5) 치크 메이크업

애플존에 핑크 계열의 컬러를 선택하여 둥글려서 부드럽게 터치한다.

3) 로맨틱 웨딩 메이크업 디자인

완성 이미지

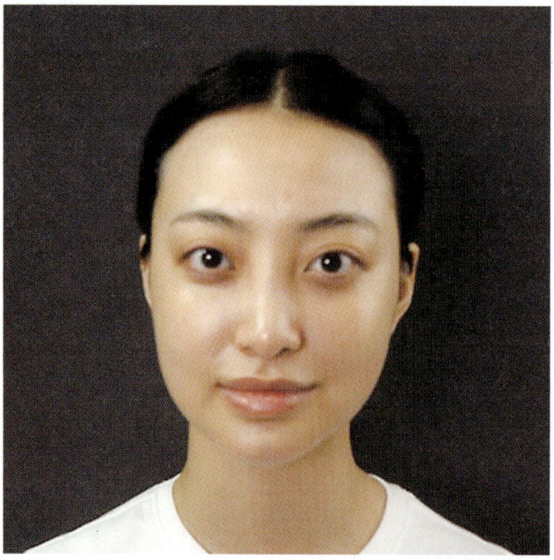

비포 사진

애프터 사진

THE BEAUTY MAKE-UP

CHAPTER 08

Hanbok Make-up

1 한복 메이크업(Hanbok Make-up)

1) 한복 메이크업의 특징

한복은 한국 전통 옷으로 동양적인 단아함과 부드러운 곡선이 돋보이는 의상이며, 특별한 날에 입게 되므로 그 자체만으로 여성스럽고 화사한 분위기를 자아내게 된다. 이와 어울리는 메이크업 표현이 되려면 전체적으로 부드럽고 은은한 절제된 이미지로 연출해야 하고, 한복과 메이크업 색상과의 조화에 중점을 두어야 한다. 여성스러운 둥근형의 눈썹 표현과 입술 표현, 유사색상 대비 위주의 부드러운 눈의 표현이 효과적이다.

한복 컬러에 따른 메이크업 컬러 선택

한복 컬러	메이크업 컬러 계열
핑크, 네이비 계열	핑크 계열
오렌지, 브라운 계열	오렌지, 옐로 그린, 브라운 계열
레드 계열	블루, 그레이 계열
퍼플, 와인 계열	퍼플, 와인 계열
그린 컬러 저고리, 레드 치마	라이트 브라운, 피치 계열, 레드 립

2) 한복 메이크업 테크닉

(1) 피부표현

피부톤에 맞춰 메이크업 베이스를 가볍게 바른 후, 크림 파운데이션을 사용하여 결점을 커버하고 얼굴 윤곽을 보정해준다. 부분 컨실러로 잡티와 피부 결점을 세심하게 가린다. 미네랄 파우더나 투명 파우더를 사용하여 번들거림을 잡아준다.

(2) 아이브로우 메이크업

브라운이나 그레이 계열의 컬러를 아이브로우 펜슬이나 아이섀도로 약간 가늘고 부드러운 둥근형의 눈썹으로 표현하고 눈썹꼬리 부분도 섬세하게 그려준다.

(3) 아이 메이크업

한복 색상이 비비드톤의 원색일 경우 주로 유사색 대비의 부드럽고 은은한 색조를 활용하고 한복 색상이 연한 파스텔톤일 경우에는 유사색 대비에 약간의 포인트를 주면 효과적이다. 아이섀도 색상은 한복의 색상과 조화를 이루도록 선택적으로 사용한다. 아이섀도는 눈매에 가볍게 음영을 주고 크림색, 브라운, 오렌지 계열의 컬러로 블렌딩한다. 아이라인은 점막과 눈 모양에 크게 벗어나지 않게 깨끗하게 표현해준다. 자연스러운 속눈썹을 붙이고 마스카라는 소량으로 여러 번 컬링하여 깊이 있는 눈매를 완성한다. 아이 메이크업이 너무 진하지 않도록 유의한다.

(4) 립 메이크업

입술은 자연스러운 곡선형 립라인을 그려주고 입술 색상은 치마색에 맞춰 깔끔하고 화사하게 표현한다. 오렌지나 레드 계열의 소프트한 컬러를 선택하여 립스틱으로 색감을 부여하고 립글로스를 소량 발라준다. 립 메이크업이 너무 진해지지 않게 유의한다.

(5) 치크 메이크업

오렌지 계열의 컬러를 선택하여 광대뼈를 중심으로 부드럽게 사선 처리와 곡선 터치를 연결하여 은은하고 화사하게 표현한다.

3) 한복 메이크업 디자인

완성 이미지

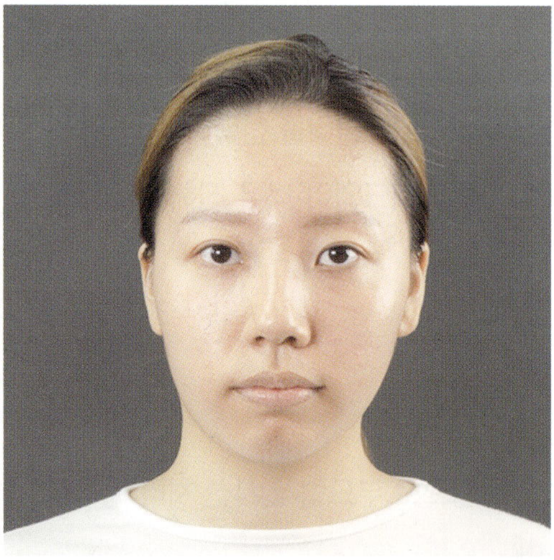

비포 사진

애프터 사진

CHAPTER 09

Men's Make-up

1 남자 메이크업(Men's Make-up)

1) 남자 메이크업의 특징

남자들은 평소에 메이크업을 하지 않기 때문에 자연스러운 메이크업을 위해 거칠고 두꺼운 피부를 부드럽고 매끄러워 보이는 상태로 만드는 것이 중요하며, 원래의 피부톤과 유사한 파운데이션 컬러를 선택하여 두껍지 않게 발라 연출하고 좌우 밸런스가 맞는 눈썹을 그려 윤곽을 잡아준다. 눈썹의 숱이 많다면 눈썹결에 따라 컬링으로 마무리해 준다. 과도한 피부 표현보다 자연스러운 피부 표현이 포인트이다.

2) 남자 메이크업 테크닉

(1) 피부표현

남자 피부는 거친 상태가 많으므로 화장 전 스킨 케어를 꼼꼼히 해 준다. 피부톤에 맞춰 메이크업 베이스를 가볍게 바른 후, 피부가 두꺼워서 많은 양의 파운데이션을 펴발라야 하지만 여러 차례 나누어서 흡수 상태를 체크하여 도포한다. 크림 컨실러로 잡티와 피부 결점을 세심하게 가린다. 소량의 파우더를 발라주고 윤곽을 고려하여 컨투어링 메이크업을 연출해준다.

(2) 아이브로우 메이크업

남자 눈썹은 숱이 진하거나 두꺼운 경우가 많으므로 눈썹칼과 가위를 사용하여 깔끔하게 정리해준다. 애쉬 계열이나 그레이 계열의 컬러를 아이브로우 펜슬이나 아이섀도로 눈썹에 빈부분을 터치하듯 채워 그리며 눈썹 형태는 눈썹산을 각지게 표현한다.

(3) 아이 메이크업

아이섀도는 눈매에 가볍게 음영을 주고 붉은기가 없는 브라운 컬러로 속눈썹 가까운 부분에 펴 바른다. 눈이 작은 경우에는 블랙 아이펜슬로 자연스럽게 그려서 그러데이션해준다. 마스카라는 투명 마스카라를 사용하여 또렷한 눈매를 완성한다.

(4) 립 메이크업

베이지나 코럴 계열의 립스틱으로 자연스러운 색감을 연출하여 소량의 투명 립글로스를 발라준다.

(5) 치크 메이크업

광대뼈를 중심으로 브라운 계열로 가볍게 터치해준다. 경우에 따라서 치크는 생략하기도 한다.

3) 남자 메이크업 디자인

완성 이미지

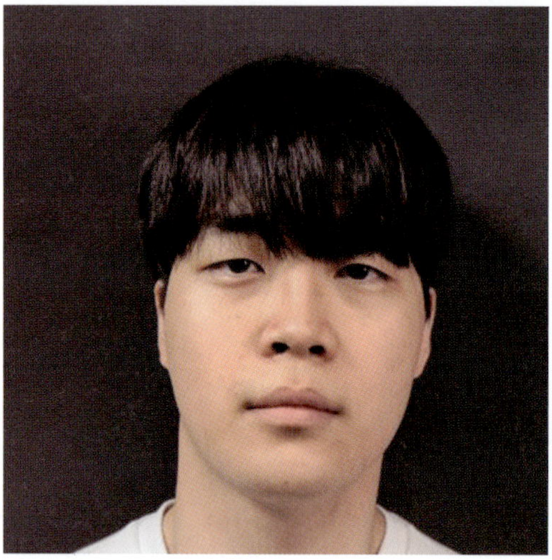

비포 사진

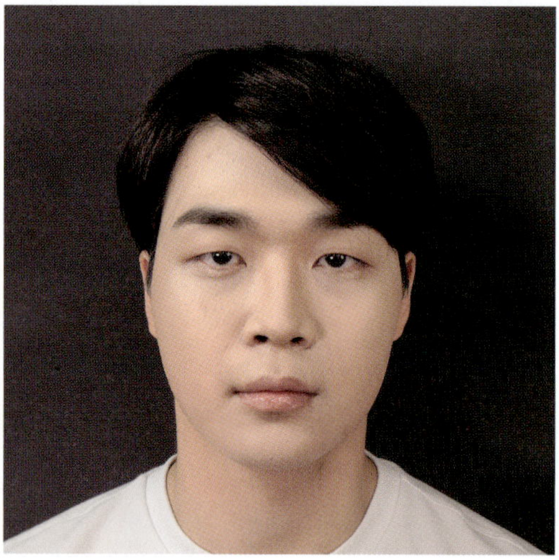

애프터 사진

참 고 문 헌

[저서]

김용숙(2008), 컬러심리 커뮤니케이션, 일진사.

김유리(2017), 뷰티 메이크업 마스터 2, 구민사.

김유정(2016), 기초 메이크업 실습서, 구민사.

김효정(2013), 메이크업 디자인, 청구문화사.

이강미, 김찬수, 서은혜(2018), 메이크업 베이직, 구민사.

이화순, 안진정, 남은선, 김채희(2024), 메이크업 미학, 경춘사

조고미, 최은미, 하선옥, 허미라(2020), 기초 메이크업(Basic Make Up), 메디시언.

진송희(2022), 색채학과 퍼스널 컬러, 구민사

한국색채학회(2002), 컬러리스트(이론편), 도서출판 국제.

[논문]

김민석(2024). 눈썹 메이크업의 연출로 인한 얼굴 이미지 형성이 자기효능감에 미치는 영향에 관한 연구 : MZ세대 여성들을 중심으로, 건국대학교 산업대학원 석사학위논문.

김지은(2018). 한국 화장문화 변천사에 따른 성인지 변화에 관한 연구, 성신여자대학교 뷰티융합대학원 석사학위논문.

손유정(2019). 이집트 시대 피부미용 문화에 대한 연구, 신라대학교 산업융합대학원 석사학위논문.

유채현(2015). 미용전공 여대생들의 메이크업 화장품 구매행동 및 사용실태에 관한 연구, 성결대학교 문화예술대학원 석사학위논문.

이란(2024). 중년여성의 동안 효과를 위한 아이 메이크업 디자인 연구, 서경대학교 대학원 박사학위논문.

한가영(2012). 남성화장에 대한 여성들의 인식 및 태도에 관한 연구, 숙명여자대학교 원격대학원 석사학위논문.

[학술지]

강근영(2008). 인상의 형태학적 분석을 통한 얼굴 이미지 연구, 한국메이크업디자인학회지, 4(3), 279-288.

고성연(2023). 1950년대 이후 한국메이크업 이미지 변천에 관한 연구, 국제보건미용학회지, 17(2), 19-26.

권진아, 박영진(2024). 비대칭 얼굴에 따른 교정메이크업 연구, 한국인체미용예술학회지, 25(1), 1-16.

김의형(2023). 미용전공 여대생의 퍼스널 컬러 인식과 메이크업 행동에 관한 연구, 한국미용학회지, 29(4), 1042-1049.

김진숙, 김정현, 이수희(2011). 통일신라시대 여성의 머리 형태에 관한 연구 : 나당 사신의 교류와 영향을 중심으로, 한국인체미용예술학회지, 12(4), 207-221.

백정현, 배수정(2010). 현대패션에 나타난 Contemporary Art Inspiration 연구, 패션 비즈니스, 14(1), 143-162.

송민정(2006). 메이크업 수준에 따른 사회 · 심리적 혜택." 본인의 평가를 중심으로, 한국메이크업디자인학회지, 2(1), 23-33.

신서라, 김의형(2023). MZ세대의 퍼스널 컬러에 대한 인식이 메이크업 행동에 미치는 영향, 한국미용학회지, 29(3), 697-708.

이은임(2000). 화장 문화의 전개와 화장표현기법에 관한 연구 : Make-up technique을 中心으로, 한국인체미용예술학회지, 1(1), 27-45.

태동숙, 김미현, 최인려(2007). 인물 사진을 위한 인공조명과 메이크업의 관계 -한국인을 중심으로-, 대한피부미용학회지, 5(2), 129-140.

THE BEAUTY MAKE-UP

THE BEAUTY MAKE-UP

THE BEAUTY MAKE-UP